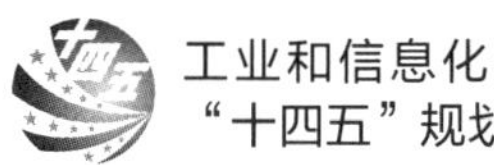

工业和信息化普通高等教育
“十四五”规划教材立项项目

信息技术应用
新形态系列教材

网页设计
理论与实务

田登山 孙峰◎主编
谭德勇 周环宇 龚爽◎副主编

Web Design

人民邮电出版社
北京

图书在版编目（CIP）数据

网页设计理论与实务 ： 微课版 / 田登山，孙峰主编
. -- 北京 ： 人民邮电出版社，2023.9
信息技术应用新形态系列教材
ISBN 978-7-115-61720-0

Ⅰ. ①网… Ⅱ. ①田… ②孙… Ⅲ. ①网页制作工具
－高等学校－教材 Ⅳ. ①TP393.092.2

中国国家版本馆CIP数据核字(2023)第079547号

内 容 提 要

本书根据网页设计与制作的基础语法逻辑进行编写，理论与实务相结合，力求帮助网页设计与制作零基础的读者从入门走向精通。全书共8章，包括浏览器与网页基础、网页文本处理、常用的网页标记、CSS基础、CSS布局属性、设计复杂的布局、JavaScript基础、基于对象的JavaScript编程等内容。

为了方便教师教学，本书提供丰富的教学资源，包括PPT课件、电子教案、教学大纲、课后习题答案、上机实验源代码、实训案例源代码等。如有需要，用书教师请登录人邮教育社区（www.ryjiaoyu.com）获取相关教学资源。

本书可作为高等院校计算机、电子商务、网络与新媒体等专业相关课程的教材，也可作为从事网页设计、电子商务、前端开发等工作人员的参考书。

◆ 主　　编　田登山　孙　峰
　副 主 编　谭德勇　周环宇　龚　爽
　责任编辑　孙燕燕
　责任印制　李　东　胡　南

◆ 人民邮电出版社出版发行　　北京市丰台区成寿寺路11号
　邮编　100164　　电子邮件　315@ptpress.com.cn
　网址　https://www.ptpress.com.cn
　三河市君旺印务有限公司印刷

◆ 开本：787×1092　1/16
　印张：13.75　　　　2023年9月第1版
　字数：300千字　　　2023年9月河北第1次印刷

定价：54.00元

读者服务热线：(010)81055256　印装质量热线：(010)81055316
反盗版热线：(010)81055315
广告经营许可证：京东市监广登字20170147号

前言

网页设计的入门门槛低、上手快，许多院校会将其设置为计算机、电子商务、网络与新媒体等专业的基础课程。读者初学网页设计时，大多通过 Dreamweaver、FrontPage 等主流集成开发环境进行学习，且偏重具体的学习操作，这往往导致读者对于网页设计知识“知其然而不知其所以然”。

网页设计具有艺术性和科学性，需要在保证代码兼容性、跨平台性的同时，做到可复用、可维护。也只有达到这些要求，读者才能在后期的编程语言学习过程中触类旁通，把编程语言变成开发利器。

为避免成为一本工具书，本书并没有完全覆盖所有 CSS3 和 HTML5 的知识点，而是穿插介绍 CSS1 到 CSS3 及 HTML5 新增标记的相关内容。本书力求让读者学以致用，内容涵盖网页设计的跨平台方案、调试技巧等，以期通过基础理论结合实践的方式提升读者进行网页设计的能力。

一、本书特色

1．内容深入浅出，适合零基础人群

本书内容讲解深入浅出、循序渐进，使读者能够理解网页设计的底层实现原理。本书通过内容迭代讲解的方法，设计出知识框架，方便零基础读者快速掌握复杂代码的设计逻辑，最终设计出完整的网页，实现网页设计从入门到精通。

2．案例丰富实用，系统锤炼读者的应用能力

本书提供丰富的案例，实用性强，并且案例与开发环境脱敏，代码兼容主流浏览器。全书通过系统的案例讲解引导读者进一步思考，使读者通过理论与案例的结合，真正达到网页设计“做中学”的目的。

3．创新编写模式，赋能立体化教学

本书采用“理论讲解+实训案例+思考与练习+上机实验”的模式进行编写，其中理论讲解结合实训案例细化核心知识，思考与练习结合上机实验巩固知识理解。全书还提供近 200 道训练习题，67 个上机实验，赋能院校立体化教学。

4．贯彻立德树人理念，提升读者综合素养

本书全面贯彻党的二十大精神，每章设置“素养课堂”模块，从多个层面提升读者的综合素养，力求从德育贯通的角度培养网页设计的复合型人才，读者扫描二维码即可查看素养课堂内容。

5．配套资源丰富，数字化体系完善

本书配套资源丰富，提供 PPT 课件、电子教案、教学大纲、课后习题答案、上机实验源代码、实训案例源代码等资源，如有需要，用书教师请登录人邮教育社区（www.ryjiaoyu.com）获取相关教学资源。为了丰富教学内容，本书还附带相应的微课视频，读者扫描二维码即可观看。

二、本书建议课时

本书建议课时如下表所示。

章序	理论课时（共 36 课时）	上机课时（共 30 课时）	内容
第 1 章	2	2	浏览器与网页基础
第 2 章	2	2	网页文本处理
第 3 章	2	2	常用的网页标记
第 4 章	6	4	CSS 基础
第 5 章	6	4	CSS 布局属性
第 6 章	6	4	设计复杂的布局
第 7 章	6	6	JavaScript 基础
第 8 章	6	6	基于对象的 JavaScript 编程

本书由田登山、孙峰担任主编，谭德勇、周环宇、龚爽担任副主编，全书由田登山负责统稿和定稿，李爽参与了本书的校对工作。由于编者的水平有限，书中难免存在疏漏之处，恳请广大读者批评指正。

编　者

2023 年 7 月

目录

第 1 章 浏览器与网页基础

学习目标

- 了解进制与计算机组成原理；
- 了解计算机网络的基础知识；
- 掌握网页的组成元素和网站下载工具；
- 了解网页设计辅助软件；
- 掌握测试、发布网页的基本步骤。

对开发人员而言，设计网页源代码仅仅是制作网站的一个环节，还需要考虑网页的测试、维护、发布等一系列相关事宜。

本章将介绍进制、计算机网络、网页和网站，以及网页编辑和测试软件。

1.1 计算机网络与浏览器

自从有了互联网，人们获取信息越来越便捷。只需在浏览器中输入网址就可以查看世界各地的信息，还可以单击网页中的链接或按钮跳转到另一个页面，继续浏览其他信息。

对用户来说，只需操作浏览器就能访问互联网，无须了解计算机网络的运作机制，这体现了计算机网络系统的友好性；但对开发人员而言，仍需要了解浏览器的工作原理。

1.1.1 计算机网络

计算机网络是指将地理位置不同、具有独立功能的多台计算机及其外部设备，通过通信线路连接起来，在网络操作系统、网络管理软件及网络通信协议的管理和协调下，实现资源共享和信息传递的计算机系统。简单地说，计算机网络通过电缆、电话线或无线通信设备将多台计算机连接起来，实现资源的共享。

按地理位置和分布范围分类，计算机网络可以分为局域网、广域网和城域网 3 种。

（1）局域网（Local Area Network，LAN）。

局域网是在较小的区域内使用的由多台计算机组成的网络，通常采用有线方式连接，覆盖范围一般在 10 千米之内。由一个单位或一个部门组建的网络可称为局域网。

（2）广域网（Wide Area Network，WAN）。

广域网是一种远程网络，涉及长距离的通信，覆盖范围可以是一个国家或多个国家，甚至整个世界。广域网地理上的距离可以超过几千千米，互联网就是一种典型的广域网。

（3）城域网（Metropolitan Area Network，MAN）。

城域网的作用范围介于广域网与局域网之间，其网络通常可以覆盖到整个城市，是借助通信光纤将多个局域网组合的大型网络。城域网不仅可以使局域网内的资源实现共享，而且可以使局域网之间的资源实现共享。

计算机通过网卡连接局域网，再通过局域网连接互联网。

1.1.2 TCP/IP

TCP/IP（Transmission Control Protocol/Internet Protocol，传输控制协议/互联网协议）属于工业标准协议，专为广域网设计。TCP/IP 于 1969 年由美国国防部高级研究计划局设计（当时称为 ARPAnet 的资源共享实验），目的是使用包交换网络提供高速的通信连接。1969 年至今，ARPAnet 已经发展成一个世界范围的网络，即互联网（Internet）。

TCP/IP 分层模型（TCP/IP Layering Model）称为互联网分层模型（Internet Layering Model），如图 1-1 所示。

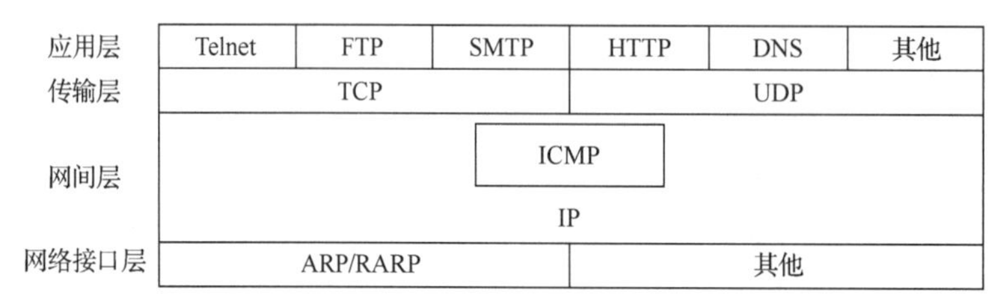

图 1-1　TCP/IP 分层模型

TCP/IP 分层模型的 4 个协议层的功能如下。

（1）网络接口层包含用于协作 IP 数据在已有网络介质上传输的协议。实际上，网络接口层并没有定义与 OSI 参考模型的数据链路层和物理层对应的功能，它只定义了 ARP（Address Resolution Protocol，地址解析协议），提供 TCP/IP 的数据结构与实际物理硬件之间的接口。

（2）网间层对应 OSI 参考模型的网络层。网间层负责数据的包装、寻址和路由；同时还包含 ICMP（Internet Control Message Protocol，互联网控制报文协议），它用来提供网络诊断信息。

（3）传输层对应 OSI 参考模型的传输层，提供两种端到端的通信服务。传输层包含 TCP，用于提供可靠的数据流运输服务；还包含 UDP（User Datagram Protocol，用户数据报协议），用于提供不可靠的用户数据报服务。

（4）应用层对应 OSI 参考模型的应用层和表示层。比较常用的应用层协议有 HTTP（Hypertext Transfer Protocol，超文本传送协议）、Telnet（远程终端协议）、SMTP（Simple Mail Transfer Protocol，简单邮件传送协议）。

用户使用互联网时主要面向应用层协议，而所有应用层协议都以传输层为基础。用户在应用层发送的信息，经传输层控制，能够准确无误地从一台计算机传送到另外一台计算机。

HTTP 属于应用层协议，它是用户浏览网页时客户端与 Web 服务器交互信息的标准。

1.1.3 进制与 IP 地址

1. 进制

进制就是进位计数制，是人为定义的带进位的计数方法。十进制是逢十进一，十六进制是逢十六进一，二进制是逢二进一，以此类推。

阿拉伯数字 0 到 9 是十进制的数码，十进制的整数 985 可以分解为个位、十位和百位，每一位的值分别是 5、8 和 9，每一位对应的权重分别是 10^0、10^1 和 10^2，985 可表示为如下形式：

```
985=9×10²+8×10¹+5×10⁰
```

人们日常使用十进制计数，而计算机以二进制为最小存储单位。计算机中只有 0 和 1，即每一位（bit）存储 0 或者 1，8 位为一个字节（Byte）。如果使用一个字节表示无符号整数（正整数），那么对应的最小值和最大值分别是 00000000 和 11111111，转换为十进制数就是 0 和 255。其中，二进制数 11111111 转换为十进制数的过程如下：

```
1×2⁷+1×2⁶+1×2⁵+1×2⁴+1×2³+1×2²+1×2¹+1×2⁰ = 255
```

同理，十六进制有 16 个数码，分别是：数字 0、1、2、3、4、5、6、7、8、9 和字母 A、B、C、D、E、F。字母 A、B、C、D、E 和 F 分别表示十进制数 10、11、12、13、14 和 15。

不难发现，用 4 个二进制位表示的无符号整数，其范围转换为十进制数刚好是 0（二进制数 0000）到 15（二进制数 1111），即十六进制数 0 和 F。因此，一个字节存储的无符号整数转换成十六进制数后，最小值为 00，最大值为 FF。

十六进制数 FF 转换为十进制数的过程如下：

```
F×16¹+F×16⁰=15×16¹+15×1⁰=255
```

为了便于阅读和记忆，我们使用的数字通常以十进制或十六进制形式表示，计算机执行代码时会把十进制数或十六进制数转换为二进制数存储到计算机内存或者硬盘中。

2. IP 地址

在 IPv4 中，IP 地址通过 32 位的二进制数存储，用于标记每台计算机的地址。IPv4 地址有两种表示形式：二进制和点分十进制。计算机以二进制形式存储 IPv4 地址，为了便于用户理解和记忆，操作系统把 IPv4 地址表示为点分十进制形式。操作系统负责完成两种进制的 IPv4 地址转换。

一个 32 位 IPv4 地址由 4 个字节的二进制代码组成，操作系统把每个字节的二进制代码转换为十进制数，并通过符号“.”进行分隔，便于用户理解。例如，二进制 IPv4 地址 11000000 10101000 00000001 00000110 用点分十进制表示为 192.168.1.6。

每个 IPv4 地址又可分为两部分：网络号和主机号。网络号表示地址所属的网段编号，主机号则表示相应网段中该主机的地址编号。按照网络规模划分，IPv4 地址可以分为 A、B、C、D、E 共 5 类。

（1）A 类 IPv4 地址。

A 类 IPv4 地址的第一个字节以“0”开始，地址范围为 1.0.0.1 到 126.255.255.254，一般用于大型网络。

（2）B 类 IPv4 地址。

B 类 IPv4 地址的第一个字节以“10”开始，地址范围为 128.1.0.1 到 191.255.255.254，一般用于中等规模网络。

（3）C 类 IPv4 地址。

C 类 IPv4 地址的第一个字节以“110”开始，地址范围为 192.0.1.1 到 223.255.255.254。C 类地址有 209 万余个，每个网络能容纳 254 台主机。

（4）D 类 IPv4 地址。

D 类 IPv4 地址的第一个字节以“1110”开始，地址范围为 224.0.0.1 到 239.255.255.254。它是一类专门保留的地址，并不指向特定的网络。目前这一类地址被用在多点广播中。

（5）E 类 IPv4 地址。

E 类 IPv4 地址的第一个字节以“11110”开始，全 0 的 IPv4 地址（0.0.0.0）对应当前主机。全 1 的 IPv4 地址（255.255.255.255）是当前子网的广播地址。

其中，A 类、B 类、C 类 IPv4 地址是 3 种主要的地址，D 类 IPv4 地址是专供多目传送用的多目地址，E 类 IPv4 地址用于扩展备用地址。

随着互联网和物联网的发展，越来越多的设备需要连接到互联网中，43 亿个 IPv4 地址已经无法满足需求，为此 IPv6 被提上了日程。简单来说，IPv6 中的 IP 地址使用 128 位进行存储，以保证地球上所有需要联网的设备都可以分配到一个 IPv6 地址。更多与 IPv6 地址相关的知识请参考计算机网络相关图书。

小提示

在 Windows 操作系统中，用户可以同时按 Windows 键（又称视窗键）和 R 键，快速打开“运行”对话框，输入“cmd”后单击“确定”按钮，打开命令提示符窗口；在命令提示符窗口中输入“ipconfig/all”并按 Enter 键，查看本机 IP 地址。请扫描微课二维码，了解详细的操作步骤。

微课：在 Windows 操作系统中查看 IP 地址

素养课堂

扫一扫

1.1.4　域名与域名服务器

IPv4 地址使用 32 个二进制位存储，即使使用点分十进制表示仍然难以记忆。如 60.220.177.80，很少有人能据此立刻判断出这是哪家公司服务器的 IPv4 地址。为了便于用户记忆，互联网引入了域名和域名服务器的概念。

1. 域名

所谓的域名，就是一种便于用户记忆的、符号化的地址方案，用来代替数字形式的 IPv4 地址。每一个符号化的地址都与特定的 IPv4 地址对应，这样一来，用户访问网络上的资源就容易多了。通俗地说，域名相当于门牌号码，通过域名可以很容易地对网络资源进行定位。

域名不仅便于记忆，而且在 IPv4 地址发生变化的情况下，通过解析对应关系，域名仍可保持不变。

下面将以中华人民共和国中央人民政府网的域名 www.gov.cn 为例，简要介绍域名的组成。域名使用符号“.”分隔，最后的 cn 是域名的第一层；gov 是真正的域名，处在第二层；www 则表示服务类别，其他服务有 FTP、HTTPS 等；当然还可以有更多层，如 inner.×××.net.cn。可以看出，域名从后到前的层次结构类似一个倒立的树形结构。目前互联网上的域名体系共有 3 类顶级域名，域名体系图如图 1-2 所示。

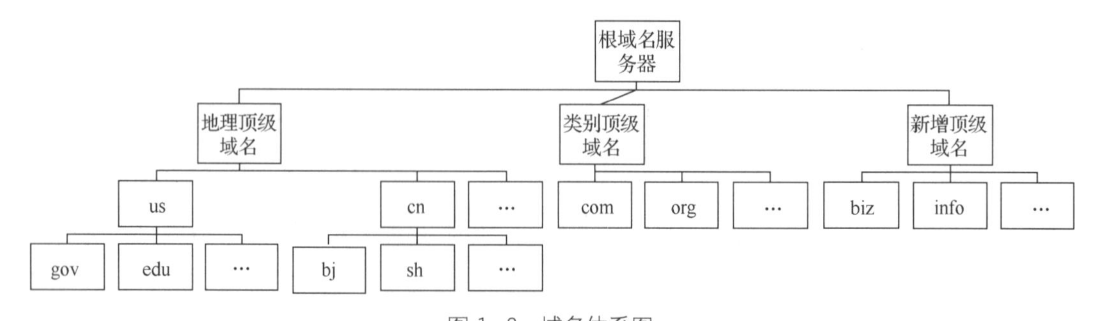

图 1-2　域名体系图

在图 1-2 中，第一类是地理顶级域名，包含 243 个国家和地区的代码。例如，jp 代表日本，uk 代表英国。

第二类是类别顶级域名，共有 7 个：com（商业机构）、net（网络服务机构）、org（组织机构）、edu（教育机构）、gov（政府部门）、arpa（美国军方）和 int（国际组织）。这些顶级域名都是根据不同的类别来区分的，所以称为类别顶级域名。随着互联网的不断发展，新的顶级域名也根据实际需要不断被扩充到现有的域名体系中。

第三类是新增顶级域名，即 biz（商业）、coop（合作公司）、info（信息行业）、aero（航空业）、pro（专业人士）、museum（博物馆行业）和 name（个人）。

在顶级域名下还可以根据需要定义下一级的域名，如在我国的顶级域名 cn 下还能添加 com、net、org、gov、edu 这些类别域名，此外还能添加地理域名。例如，bj 代表北京，sh 代表上海。

访问 net 和 godaddy 网站，读者可以查询和购买自己心仪的域名。

2. 域名服务器

在互联网中，域名与 IP 地址之间是一一对应的，虽然域名便于人们记忆，但计算机只能识别 IP 地址。域名与 IP 地址之间的转换称为域名解析，域名解析需要由专门的域名解析服务器，即域名服务器（Domain Name Server，DNS）来完成。当用户在浏览器中输入域名时，域名服务器负责将此域名解析为对应的 IP 地址。

在命令提示符窗口中输入“ping 目标域名”，就可以查看该域名对应的 IP 地址。

1.1.5 URL

统一资源定位符（Uniform Resource Locator，URL）也被称为网页地址，是互联网上标准资源的地址，用于完整地描述互联网上网页和其他资源（如图片、影音文件等）的地址。互联网上的所有资源都有一个独一无二的 URL，这种 URL 可以是本地磁盘，也可以是局域网中的某一台计算机，但更多的是互联网上的站点。

URL 由 3 部分组成：协议类型、主机名、路径及文件名。其中，协议主要有 HTTP、HTTPS、FTP、Gopher、Telnet、File 等，限于篇幅，本书只介绍 HTTP；至于主机名，可以使用 Web 服务器的 IP 地址，也可以使用 Web 服务器的域名；路径的分隔符为“/”，其表示方法与 UNIX 和 Linux 操作系统中的路径表示方法相同。例如，“http://news.sina.com.cn/china/”，浏览器可以通过该 URL 使用 HTTP 访问新浪新闻网站中的国内新闻栏目。

用户在浏览器的地址栏中输入 URL 后，按 Enter 键就可以访问相应网页了。

1.1.6 常用的浏览器

浏览器是用来检索、展示及传递 Web 信息资源的应用程序，常用的浏览器如下。

（1）Internet Explorer（以下简称 IE）或 Edge。

微软公司在 Windows 操作系统中内置了 IE 浏览器；Edge 浏览器是 Windows 10 操作系统上市之后微软公司推出的浏览器，它比 IE 浏览器更流畅，也更稳定。

（2）Google Chrome。

Google Chrome 浏览器又称谷歌浏览器，是一个由谷歌公司开发的开源网页浏览器。该浏览器是基于其他开源浏览器引擎（如 WebKit）开发的，目标是提升稳定性、速度和安全性，并创造出简单且高效的用户界面。该浏览器的 beta 测试版本于 2008 年 9 月 2 日发布，提供 50 种语言版本，支持 Windows、macOS 和 Linux 等操作系统。

（3）Mozilla Firefox（以下简称 Firefox）。

Firefox（火狐浏览器）是由 Mozilla 基金会开发的网页浏览器，采用 Gecko 网页排版引擎，支持多种操作系统，开放源代码，以多许可方式授权，包括 Mozilla 公共许可证（Mozilla Public License，MPL）、GNU 通用公共许可证（General Public License，GPL）以及 GNU 较宽松公共许可证（Lesser General Public License，LGPL），目标是创造一个开放、创新的网络环境。

Linux 操作系统通常会把 Firefox 浏览器设置为默认的浏览器。

（4）Safari。

Safari 是一款由苹果公司开发的网页浏览器，是各类苹果设备（如 Mac、iPhone、iPad、iPod Touch）的默认浏览器。Safari 浏览器使用 WebKit 浏览器引擎，能够以惊人的速度渲染网页。

多年以来，Chrome 浏览器一直是全球最受欢迎的浏览器，而且地位日益稳固。在 2023 年 3 月数据研究机构 StatCounter 公布的全球主流浏览器市场份额排行榜中，Chrome 浏览器占比 64.8%，排名第一；排名第二的 Safari 浏览器占比 19.5%；Edge 浏览器占比 4.63%，排名第三；Firefox 浏览器占比 2.93%，排名第四。

1.1.7 浏览器的工作原理

用户使用浏览器浏览网页时，只需要使用鼠标和键盘进行操作，剩下的工作由浏览器、操作系统、TCP/IP、计算机网络、Web 服务器等协作处理。用户浏览网页的时序图如图 1-3 所示。

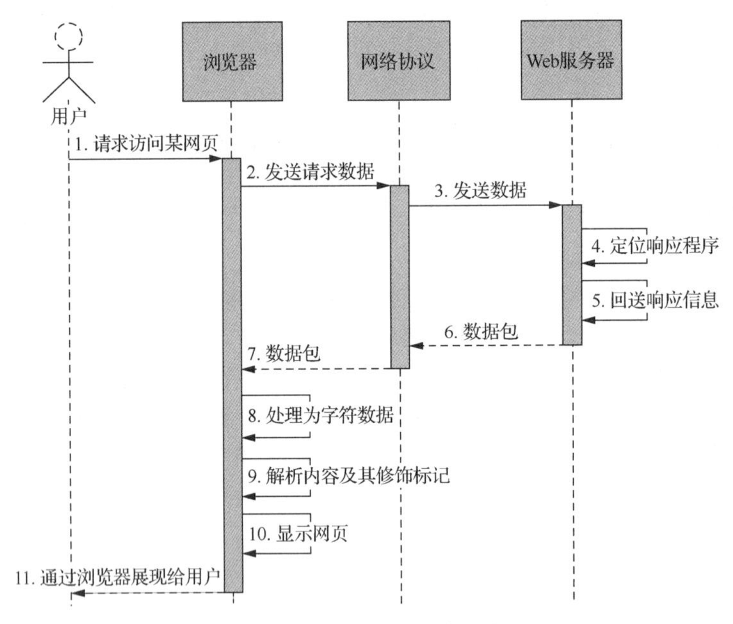

图 1-3 用户浏览网页的时序图

从图 1-3 可以看出，用户浏览网页时有 4 个参与者，分别为用户、浏览器、网络协议、Web 服务器，处理流程如下。

第一步，用户在本地计算机的浏览器（如 IE 浏览器）地址栏里输入 URL 并按 Enter 键，即请求访问某个网页。

第二步，浏览器通过 URL 获知这是一个 HTTP 请求后，将通过 TCP/IP 发送请求数据。

第三步，操作系统启动底层服务，通过 TCP/IP 发送数据至 Web 服务器。这是一个复杂的过程：操作系统通过 TCP/IP 建立网络连接，然后通过计算机网络（包括网卡、局域网和互联网等）把数据传送至 Web 服务器。

第四步，服务器定位响应程序。这取决于请求是静态页面请求还是动态页面请求。如果是静态页面请求，Web 服务器会根据 URL 在 Web 服务器硬盘上查找静态页面文件，返回页面文件的内容；如果是动态页面请求，会调用后台程序，由后台程序访问数据库并生成页面内容，然后将其以 HTML 格式的文本文件返回。

服务器返回至客户端的文本信息由标记和内容组成，示例代码如下：

```
<body><b>粗体显示的部分</b>正常显示的部分</body>
```

网页内容由文本信息和标记组成；标记则由标记名称、标记符号组成，如“<b>”。

第五步至第七步，Web 服务器通过 HTTP 把响应信息回送至浏览器。在信息传输过程中，文本信息需要转换为二进制形式并封装到通信数据包中。数据从 Web 服务器经计算机网络，通过网络协议回传至客户端。

第八步，浏览器收到二进制响应信息后，根据 HTTP 将其复原为文本信息。服务器端发送的内容以二进制形式进行网络传输，浏览器收到后把二进制信息再复原为“<body><b>粗体显示的部分</b>正常显示的部分</body>”。

第九步，浏览器解析文本内容及其样式标记。浏览器根据万维网联盟（World Wide Web Consortium，W3C）定义的标准进行解析，解析后发现 body 标记包含两部分内容：一部分为 b 标记包含的文本内容“粗体显示的部分”，另一部分为文本内容“正常显示的部分”。

第十步，浏览器将根据文本内容的解析结果渲染页面。body 标记对应浏览器中的内容部分，也就是说，body 标记的开始标记和结束标记之间的内容将作为网页内容显示在浏览器中。而 b 标记可控制内容以粗体显示，所以 b 标记的开始标记和结束标记之间的内容将以粗体显示。

第十一步，用户通过浏览器即可查看请求的页面内容。

在 Chrome 和 Firefox 浏览器中，以上代码的运行效果如图 1-4 所示。

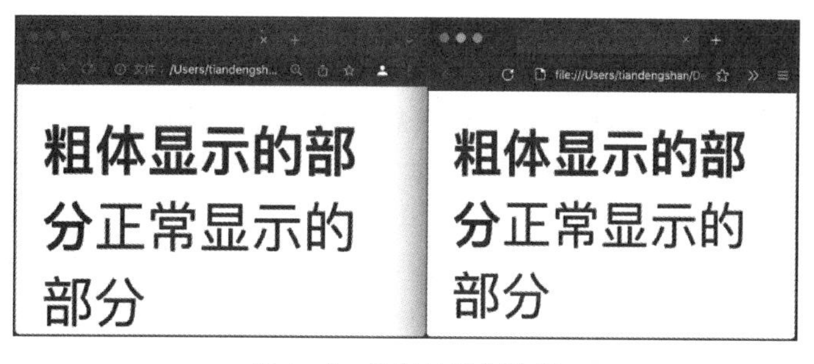

图 1-4　代码的运行效果

标记用于控制内容的样式，浏览器根据标记名称决定如何渲染页面。

浏览器解析到代码“<b>”时，将开始以粗体渲染文本内容；解析到代码“</b>”时，将停止以粗体渲染文本内容。

1.1.8　浏览器应用程序

了解了浏览器的工作原理后，下面将介绍浏览器的两个应用程序，这两个应用程序能够像浏览器一样下载网页内容，把下载后的网页存储到物理设备上。

1. 下载整个网站

通过任意浏览器访问网址“http://www.w3school.com.cn/tags/index.asp”，网页效果如图 1-5 所示。

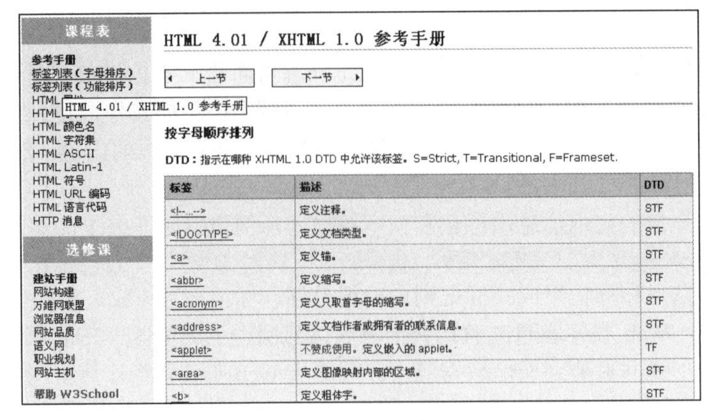

图 1-5　网页效果

在图 1-5 中，页面中带有下画线的文本具有特殊的用途：单击它们能打开另外一个页面，或者能够跳转到当前页面的某一部分。这种单击后能执行页面跳转的文字或图片被称作链接。

用户单击任意链接，浏览器将跳转至当前页面某一部分或打开一个新的页面。打开页面的过程与图 1-3 所示的处理过程相同，浏览器会从服务器端接收新页面的文本信息。Free Download Manager 能够把 HTTP 响应信息保存下来，也就是把服务器端的页面下载到本地硬盘上。

Free Download Manager 是一款完全免费的、多功能的下载和管理软件，支持多线程下载，支持计划任务下载，支持以目录、列表形式查看、检索站点内容，支持下载网页中的文本、图像、文件等内容，支持抓取网页中的链接，支持下载整个网站的内容（可设定下载子目录的层次深度，理论上可下载超过 1000 层的子目录网页和图像等内容）。

此外，还有一款付费软件 WebZIP，它也能用于下载整个网站并将所有内容压缩到一个单独的 ZIP 文件中。使用它可以把某个网站的全部或部分资料以 ZIP 格式压缩，便于用户日后以离线方式快速浏览这个网站。

如果需要这种类型的软件，请自行下载。这类软件的使用方法非常简单，只需要指定从哪个页面开始下载，然后单击下载按钮即可。需要注意的是，一定要保护知识产权，不要使用盗版软件。

2. 网络爬虫与搜索引擎

网络爬虫是一个自动提取网页的程序，它为搜索引擎从互联网上下载网页，是搜索引擎的重要组成部分。

传统网络爬虫根据 A 类、B 类和 C 类这 3 类常用 IPv4 地址的范围，对每一个 IPv4 地址进行以下操作。

（1）从网站首页（通常名为 index.html）的 URL 开始，抓取整个网页，并把网页源代码保存到服务器中，生成网站快照。

（2）在抓取网页的过程中，解析网页中的链接对应的 URL，把新抓取到的 URL 放入下载队列，直到抓取完该网站的所有网页。

（3）通过算法组织网页的存储顺序，供用户搜索。

读者如果有兴趣和时间，可以查找相关资料，自己编写网络爬虫程序，前提是掌握了 Python、Java 等编程语言。

1.2　网站与网页

网站（Website）是指发布在互联网上，根据一定的规则，使用 HTML 和相关网页设计工具制作的，用于展示特定内容的相关网页的集合。网站可以用来发布信息，也可用来提供网络服务（如查询信息）。用户通过浏览器访问网站中的网页，获取需要的信息或者享受网络服务。

在早期互联网中，网站只能保存文本信息。当万维网出现之后，图像、声音、视频，以及 3D 技术开始在互联网上流行，网站变得丰富多彩。

根据用途，网站可分为门户网站（综合网站）、行业网站、娱乐网站等；根据持有者，网站可分为个人网站、商业网站、政府网站等。

1.2.1 网页的分类

网页是网站中的页面，是构成网站的基本元素。用户通过浏览器访问的网站就是由一个或多个网页组成的。网页可以分为两类：静态网页和动态网页。

1. 静态网页

静态网页不能访问后台数据库，无法实现交互功能。设计完毕后，静态网页的内容不会再变化，因此，静态网页更适合更新较少的展示性网站。

静态网页的扩展名通常是.html，极少数情况下是.htm。通过在页面中添加 GIF 动画、滚动字幕等，也可以将静态网页变成具有动态视觉效果的页面。

2. 动态网页

动态网页能够与后台数据库交互，需要用 JSP、ASP、PHP 等服务器端语言来实现，并使用动态网页技术生成 HTML 文本。

早期的动态网页主要采用通用网关接口（Common Gateway Interface，CGI）技术实现。开发人员可以使用不同的编程语言（如 Visual Basic、Delphi 或 C++等）编写合适的 CGI 程序。随着技术的不断发展，后期出现了一系列动态网页技术并得到了广泛的应用，如以下技术。

（1）页面超文本预处理器（Page Hypertext Preprocessor，PHP）提供了标准的数据库接口，方便连接数据库，兼容性强，扩展性强。

（2）动态服务器页面（Active Server Pages，ASP）由微软公司开发，类似于 HTML、Script（脚本）与 CGI 的结合体。它没有提供专门的编程语言，而是允许用户使用许多已有的脚本语言编写 ASP 程序。ASP 程序的编写比 HTML 页面更方便且更灵活。ASP 程序在 Web 服务器端运行，运行后再将运行结果以 HTML 格式传送至客户端的浏览器。因此 ASP 与一般的脚本语言相比，要安全得多。

（3）Java 服务器页面（Java Server Pages，JSP）是 Sun Microsystems 公司于 1999 年 6 月推出的基于 Java Servlet 体系的 Web 开发技术。

（4）ASP.NET，即 Active Server Pages.NET，用于把基于通用语言的程序运行在服务器上。ASP.NET 程序会在服务器端首次运行时进行编译，执行效率远远高于解释型代码。

可以看出，静态网页和动态网页有着以下不同之处。

（1）静态网页的内容发布到网站服务器上后，每个静态网页都是一个独立的文件，无论是否有用户访问，每个静态网页的内容都是保存在网站服务器上的；动态网页实际上并不是独立存在于服务器上的网页文件，只有当用户发送请求时服务器才生成一个完整的网页。

（2）静态网页的内容相对稳定，容易被搜索引擎检索；出于技术方面的考虑，搜索引擎在收集网页信息时，不会抓取 URL 中“?”后面的内容，因此在采用动态网页技术实现的网站中进行搜索引擎推广时，需要对动态网页做技术处理才能适应搜索引擎。

（3）静态网页没有数据库的支持，网站制作和维护方面的工作量较大，特别是当网站信息量很大时，完全依靠静态网页技术需要制作非常多的网页文件；动态网页的制作一般以数据库技术为基础，响应用户的请求生成动态页面，可以大大减少网站维护的工作量。

（4）静态网页的交互性较差，在功能方面有较大的限制；采用动态网页技术制作的网站可以实现更多的功能，如用户注册、用户登录、在线调查、用户管理、订单管理等。

本书内容不涉及动态网页设计技术。如果读者需要学习动态网页的制作方法，请参阅JSP、ASP.NET等相关教材。

1.2.2 网页的组成元素

网页由文字、图像、多媒体、链接、表单及定义内容表现形式的HTML标记（见本书第2章和第3章相关内容）组成。

1. 文字

设计网页的初衷就是向用户展示文本信息，而图像、动画、音乐通常作为辅助信息。许多网站虽然设计简洁，图像很少，但仍然可以达到很好的展示效果。

（1）标题：每个网页通常都有一个标题，用于标明本网页的主要内容；标题是否醒目，决定了网页能否引起用户关注，因此标题的设计非常重要。

（2）文字组织：网页包含的文字信息较多时，可以通过段落、表格对内容进行合理的组织，方便用户浏览。

（3）字号：网页中文字的字号不能太大或太小；文字太大会使得整个网页的信息量变少，文字太小则不方便用户浏览；要制作一个优秀网页，应统筹规划字号，做到主题明确、主次分明，便于用户快速把握网页主题。

2. 图像

优秀的网页除了有吸引人的文字外，一般还有图像。图像的表现能力是不可低估的。网页上一般使用GIF、JPEG和PNG这3种格式的图像，以确保图像可以在不同操作系统的浏览器上正常显示。图像在网页中通常有如下用途。

（1）在网页中加入图像，可以让网页的表现形式更丰富。

（2）在网页中加入背景图像可以使网页的视觉效果更佳。

（3）图像可以用于制作图形按钮，用户单击图形按钮后可从一个网页跳转到另一个网页。

3. 多媒体

网页中可以加入背景音乐、视频等，以使页面更形象、更生动。

4. 链接

链接是网页中非常重要的功能，也是网页中最基本的元素之一。通过链接可以从一个网页跳转到另一个网页，也可以从一个网站跳转到另一个网站。链接有文字和图像两种形式，一些精美的图像形式的链接可以和整个网页融为一体。

5. 表单（交互功能）

互联网区别于其他传统媒体的一个重要标志就是它的交互功能，如查询商品信息、注册网站账号，这种交互功能是其他传统媒体无法比拟的。网页的交互功能通常是利用表单来实现的。

表单是网页中供用户输入信息的控件，当用户单击按钮提交表单后，浏览器会把数据传送到服务器上，服务器负责通过关系数据库或者非关系数据库对数据进行持久化存储。

多媒体文件通常较大，如果网站带宽较小，打开一个包含多个视频、图像的网页就需要花费很长时间。而大多数用户如果在短时间内看不到网页全貌，就会关掉该网页，因此开发人员需要权衡美观和性能两个指标，合理使用多媒体文件。

1.2.3 网站的制作流程与网站空间

完整的网站由域名、网站源程序和网站空间组成，三者缺一不可。建设网站通常需要以下3个步骤。

（1）申请网站域名。根据网站的目标受众，选择一个比较容易记忆的名字作为域名。

（2）设计网站源程序。静态网站源程序通常包含以下文件。

① HTML 文件：由标记和内容组成的文本文件。

② 多媒体文件：可以是图像、音乐，也可以是视频。

③ JavaScript 脚本文件：可用于产生本地的动态效果，也可用于完成表单的校验。

④ CSS 文件：用于定义网页内容的展现样式。

（3）购买网站空间，把网站代码部署到 Web 服务器上，设置申请的域名与 Web 服务器 IP 地址的对应关系后，用户就可以通过 URL 访问网站了。

通常，网站空间有以下 4 种。

（1）虚拟主机。

虚拟主机就是把一台运行在互联网上的服务器划分成多台虚拟的服务器，每一台虚拟主机都具有独立的域名和完整的互联网服务器功能（支持 WWW、FTP、E-mail 等）。同一台服务器上的不同虚拟主机是各自独立的，并由用户自行管理。但一台服务器只能支持一定数量的虚拟主机，当超过这个数量时，其性能将急剧下降。

虚拟主机技术是互联网服务器采用的节省服务器硬件成本的技术，主要应用于 HTTP 服务，它将一台服务器的某项或者全部服务内容按逻辑划分为多个服务单位，对外表现为多台服务器，从而充分利用服务器硬件资源。

（2）托管服务器。

用户购买一台服务器并委托具有完善机房、良好网络和丰富运营经验的服务商管理其计算机系统，使网站及配套的网络设备更安全、稳定、高效地运行，这种服务器称为托管服务器。用户把自己的网络设备（服务器、交换机等）放在互联网数据中心（Internet Data Center，IDC）服务商提供的专业服务器机房中，享受高品质的带宽、增值服务和各方面专人维护及监控服务。托管服务器可以满足不间断高速接入互联网的需求，并且可以获取一个固定的 IP 地址，用于开展互联网业务。

托管服务器摆脱了虚拟主机受软硬件资源的限制，能够提供高性能的处理功能，同时有效降低维护和机房设备投入、线路租用等费用。用户对设备拥有所有权和配置权，并可要求服务商预留足够的扩展空间。托管服务器提供的基本服务就是网站 Web 服务和 FTP 服务。

托管服务器与虚拟主机的区别如下。

一台托管服务器由一个用户独享，而一台虚拟主机由多个用户共享；托管服务器用户可以自行选择操作系统，而虚拟主机用户只能选择指定范围内的操作系统；托管服务器用户可以自己设置硬盘，创造数十 GB 以上的空间，而虚拟主机空间则相对较小；托管服务器主要针对网络内容服务商（Internet Content Provider，ICP）和企业用户，他们有能力管理自己的服务器，但是需要借助 IDC 提升网络性能，而不必建立自己的高速骨干网的连接。

（3）数据中心。

单位或者组织机构自行对通信线路、网络环境、机房环境进行投资，构建数据中心。由于需要投入大量人力进行 24 小时网络维护，因此这种方式适用于跨国公司和国营大中型单位及高等院校，通常需要一个部门专门负责网络的运营。

（4）云服务器。

云服务器可提供简单高效、安全可靠、处理能力可弹性伸缩的计算服务，其管理方式比物理服务器更简单、高效。用户无须提前购买硬件，即可迅速创建或释放任意一台云服务器。

借助云服务器可快速构建稳定、安全的应用环境，降低开发和运维的难度及成本，这样开发人员就能专注于核心业务的创新。

如果仅仅是一个静态网站，网站空间可以选择虚拟主机；如果网站涉及后台数据存取，网站空间最好选择云服务器。互联网“巨头”往往会自建数据中心作为网站空间。

1.2.4 测试网页

当开发人员编写完网站所有的页面源代码之后，需要对设计的网页进行审查和测试，测试内容包括功能性测试和完整性测试两个方面。

功能性测试就是要保证网页的可用性，达到最初的内容组织设计目标，实现与客户约定的功能，确保用户能方便、快速地寻找到所需的内容。功能性测试主要和需求设计有关，即测试实现的功能是否与需求设计相同。

完整性测试需要保证网页内容显示正确，链接准确、无遗漏。如果每个网页都有很多链接，链接之间的关系比较复杂，那么应如何进行完整性测试呢？

如果由测试人员对每个网页的所有链接进行检查，工作量将非常大。在此推荐使用工具 WebLink 来完成。WebLink 作为一个自动化测试工具，可以对整个网站进行完整性测试。

通常，网站的第一个页面为入口页面，即欢迎页面，又称为网站首页，该网页的文件名前缀通常为 index。通过 WebLink 选定网站的入口页面，即可对该网站所有的网页进行测试，发现所有的错误链接，并给出报告。

静态网站首页的文件名通常为 index.html。

1.2.5 发布网页

网站所有的网页制作完成且测试无误后，需要把该网站的网页文件发布到 Web 服务器上。Web 服务器通常位于远端的互联网数据中心，为了发布网页，Web 服务器需要打开 FTP 等相关远程服务让网站管理员来维护网页文件。

文件传送协议（File Transfer Protocol，FTP）是 TCP/IP 网络上两台计算机之间传送文件的协议。FTP 客户端可以从服务器下载文件，也可以上传文件，还可以在服务器上创建新目录。

网站管理员需要安装 FTP 客户端软件，如 CuteFTP，才能把本地网页文件发布到 Web 服务器上。有了 FTP 客户端软件，网站管理员还可以实现网站的更新和维护操作。

在命令提示符窗口中可以直接运行 ftp 命令，实现连接服务器、上传文件和下载文件等功能。有兴趣的读者可自行搜索相关教程。

1.3 网页设计辅助软件

工欲善其事，必先利其器。学习网页相关理论知识后，就可以安装开发网页需要的软件了。

下面介绍几款常用的软件，开发人员使用这些软件，即可轻松地编辑和测试网页，大大提高开发网站的效率。

1.3.1 网页编辑软件

网页编辑软件用于编辑网页源代码，并把网页源代码保存在物理存储设备（如硬盘、U 盘）中；后期可通过文本编辑器打开物理存储设备中的源代码进行查看或修改。推荐的文本编辑器是 Notepad2 和 Sublime Text。

（1）Notepad2 是 Windows 操作系统中可用来替换记事本的免费软件，小巧易用，具有显示行号的功能，内置多种程序语法的高亮显示功能，支持修改背景颜色，还支持 Unicode 与 UTF-8。

请读者访问 Notepad2 官方网站，获取 Notepad2 安装文件。请扫描下文的微课二维码，查看 Notepad2 的安装步骤。

微课：安装并配置 Notepad2

按照视频介绍的方法安装并配置 Notepad2 后，在 Windows 操作系统中运行记事本即可打开 Notepad2。不但可以把 Notepad2 加入快捷菜单中，还可以设置 Notepad2 为 IE 浏览器的默认浏览工具。

（2）Sublime Text 是一款非常好用的文本编辑器，可以兼容 Windows、Linux 操作系统和 macOS。读者可以从官网下载安装文件。其中，Sublime Text 3 和 Sublime Text 4 需要付费才能使用，Sublime Text 2 免费。

此外，还可以使用 EditPlus、UltraEdit、Notepad++等编辑器来编写网页。

如果使用 Windows 操作系统，建议安装 Notepad2；如果使用其他操作系统，推荐安装 Sublime Text 2。

1.3.2 网页测试软件

不同操作系统中安装了不同的浏览器，这些浏览器可作为网页测试软件使用。Windows 用户可使用微软公司在 Windows 操作系统中内置的 IE 浏览器，以及后期集成的 Edge 浏览器测试网页效果；macOS 用户可使用操作系统自带的 Safari 浏览器测试网页效果；Linux 用户可使用内置的 Firefox 浏览器测试网页效果；当然，还可以使用 Chrome 浏览器测试网页效果。

有了浏览器，就可以测试网页源代码了。以上浏览器都附带“开发人员工具”插件，该插件是开发网页的必备工具。

打开浏览器后，可以按 F12 键打开浏览器自带的“开发人员工具”（Safari 浏览器提供了功能相同的“开发”菜单）；对多数笔记本电脑而言，需要同时按 Fn 键和 F12 键才能打开“开发人员工具”。

1.3.3 IDE

Windows 操作系统之所以能够得到很多用户的认可，很大程度上是因为它使用图形用户界面替代了烦琐的 DOS 命令。在设计网页的时候，许多人会优先考虑使用集成开发环境（Integrated Development Environment，IDE），如 Macromedia 公司开发的 Dreamweaver 和微软公司出品的 FrontPage。

FrontPage 占领的是网页设计的中级市场，其地位犹如文字处理软件中的 Word，它比较重视网页的开发效率，易学易用；而 Dreamweaver 主攻的是网页设计的高级市场，强调的是更强大的网页控制、设计能力及创意的完全发挥，它几乎囊括了 FrontPage 的所有基本功能，并具有许多独特的新设计概念，如行为、时间线、资源库等，还支持层叠样式表（Cascading Style Sheets，CSS）和动态 HTML（Dynamic HTML，DHTML）。FrontPage 操作简单，适合网页设计初学者；而 Dreamweaver 适合有网页设计基础的专业用户。

如果后期需要学习动态网页设计，建议在初学阶段使用普通文本编辑器（Notepad2 或者 Sublime Text 2）进行网页设计，等学习完本书并对课程内容有了较深的理解后，再转用 IDE 进行网页设计。

总之，只需要一个浏览器和一个文本编辑器，就可以完成本书内容的学习。

1.4 构建第一个网页

本节将使用文本编辑器创建第一个网页，并完成网页的测试。

微课：Notepad2 的使用技巧

1.4.1 创建网页文件

打开文本编辑器 Notepad2，按 Ctrl+N 组合键（苹果计算机需要使用 Command 键代替 Ctrl 键），即可新建一个文本文件。

在新建的文本文件中输入如下代码：

```
<b>Hello,</b>Web page!
```

按 Ctrl+S 组合键，即可保存文件。选择目标保存目录，把文件命名为 first.html，保存类型选择“*.*”，以确保文件名没有添加其他扩展名。

Notepad2 还有其他用于放大、缩小、复制、粘贴、剪切的组合键。请扫描微课二维码，了解 Notepad2 的使用技巧。

务必把所有网页的源代码文件保存在同一个目录中，如“D:\Web”目录（D 分区下的 Web 子目录）。这不仅便于后期查找源代码文件，还便于管理源代码文件及后期设置链接。

1.4.2 网页编码与文件存储

用户在文本编辑器中输入的字符如何保存至硬盘上的文件中呢？

用户看到的是字符，硬盘中存储的是二进制位，存储过程需要借助 ASCII 进行转换。

美国信息交换标准代码（American Standard Code for Information Interchange，ASCII）是基于拉丁字母的一套计算机编码系统，主要用于显示现代英语和其他西欧语言。它是最通用的信息交换标准，并等同于国际标准 ISO/IEC 646。ASCII 第一次以规范标准发表是在 1967 年，最后一次更新是在 1986 年，目前为止共定义了 128 个字符。

如网页源代码文件 first.html 中的前 5 个字符“<b>He”，对应的 ASCII 分别为十进制数 60、98、62、72 和 101。文本编辑器查找 ASCII 表，找到字符对应的 ASCII，再将其转换为二进制形式存储到 first.html 文件中。

在文本编辑器中打开文件后，文本编辑器会根据二进制的值在 ASCII 表中查找对应的字符，再把查找到的字符显示在文本编辑器窗口中。

1.4.3 测试网页效果

测试网页效果有以下两种方法。

（1）直接通过浏览器打开网页。以 Windows 操作系统为例，打开浏览器（如 Edge 浏览器）后，按 Ctrl+O 组合键，在打开的对话框中选择要显示的网页的源代码文件。

（2）从 Windows 操作系统的资源管理器中找到网页的源代码文件（如 first.html），在文件名上单击鼠标右键，选择“打开方式”选项，再选择对应浏览器（见图 1-6）打开该网页，即可查看网页的效果。

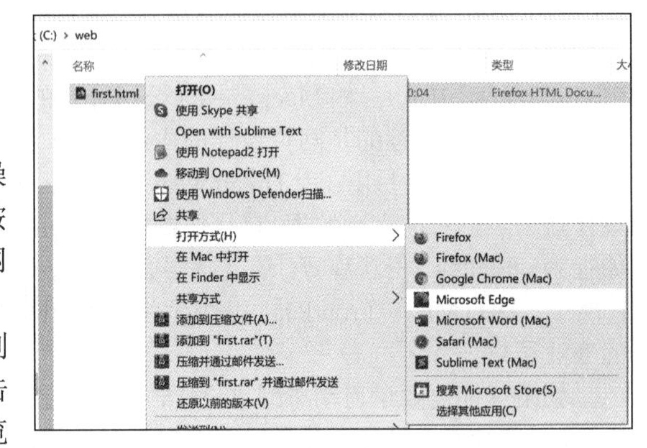

图 1-6 从资源管理器中打开要测试的网页文件

打开网页进行浏览时，浏览器会从硬盘读取网页的源代码文件，把源代码加载到内存中，再根据源代码渲染网页。

1.4.4 浏览器的渲染次序

浏览器打开 first.html 文件，以字节为单位读取二进制数据，将读取到的内容存储在内存中，并在 ASCII 表中查找对应的字符。浏览器需要解析的网页源代码文件的内容如下：

```
<b>Hello,</b>Web page!
```

浏览器渲染页面（显示页面内容）的详细步骤如下。

（1）读取到开始标记“<b>”，从“<b>”开始以粗体形式显示文本内容。

（2）读取文本内容“Hello,”，将文本“Hello,”以粗体形式进行显示。

（3）读取到结束标记“</b>”，停止粗体渲染，即恢复为正常字体。

（4）读取文本内容“Web page！”，将这些文本按照正常字体进行渲染。

本示例在 Edge 浏览器中的渲染效果如图 1-7 所示。

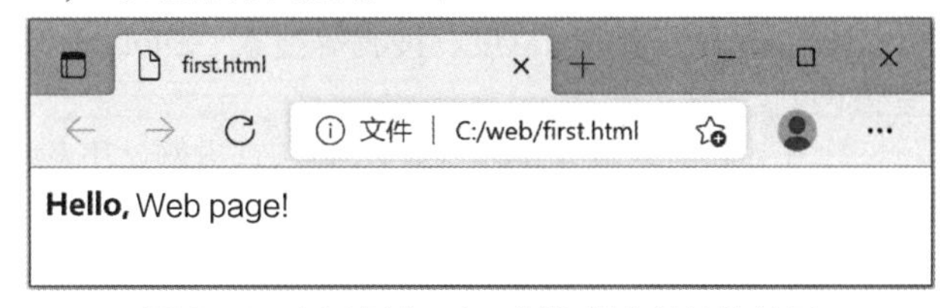

图 1-7 本示例在 Edge 浏览器中的渲染效果

不同的浏览器都会使用粗体显示 b 标记包含的内容。

1.4.5 浏览器与内存

修改网页源代码后，按 Ctrl+S 组合键保存修改后的源代码。这种情形下，该如何测试网页效果呢？

网页源代码以文件形式保存在硬盘上。浏览器打开硬盘中的文件并加载文件内容后，把网页源代码加载到计算机内存中，关闭硬盘文件，根据内存中的源代码渲染网页。

硬盘上的文件更新后，浏览器需要再次把网页源代码加载到内存，这样才能看到更改后的页面效果。其实，只需要在浏览器窗口中单击浏览器的刷新按钮，即可把网页源代码文件的内容再次加载到内存，并重新渲染页面效果。

有的浏览器（如 IE 浏览器）使用 F5 键作为刷新网页的快捷键；在有些笔记本电脑中，需要同时按 Fn 键和 F5 键才能刷新浏览器中的网页；在 macOS 中，需要使用 Command+R 组合键来刷新浏览器中的网页。

1.5 实训案例

本节有两个实训案例，分别介绍如何安装浏览器和文本编辑器，为上机练习做好准备。

1.5.1 安装 Firefox 浏览器

Firefox 浏览器因其安全性较高、扩展性较强、占用系统资源较少而广受用户的好评。该浏览器的安装过程简单，无须配置就能运行。

（1）下载 Firefox 浏览器的安装程序。

通过搜索引擎，如百度、搜狗等搜索关键字“Firefox 浏览器官网”，即可找到 Firefox 浏览器的官方网站。

许多下载网站会修改官方的安装程序，并将其发布在网络上。安装非官方的安装程序，可能会导致在安装 Firefox 浏览器的同时自动安装其他软件，建议读者尽量从官方网站下载安装程序。

（2）安装 Firefox 浏览器。

找到下载好的安装程序，双击即可运行该安装程序。根据安装向导的提示完成 Firefox 浏览器的安装。

打开 Firefox 浏览器，在地址栏中输入网址即可访问相应网站。

1.5.2 安装 Sublime Text 2

Sublime Text 因其占用磁盘空间小、运行速度快、文本功能强大且能够安装在主流操作系统中，得到了许多用户的认可。安装 Sublime Text 2 的步骤如下。

（1）下载 Sublime Text 2 的安装程序。

通过搜索引擎，如百度、搜狗等搜索“Sublime Text 2 官网”关键字，即可找到 Sublime Text 2 的官方网站。

出于对计算机安全的考虑，务必从官方网站下载安装程序。也可以在浏览器的地址栏中直接输入官网下载网址来下载 Sublime Text 2 的安装程序。

（2）安装 Sublime Text 2。

找到下载好的安装程序，双击即可运行该安装程序。根据安装向导的提示完成 Sublime Text 2 的安装。

打开 Sublime Text 2，就可以对文本或者网页文件进行修改和保存了。新建或打开文件后才能进行修改，修改后需要及时保存文件内容。

读者可以通过以上两个案例学会安装浏览器和文本编辑器，为后面的学习做好准备。

思考与练习

一、单项选择题

1. 以下网络协议中，负责把域名转换为 IP 地址的是______。
   A. TCP　B. IP　C. 域名服务器　D. FTP
2. HTTP 是______协议。
   A. 邮件传送　B. 文件传送　C. 视频下载　D. 超文本传送
3. 测试网页时，不推荐使用的浏览器是______。
   A. IE 或 Edge　B. Chrome　C. 安全浏览器　D. Firefox
4. IPv4 地址是由______字节的二进制位组成的。
   A. 2 个　B. 4 个　C. 8 个　D. 16 个
5. 保存网页文件时，通常使用的文件扩展名是______。
   A. .ppt　B. .html　C. .xls　D. .doc
6. 设置颜色可以使用 RGB 颜色值，以下颜色中，对应黑色的是______。
   A. #EE00EE　B. #009999　C. #000000　D. # FFFFFF
7. 到目前为止，ASCII 表中共定义了______个字符。
   A. 128　B. 256　C. 10000　D. 65536
8. 负责显示网页效果的软件是______。
   A. 操作系统　B. 计算机网络　C. 浏览器　D. 文本编辑器
9. ______是网页中供用户输入信息的控件。
   A. 表单　B. 文本　C. 图片　D. 链接
10. 以下软件中，可以使用 F12 键打开“开发人员工具”的是______。
    A. Notepad2　B. Word　C. PowerPoint　D. Firefox

二、填空题

1. 按地理位置和分布范围分类，计算机网络可以分成_______、_______和城域网 3 种。
2. 主流浏览器有_______、_______、_______和_______。
3. 除了十进制外，常用的进制还有_______和_______。
4. 计算机存储信息时，8 位为一个_______。
5. 由 8 位组成的二进制无符号整数中，最小值为_______，最大值为_______。
6. 每个 IPv4 地址又可分为两部分：__________和__________。
7. 网页源代码保存在计算机的_______里，浏览器打开网页时，会把网页源代码加载到计算机的_______里。
8. 静态网站首页的文件名通常为_____________________。
9. 网页可以分为两类：__________和动态网页。
10. Linux 操作系统通常会把__________设置为默认的浏览器。
11. __________是苹果计算机操作系统 macOS 和苹果手机操作系统 iOS 的默认浏览器。
12. 2023 年 3 月全球主流浏览器市场份额排行榜中，__________排名第一。

三、判断题

1. 计算机使用十进制为基本单位存储数据。（ ）
2. 有了域名，就可以不用记点分十进制的 IP 地址了。（ ）
3. “FM”是合法的十六进制数。（ ）
4. HTTP 属于 TCP/IP 里的应用层协议。（ ）
5. 计算机可以通过网卡连接局域网，再通过本地局域网连接互联网。（ ）
6. 在浏览器内打开的网页中，单击链接可以跳转到其他网页。（ ）
7. 在 Windows 操作系统中无法安装 Chrome 浏览器。（ ）
8. 在最新版本的 Windows 操作系统中，推荐使用 IE 浏览器。（ ）
9. 如果没有 Dreamweaver 之类的 IDE，开发人员将无法编写网页源代码。（ ）
10. 重启计算机后，将无法读取重启前存储在内存里的信息。（ ）
11. 只有把网页源代码文件保存到硬盘里，才能确保重启计算机后还能找到该文件。（ ）
12. 测试网页中有无错误链接时，必须手动逐个排查，工作量会非常大。（ ）
13. 通过软件，可以下载部分网站的全部网页。（ ）
14. 网络爬虫可以为搜索引擎下载需要的网页。（ ）
15. 每个网站都需要自行对通信线路、网络环境、机房环境进行投资，构建数据中心，并配备专人进行 24 小时网络维护。（ ）
16. 大多数用户如果在短时间内看不到网页全貌，就会关掉该网页。因此，需要在网页中合理地添加多媒体文件，以减少用户打开网页时的等待时间。（ ）

四、简答题

1. 刷新浏览器和关闭浏览器后再打开浏览器测试网页有什么区别？哪种更加方便？
2. 网络爬虫需要根据 IPv4 地址的范围逐一访问，其设计思路是什么？
3. 一个字节对应的正整数的取值范围是多少？请分别用十进制和十六进制写出对应范围的最大值。

上机实验

1. 下载并安装 Notepad2 编辑器。
2. 下载并安装 Firefox 浏览器或 Chrome 浏览器。
3. 使用 Notepad2 设计一个网页，并整理常用的快捷键。
4. 测试上题中设计的网页的显示效果。

第2章 网页文本处理

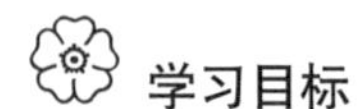
学习目标

- 理解标记的作用；
- 掌握结构标记；
- 掌握常用的文本样式标记和段落标记；
- 学会使用列表标记等。

本章将介绍如何对网页中的文本内容的样式进行处理。

2.1 结构标记

什么是标记？当服务器向发送 HTTP 请求的浏览器回传内容时，浏览器接收到的是类似于以下代码的文本：

```
<body><b>粗体显示的部分</b>正常显示的部分</body>
```

以上代码中有两对标记：“<b></b>”和“<body></body>”。其中，“<b>”与“<body>”是开始标记，而“</b>”与“</body>”是结束标记。

浏览器接收到服务器回传的文本内容后，把 b 标记的开始标记和结束标记之间的内容以粗体样式显示出来。也就是说，标记用于控制内容在浏览器中的显示样式，开始标记和结束标记控制样式的作用范围。

HTML 中的标记不区分大小写，body 与 BODY 标记的效果完全相同。

HTML 提供了 html、head、meta、body 等结构标记，用于定义网页的框架结构。

开始标记以英文字符“<”开头，以英文字符“>”结尾，中间加入标记名称，如“<b>”和“<body>”；而结束标记以英文字符“</”开头，以英文字符“>”结尾，中间加入标记名称，如“</b>”和“</body>”。

2.1.1 html 标记

html 标记是网页文件的最外层标记，表示该文件使用 HTML 进行描述。通常存储网页的文件以“<html>”开头，以“</html>”结尾，静态网页文件的扩展名通常是.html（少数情况下使用.htm）。

编辑源代码时，务必在输入开始标记后，立即补齐结束标记（如果有），防止后期遗漏。

2.1.2 head 标记

“<head>”和“</head>”标记分别表示网页头部信息的开始和结束。head 标记内的内容是头部信息，通常包括整个网页的公共属性。可以嵌套在 head 标记中的标记有 title、base、link、style、script 及 meta。

title 标记用于定义网页标题，如“<title>网页的标题</title>”，标记之间的内容显示在浏览器左上方的标题栏中；base 标记用于设定网页中文件的根目录；link 标记用于引入外部文件，如 CSS 文件、JS 文件。

除了 title 标记外，head 标记中嵌套的标记所做的设置基本都是不可见的，如通过 meta 标记防止网页显示乱码。

2.1.3　meta 标记

meta 标记除了用于设置页面编码、所用语言、作者等基本信息外，还用于对关键词和网页等级进行设定。meta 标记通常有以下几种用法。

1. 设置页面的描述信息

```
<meta  name="description"  content="页面的描述信息">
```

只有在开始标记内才能定义标记的属性，属性由属性名和属性值组成。属性（如 name 和 content）之间用空格进行分隔，属性值需要用英文单引号或者英文双引号引起来，属性名和属性值之间使用等号连接。一个标记可以定义多个属性。

页面的描述信息是对网页内容的概括。只有页面的描述信息设置得当，搜索引擎才能收录网页地址。因此尽量避免设置与网页内容不相关的描述信息。

另外，最好每个网页都有自己相应的描述（至少同一个栏目的网页有相应的描述），而不是整个网站的网页都采用同样的描述。每个网站通常有多个网页，每个网页的内容一般是不同的，如果每个网页都采用同样的描述，必然会有一些网页内容和网页的描述没有直接关系，这样不仅不利于搜索引擎对网页排序，也不利于用户搜索信息。

2. 设置搜索关键词

```
<meta name="keywords"  content="关键词 1,关键词 2, …,">
```

content 属性用于设置搜索关键词，多个关键词之间用英文逗号“,”或空格进行分隔。

为了便于搜索引擎对网页进行检索，通常每个网页要根据其内容设置对应的关键词。在设置关键词的时候，尽量选择与网页内容相关的核心关键词，而且关键词无须太多，否则会有“副作用”。设置的关键词应该同时出现在页面的描述信息中。

3. 其他设置

使用 http-equiv 不仅可以设置网页的字符编码，还可以设置网页的过期时间、默认的脚本语言、默认的语言风格、网页自动刷新的时间等。http-equiv 的常见用法如下。

（1）用于指定网页使用的编码。示例代码如下：

```
<meta http-equiv="Content-Type" content="text/html; charset=UTF-8">
```

不同的语言对应不同的编码，如日文的编码是 ISO-2022-JP，韩文的编码是 KS_C_5601，中文的编码是 GB2312，此外还有 ISO-8859-1、BIG5 等编码。示例代码中的 UTF-8 编码属于通用解决方案。

（2）用于指定网页使用的语言。示例代码如下：

```
<meta http-equiv="Content-Language" content="zh-cn">
```

常用的语言（content 属性值）如下。

zh-cn 表示简体中文，en-uk 表示英文，fr-fr 表示法语（法国）。

（3）用于控制网页自动刷新。示例代码如下：

```
<meta http-equiv="Refresh" content=n;url="http://yourlink">
```

以上代码中的 n 为阿拉伯数字，表示 n 秒后自动刷新网页“http://yourlink”。

（4）用于设置网页的过期时间。示例代码如下：

```
<meta http-equiv="Expires" content="Mon,12 May 2001 00:20:00 GMT">
```

网页一旦过期就必须重新向服务器发送 HTTP 请求。content 属性值必须是 GMT（格林尼治标准时间）格式的。

（5）用于设置缓存。示例代码如下：

```
<meta http-equiv="Pragma" content="no-cache">
```

禁止浏览器从本地计算机的缓存中访问网页内容，这样用户将无法脱机浏览网页。

（6）用于设置 cookies。示例代码如下：

```
<meta http-equiv="set-cookie" content="Mon,12 May 2001 00:20:00 GMT">
```

如果网页过期，存在盘中的 cookies 将被删除，因此需要设置 cookies。content 属性值必须是 GMT 格式的。

cookies 是服务器存储在用户计算机硬盘上的一个文件，cookies 好比人的身份证，每台计算机中不同网站的 cookies 是不同的。

（7）用于设置网页的限制级别。

```
<meta http-equiv="Pics-label" content="">
```

在 IE 浏览器的“Internet 选项”窗口中进行相应设置，可以防止用户浏览一些受限制的网页，而网页的限制级别就是通过 meta 标记来设置的。

（8）用于强制网页在当前窗口中以独立页面形式显示。

```
<meta http-equiv="windows-Target" content="_top">
```

强制网页在当前窗口中以独立页面形式显示，可以防止自己的网页被别人当作一个框架页调用。

多数情况下，只需要通过 meta 标记设置网页使用的编码和语言即可。

素养课堂

扫一扫

2.1.4 控制网页编码

通过“1.4.2 网页编码与文件存储”部分的内容，读者已经了解了 ASCII 编码的原理。ASCII 用 7 个二进制位表示一个字符，最多可以表示 128 个基本符号；也就是说，ASCII 字符集共有编码 128 个。

据不完全统计，汉字大约有十万个，使用 ASCII 肯定无法存储这么多汉字。需要为不同语言设计不同的编码，GB2312 编码就是专为中文设计的编码，此外日文、韩文等还有专用的编码。1992 年，肯·汤普森（Ken Thompson）把欧洲、非洲、亚洲的通用文字编码组合到一起，形成了 UTF-8 编码。

中文字符“汉”对应的 UTF-8 编码是十六进制数 6C49；而在 GB2312 编码中，“汉”对应十六进制数 BABA。

因此，如果想防止网页出现乱码的情况，就需要在编辑网页源代码时注意以下几点。

（1）设定文本编辑器的保存编码。

务必设定文本编辑器的默认保存编码为 UTF-8，这样才能确保开发人员输入的中文能够使用指定的编码保存到网页源代码文件中。

文本编辑器在保存网页源代码时，先查找UTF-8编码中汉字对应的十六进制数，再将其转换为二进制数保存到网页源代码中。

（2）控制浏览器的显示编码。

微课：在Notepad2中设置编码

浏览器打开网页源代码渲染网页时，从网页源代码文件中把二进制的数据读取到内存中，再组合为十六进制数。此时，浏览器需要使用保存网页源代码时使用的编码打开文件。通过UTF-8编码，浏览器查找十六进制数对应的汉字，这样就能正确渲染网页内容，防止显示乱码。控制浏览器使用UTF-8编码打开网页源代码文件的示例代码如下：

```
<meta http-equiv="Content-Type" content="text/html; charset=UTF-8">
```

这样，浏览器就会用UTF-8编码加载网页源代码文件，渲染网页中的文本内容。

请扫描微课二维码，查看如何在Notepad2中设置编码，以防止显示乱码。

小提示

几乎所有文本编辑器和浏览器都集成了UTF-8编码。如果是英文的操作系统，首次显示GB2312编码字符，浏览器需要下载GB2312编码。

2.1.5 注释

注释是在网页源代码中插入的说明性文字。浏览器渲染网页时会忽略注释内容。开发人员在网页源代码中添加注释，便于日后对代码进行查看、修改和维护等操作。注释以“<!--”开始，以“-->”结束。示例如下：

```
<!--注释部分的内容会被浏览器忽略-->
```

2.1.6 body标记

body标记用于定义HTML文档的主体，也就是用户在浏览器中可以看到的内容。通常，body标记内包含文本、图片、链接、音频、视频、表格及列表等内容。

body标记可以通过属性设置页面的背景色、文字颜色和链接颜色，其用法如下：

```
<body  bgcolor="?"  text="?"  link="?">
```

其中，bgcolor属性用于设置页面背景色，text属性用于设置非链接文字的颜色，link属性用于设置链接文字的颜色。这3个属性的值有以下两种定义方法。

（1）颜色值可以使用RGB颜色模式进行设置，其格式为“#RRGGBB”。

黑色、白色的RGB值分别为“#000000”“#FFFFFF”，红色、绿色、蓝色的RGB值分别为“#FF0000”“#00FF00”“#0000FF”，黄色、紫色、青色的RGB值分别为“#FFFF00”“#FF00FF”“#00FFFF”。注意，RGB值中必须加入符号“#”。

（2）颜色值可以为关键字，如black、blue、gold、gray、green、red，分别代表黑色、蓝色、金色、灰色、绿色和红色。

下面通过结构标记编写一个完整的网页，示例代码如下：

```
<html><!--网页文件的最外层标记-->
  <head><!--在这个标记之间的文本是头部信息，不会显示在浏览器中-->
    <title><!--设置显示的标题-->
      这是标题
    </title>
    <meta http-equiv="Content-Type" content="text/html; charset=UTF-8">
    <meta http-equiv="Content-Language" content="zh-cn">
  </head>
  <body bgcolor="white"  text="black">
```

```
        body 标记用于显示网页内容，可以是文字、图片、链接。
    </body>
</html>
```

完整示例代码请参考本书源代码文件 2-1.html。整个页面的内容都嵌套在 html 标记中，head 标记中嵌套的 title 标记用于设置浏览器左上方显示的标题。在 body 标记中通过两个属性控制页面的背景色与文字颜色，并添加了文字内容。

示例代码中 html、head、title、meta、body 标记的嵌套关系如图 2-1 所示。

在图 2-1 中，head 标记和 body 标记直接嵌套在 html 标记中；head 标记中包含 title 标记和 meta 标记；而 body 标记用于嵌套浏览器中要显示的内容，如文字、图片、表单等。body 标记中可以嵌套字体标记、段落控制标记、列表标记等多种标记。

在 Notepad2 中新建一个文本文件，输入源代码并保存文件为 2-1.html，即可完成网页的编辑工作。双击保存的文件即可打开该网页进行测试。通过 Firefox 和 Chrome 浏览器打开网页文件后的效果如图 2-2 所示。

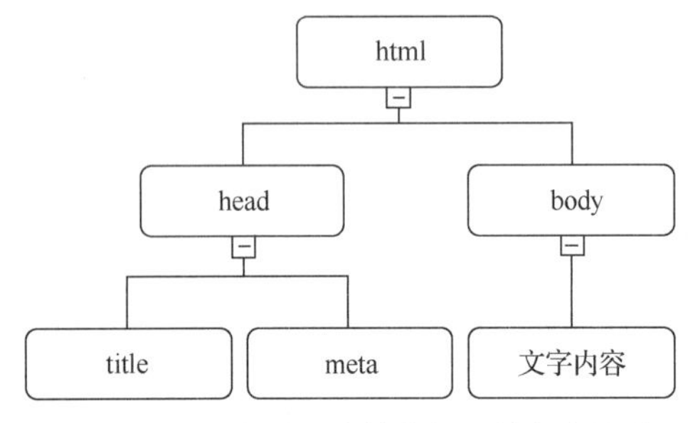

图 2-1　示例代码中结构标记的嵌套关系

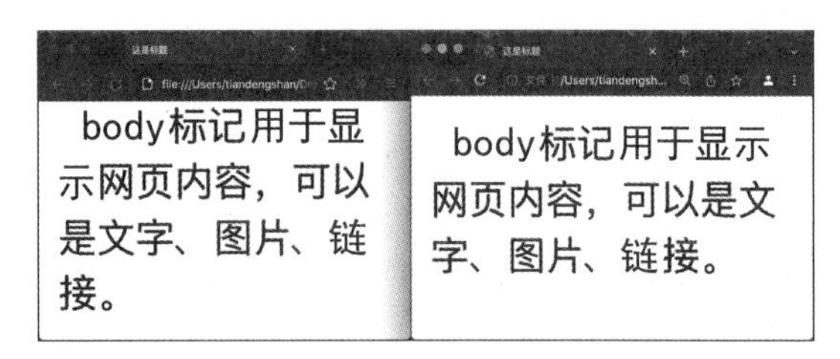

图 2-2　网页在 Firefox 和 Chrome 浏览器中的运行效果

在图 2-2 中，左侧是 Firefox 浏览器中的网页效果图，右侧为 Chrome 浏览器中的网页效果图。

为了便于管理，本书示例源代码文件统一使用示例所在章号和示例在该章内的序号进行命名，并按照章节序号创建目录，把每章的示例源代码文件存放于对应的目录中。

在设计网站时，切勿使用汉字对网页文件进行命名，且文件名中一定不能包含空格，否则将网页发布到 Web 服务器后，可能会出错。建议采用驼峰式命名规则对网页文件进行命名。

驼峰式命名规则：使用拼音或者英文单词进行命名，如 diYiGeWangYe.html 或者 firstWebPage.html，该规则要求第二个单词的首字母大写（文件名为英文）或第二个拼音的首字母大写（文件名为拼音）。这样一来，通过文件名就可以获知网页的功能。

安装 Firefox 等浏览器后，可以通过浏览器菜单打开网页文件，操作图示如图 2-3 所示。

选择“文件”菜单中的“打开文件”选项，将打开图 2-4 所示的对话框。

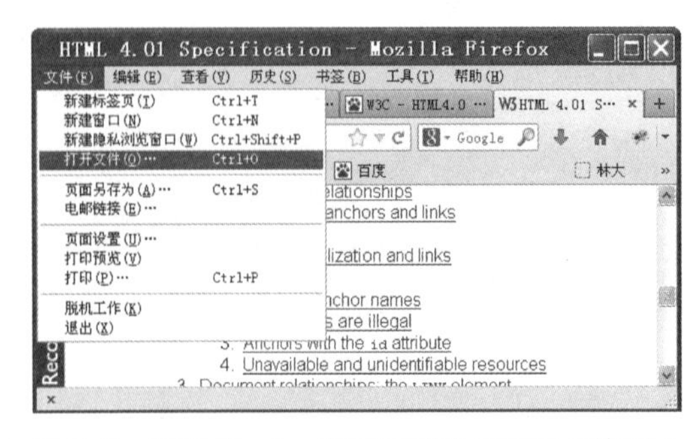

图 2-3　使用 Firefox 浏览器菜单打开网页的图示

图 2-4　“打开文件”对话框

在对话框中查找要打开的文件，选中网页文件 2-1.html 后，单击右下角的“打开”按钮，即可打开该网页文件。

使用驼峰式命名规则可以有效消除拼音带来的歧义。例如，使用驼峰式命名规则后，拼音“xian”和“xiAn”就没有歧义了。

2.1.7 进制与 RGB 颜色值

RGB 颜色模式是工业界的一种颜色标准，该标准通过红色、绿色、蓝色 3 个颜色通道的变化及相互之间的叠加来得到各种颜色，R、G、B 分别代表红色、绿色、蓝色 3 个通道的颜色。这个标准几乎包括人能看见的所有颜色，是目前运用最广的颜色模式之一。

RGB 是根据颜色发光的原理来设计的，其颜色混合方式为：假设有红色、绿色、蓝色 3 盏灯，当它们的光相互叠加的时候，颜色混合，而亮度等于两者亮度之和，混合越多亮度越高，即加法混合。

简单地说，每盏灯的亮度用一个字节表示，亮度为 0～255，对应十六进制数 00～FF，最小十进制亮度值 0 代表灯关闭，而最大十进制亮度值 255（十六进制的 FF）表示灯完全开启。红色、绿色、蓝色 3 盏灯同时调整到最亮，即 RGB 值为“#FFFFFF”，对应白色；3 盏灯同时关闭，即 RGB 值为“#000000”，对应黑色。

只开一盏灯而关闭其他两盏灯时，RGB 值有“#FF0000”“#00FF00”“#0000FF”3 种，分别对应红色、绿色和蓝色。

画家缺少某种颜料时，如黄色颜料，可以用红色和绿色颜料混合成黄色颜料，即 RGB 值为“#FFFF00”；同理，紫色颜料的 RGB 值为“#FF00FF”。

2.1.8 网页模板文件

每创建一个网页，都需要加入 html、head、meta、title、body 这些结构标记，编程时不仅需要控制标记间的层次关系，还要防止漏掉结束标记。如果打字速度较慢，那么每次都需要耗费很多时间来输入这些标记。

既然每创建一个网页都会遇到同样的问题，那么如何才能减少工作量呢？

其实，只需要创建一个模板文件 module.html 即可，其源代码如下：

```
<html>
<head>
   <title>此处修改标题</title>
   <meta http-equiv="Content-Type" content="text/html; charset=UTF-8">
<meta http-equiv="Content-Language" content="zh-cn">
</head>
<body>
   此处加入正文
</body>
</html>
```

完整示例代码请参考本书源代码文件 module.html。

有了模板文件，后期新建网页文件时，只需要进行以下 4 个步骤。

（1）复制网页模板文件 module.html。

（2）修改复制文件的名称（目标网页文件名）。

（3）修改目标网页源代码中的 title 标记内的标题。

（4）在目标网页源代码中的 body 标记内加入正文。

计算机程序的设计初衷之一就是减少重复性工作，所以开发人员在编程时需要思考如何减少重复性工作。

2.2 文本样式标记与转义字符

body 标记内可以加入正文，通过以下文本样式标记可以设置正文显示样式。

2.2.1 font 标记

font 标记可以控制网页中文本内容的字号、字体、字形和颜色，其用法如下：

```
<font size="数字" color="颜色">按照设置显示的文字内容</font>
```

如果网页源代码中只有 font 标记的开始标记，而没有 font 标记的结束标记，那么浏览器在渲染网页时，会从开始标记“<font>”开始，把之后的所有文本内容按照该标记内设置的样式显示。因此，font 标记的开始标记必须与其结束标记一起使用，以控制该标记的作用范围。

使用 font 标记时，size 属性用于控制字号，它的值既可以是绝对值，也可以是相对值。

（1）使用绝对值时，size 属性的取值范围为从 1 到 7 的整数。

（2）使用相对值时，在数字前面加上“+”或“-”，表示在默认字号的基础上增大或减小字号。

如果没有修改字号，页面中字号的默认值为 3。

color 属性可用来控制文字的颜色，其值可以是颜色关键字，也可以是 RGB 值。

font 标记的示例代码如下：

```
<body>
  <font color="blue">
    <font size="7">当前 size 属性值为 7</font><br>
    <font size="6">当前 size 属性值为 6</font><br>
    <font size="5">当前 size 属性值为 5</font><br>
  </font>
  <font color="#FF0000">
    <font size="+1">当前 size 属性值为 4</font><br>
    <font size="3">当前 size 属性值为 3</font><br>
    <font size="2">当前 size 属性值为 2</font><br>
    <font size="-2">当前 size 属性值为 1</font>
  </font>
</body>
```

br 标记是 break line 的缩写，可以起到换行的作用。关于 br 标记的详细介绍，请参考本书“2.3.5 br 标记与 nobr 标记”部分。

出于对篇幅的考虑，示例代码相比于模板文件 module.html，去掉了 html、title、meta 等结构标记。之后的示例代码如有类似情形，则不再赘述。font 标记控制字号和文字颜色的完整示例代码请参考本书源代码文件 2-2.html。

字号从 7 到 5 的 3 行文字的颜色为蓝色，字号从 4 到 1 的 4 行文字的颜色为红色。由于 body 标记的默认字号为 3，因此在设定字号为 4 和 1 时，size 属性可以使用相对值，分别为“+1”和“-2”。示例代码在 IE 浏览器中的运行效果如图 2-5 所示。

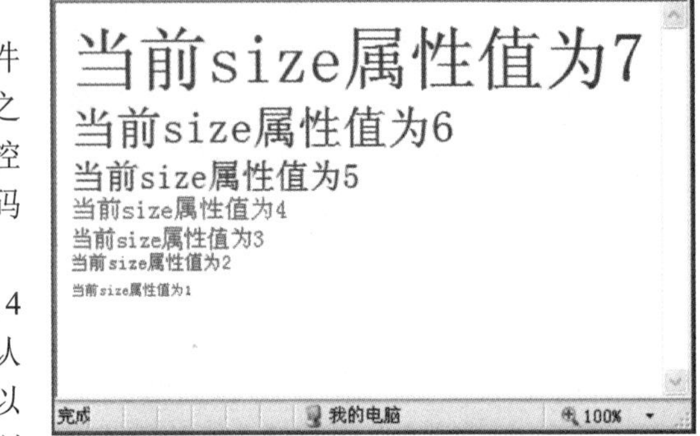

图 2-5 font 标记示例代码的运行效果

font 标记代码的复用度低，第 4 章将使用样式表来替换 font 标记。

2.2.2 物理样式标记与逻辑样式标记

在 Word 中可以把文字设置为粗体、斜体等样式，在网页中通过物理样式标记与逻辑样式标记也可以控制浏览器显示这些样式。

HTML 为文字定义了两种样式：物理样式（Physical Style）和逻辑样式（Logical Style）。表 2-1 和表 2-2 分别列出了常用的物理样式标记和逻辑样式标记及它们的作用。

表 2-1 常用的物理样式标记及其作用

标记	作用	标记	作用
b	粗体	sup	上标
i	斜体	sub	下标
u	下画线	s	加删除线
tt	打字机字体	strike	加删除线

表 2-2 常用的逻辑样式标记及其作用

标记	作用	标记	作用
big	显示大一号字体	kbd	键盘输入的内容，为等宽字体
cite	定义书名、影视名等，为斜体	samp	定义范例，为等宽字体
code	定义计算机代码，为等宽字体	small	显示小一号字体
dfn	定义一个词，通常为斜体	strong	定义强调内容，为粗体
em	定义强调内容，通常为斜体	var	定义变量，为斜体

从表 2-1 与表 2-2 可以看出，使用物理样式标记和逻辑样式标记可以获得相同的显示效果。物理样式标记仅控制文字的表现形式；而逻辑样式标记在控制文字的表现形式的同时，还能告知浏览器逻辑样式标记中所包含内容的特殊含义。

例如，strong 标记可用于强调该标记所包含内容的重要性，这有助于搜索引擎根据 strong 标记快速确定页面的主题。因此，推荐开发人员优先使用逻辑样式标记。

逻辑样式标记和物理样式标记的示例代码如下：

```
<body>
  以下为物理样式标记。<br>
  <b>b 标记</b>: 粗体<br>
  <i>i 标记</i>: 斜体<br>
  <u>u 标记</u>: 下画线<br>
  <tt>tt 标记</tt>: 打字机字体<br>
  <sup>sup 标记</sup>: 上标<br>
  <sub>sub 标记</sub>: 下标<br>
  <s>s 标记</s>: 加删除线<br>
  <strike>strike 标记</strike>: 加删除线<br>
  以下为逻辑样式标记。<br>
  <big>big 标记</big>: 显示大一号字体<br>
  <cite>cite 标记</cite>: 定义书名、影视名等，为斜体<br>
  <code>code 标记</code>: 定义计算机代码，为等宽字体<br>
```

```
    <dfn>dfn 标记</dfn>：定义一个词，通常为斜体<br>
    <em>em 标记</em>：定义强调内容，通常为斜体<br>
    <kbd>kbd 标记</kbd>：键盘输入的内容，为等宽字体<br>
    <samp>samp 标记</samp>：定义范例，为等宽字体<br>
    <small>small 标记</small>：显示小一号字体<br>
    <strong>strong 标记</strong>：定义强调内容，为粗体<br>
    <var>var 标记</var>：定义变量，为斜体<br>
</body>
```

完整示例代码请参考本书源代码文件 2-3.html。示例代码在 Chrome 浏览器中的运行效果如图 2-6 所示。

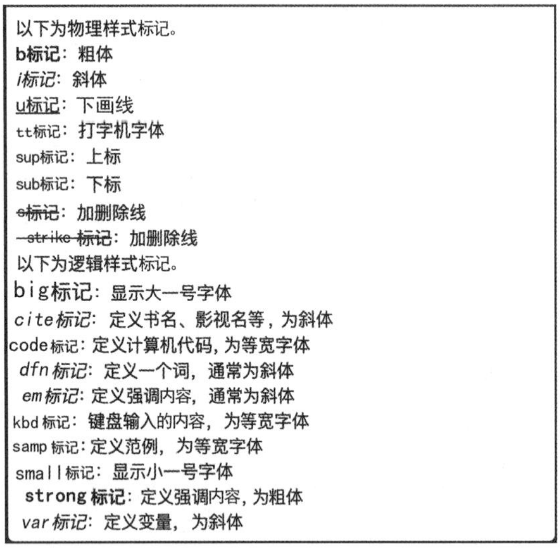

以下为物理样式标记。
b标记：粗体
i标记：斜体
u标记：下画线
tt标记：打字机字体
sup标记：上标
sub标记：下标
~~s标记~~：加删除线
~~strike 标记~~：加删除线
以下为逻辑样式标记。
big标记：显示大一号字体
cite 标记：定义书名、影视名等，为斜体
code 标记：定义计算机代码，为等宽字体
dfn 标记：定义一个词，通常为斜体
em 标记：定义强调内容，通常为斜体
kbd 标记：键盘输入的内容，为等宽字体
samp 标记：定义范例，为等宽字体
small 标记：显示小一号字体
strong 标记：定义强调内容，为粗体
var 标记：定义变量，为斜体

图 2-6　物理样式标记与逻辑样式标记示例代码的运行效果

从图 2-6 可以看出，逻辑样式标记和物理样式标记都可以改变其开始标记与结束标记之间内容的显示样式。逻辑样式标记和物理样式标记的开始标记必须与相应的结束标记搭配在一起使用，以控制标记的作用范围。

2.2.3　转义字符

由于符号“>”和“<”已经被用来定义标记，因此 HTML 中定义了转义字符，用于在网页中显示这些特殊符号。转义字符以“&”开头，中间不能包含空格，且必须以英文分号“;”结尾。HTML 中的转义字符及其含义如表 2-3 所示。

表 2-3　转义字符及其含义

转义字符	含义
&	和，即符号“&”
<	小于号
>	大于号
"	双引号
	空格
©	版权符“©”
®	注册符“®”

在网页中通过转义字符显示特殊符号的示例代码如下：

```
<body>
   <b>以下为转义字符：</b><br>
   &amp;amp;   代表和，即英文字母&amp;<br>
   &amp;lt;    代表小于号<br>
   &amp;gt;    代表大于号<br>
   &amp;quot;  代表双引号<br>
   &amp;nbsp;  代表空格<br>
   &amp;copy;  代表版权符&copy;<br>
   &amp;reg;   代表注册符&reg;
</body>
```

完整示例代码请参考本书源代码文件 2-4.html。为了在网页中显示符号“&”，必须使用转义字符“&”。因此为了显示“&”，网页源代码中使用了代码“&”。

为了方便读者阅读，显示内容“&”“®”后通过转义字符（“ ”）添加了 3 个空格，而“<”和“>”这两个显示内容后通过转义字符添加了 4 个空格。代码“®   ”经浏览器解析，转义字符被替换后显示为“®　　”（注意，显示内容“;”后有 4 个空格）。示例代码在 Chrome 浏览器中的显示效果如图 2-7 所示。

以下为转义字符：
&　代表和，即英文字母&
<　代表小于号
>　代表大于号
"　代表双引号
 　代表空格
©　代表版权符©
®　代表注册符®

图 2-7　转义字符示例代码的运行效果

也可以通过字体标记及其样式标记来设置转义字符的显示样式。

转义字符属于网页中显示的正文内容，不属于标记范畴。

2.3　组织段落

段落简称段，是文章的基本单位。段落常用于表现页面内容的层次。从内容上说，它是页面中一个相对完整的单位。在页面中，段与段之间需要换行。中文段首需要缩进两个汉字，而英文段首需要缩进一个字符。HTML 提供了 p 标记、div 标记及相关辅助标记来组织段落。

2.3.1　p 标记

p 是 paragraph 的缩写。浏览器在显示 p 标记嵌套的内容时，会确保段落前和段落后出现且只出现一个空行。

p 标记可以通过 align 属性设定段落内文字的对齐方式，align 属性的可选值有 left、right、center 和 justify，分别代表居左、居右、居中和两端对齐，默认值为 left。

p 标记的示例代码如下：

```
<body>
<p align="center">
p 是 paragraph 的缩写。浏览器在显示 p 标记嵌套的内容时，会确保段落前和段落后出现且只出现一个空行。因此，两个 p 标记控制的段落相邻时，两个段落间只会出现一个空行。
</p>
<p align="right">
p 标记可以通过 align 属性设定段落内文字的对齐方式，align 属性的可选值有 left、right、center 和 justify，分别代表居左、居右、居中和两端对齐，默认值为 left。
</p>
</body>
```

完整示例代码请参考本书源代码文件 2-5.html。p 标记的示例代码在 Chrome 浏览器中的运行效果如图 2-8 所示。

示例代码使用段落标记 p 定义了两个段落。因为两个段落都通过 align 属性设置了对齐方式，所以第一个段落居中显示，而第二个段落居右显示。

p是paragraph的缩写。浏览器在显示p标记嵌套的内容时，会确保段落前和段落后出现且只出现一个空行。因此，两个p标记控制的段落相邻时，两个段落间只会出现一个空行。

p标记可以通过align属性设定段落内文字的对齐方式，align属性的可选值有left、right、center和justify，分别代表居左、居右、居中和两端对齐， 默认值为left。

图 2-8　p 标记示例代码的运行效果

简单地说，浏览器读取网页源代码渲染页面，当解析到代码“<p>”时，会追加一个空行，并另起一行显示 p 标记内的文本内容；当解析到代码“</p>”时，浏览器会在换行后加一个空行，并另起一行显示后续的内容。

通常 p 标记直接嵌套在 body 标记内，p 标记内部可以直接嵌套文本内容，可以通过物理样式标记或者逻辑样式标记控制段落内文本内容的显示样式。

2.3.2　div 标记与 span 标记

div 标记也可以用来定义段落。浏览器在显示 div 标记嵌套的内容时，能确保开始标记“<div>”后的内容独立显示在一个新行里，而结束标记“</div>”后的内容在下一行显示。

span 标记用于在行内定义一个区域，也就是一行可以被 span 标记划分成好几个区域，便于后期通过样式表定义不同的显示效果。span 标记本身没有设置任何显示样式，当浏览器解析到 span 标记的开始标记和结束标记时，都不会做换行处理，除非开发人员通过样式表重新定义 span 标记的显示样式。

div 和 span 标记最大的特点都是没有定义显示样式。因此，这两个标记通常需要配合样式表进行使用。两者最明显的区别在于：div 是块元素类型的标记，而 span 是行内元素类型的标记。样式表将在本书第 4 章和第 5 章讲解。

与 p 标记相同，div 标记也可以通过 align 属性设定段落内文字的对齐方式。

本书将在“2.3.8 align 属性”部分详细解释 align 属性及其 justify 属性值。

div 标记和 span 标记的示例代码如下：

```
<html>
  <head>
    <meta http-equiv="Content-Type" content="text/html; charset=UTF-8">
    <meta http-equiv="Content-Language" content="zh-cn">
    <title>div 和 span 示例</title>
  </head>
  <body>
    <div>文本</div>
    <div>文 1<span>内容</span>文 2</div>
  </body>
</html>
```

完整示例代码请参考本书源代码文件 2-6.html。示例代码在 Firefox 浏览器中的运行效果如图 2-9 所示。

示例代码中，通过 span 标记把第二个 div 标记内的一行文本划分为 3 个区域。标记间的嵌套关系如图 2-10 所示。

开发人员使用 span 标记划分多个区域，便于通过样式表单独控制某一区域内容的显示样式。

设计网页时，先通过 p 标记和 div 标记构建页面整体结构；然后在 p 标记或 div 标记定义的段落内，通过物理样式标记或者逻辑样式标记控制段落内不同文本的显示样式。

文本
文1内容文2

图 2-9　div 标记和 span 标记的示例代码的运行效果

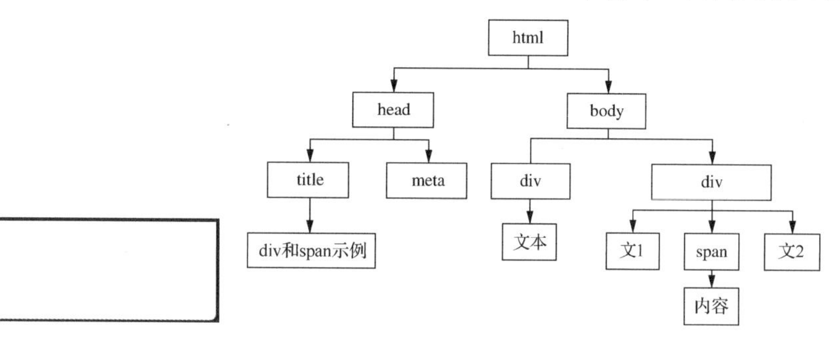

图 2-10　示例代码中标记间的嵌套关系

2.3.3　标记间的包含关系

随着网页源代码越来越复杂，标记间的嵌套和包含关系也越来越复杂。在编写代码时需要注意以下几点。

（1）标记可以相互嵌套，示例代码如下：

```
<p>a<b>13</b>c</p>
```

以上代码中，b 标记正确地嵌套在 p 标记中，即 p 标记中包含 b 标记。

（2）标记不能交叉使用，示例代码如下：

```
<p>a<b>13</p>c</b>
```

p 标记和 b 标记交叉使用，无法形成正确的包含关系，以上写法显然是错误的。

（3）在编写代码时，要养成写完开始标记，立即补齐对应结束标记的习惯。

如果疏忽，可能会形成错误的包含关系，这种情况下需要使用开发人员工具对标记的包含关系进行检查，快速定位错误的包含关系。

主流浏览器都提供了开发人员工具，开发人员工具功能强大、使用方便，是网页开发人员的查错“利器”。请扫描微课二维码，了解使用 Chrome 浏览器的开发人员工具查错的操作方法。其他主流浏览器的开发人员工具的操作方法与此基本相同。

微课：使用 Chrome 浏览器的开发人员工具查错的操作方法

2.3.4　标题标记 hn

在 HTML 中，通过 hn 标记显示网页中的标题和副标题。其中，字母 h 是单词 heading 的缩写，而字母 n 需要替换为阿拉伯数字 1 到 6，表示标题的级别。h1 表示最大的标题，h6 表示最小的标题。hn 标记的开始标记必须与其结束标记搭配在一起使用，以控制该标记的作用范围。

h1 到 h6 这 6 个标记可以通过 align 属性设定标题的对齐方式。

h1 到 h6 这 6 个标题标记的示例代码如下：

```
<body>
  <h1 align="center">h1 标题</h1>
  <h2 align="left">h2 标题</h2>
  <h3 align="right">h3 标题</h3>
  <h4>h4 标题</h4>
  <h5>h5 标题</h5>
  <h6>h6 标题</h6>
</body>
```

完整示例代码请参考本书源代码文件 2-7.html。示例代码在 IE 浏览器中的运行效果如图 2-11 所示。

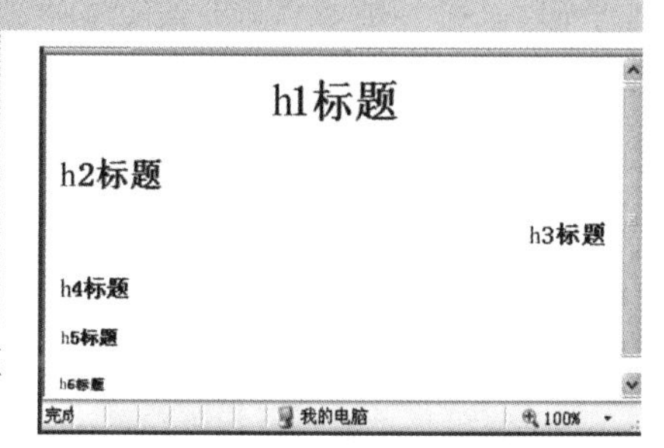

图 2-11　h1 到 h6 这 6 个标题标记的示例代码的运行效果

从图 2-11 可以看出，这 6 个标题都以粗体显示，它们的区别在于字号，从 h1 到 h6 字号逐级递减。示例代码中，通过设置

align 属性为 center 实现“h1 标题”居中显示的效果，而通过设置 align 属性为 right 实现“h3 标题”居右显示的效果。

小提示

一个网页中可以有多个 hn 标记，在每个段落前通过不同级别的标题提示段落的主要内容。但每个网页中只能有一个 title 标记，用于显示浏览器左上方的标题。

2.3.5 br 标记与 nobr 标记

br 标记起到换行的作用。由于 br 标记内部不包含内容，不会影响内容的显示样式，因此，使用 br 标记时无须添加结束标记，只需要加入开始标记。

浏览器会把 nobr 标记内包含的内容强行显示在一行。与 br 标记不同，nobr 标记的开始标记必须与其结束标记搭配在一起使用，以控制该标记的作用范围。

小提示

由于 nobr 标记不符合标准网页设计的理念，建议不要使用 nobr 标记。

2.3.6 hr 标记

hr 是 horizontal rules 的缩写，意为水平标尺线。浏览器把 hr 标记显示为一条水平标尺线，用于分隔不同功能的文字。由于 hr 标记不影响内容的显示样式，因此无须添加结束标记，使用时只需在代码中加入开始标记。hr 标记的用法如下：

```
<hr  align="对齐方式"  size="横线粗细"  width="横线长度"
   color="横线颜色"  noshade>
```

hr 标记可以通过 align 属性设定水平标尺线的对齐方式。

size 属性的值和 width 属性的值默认以像素为单位，分别用于设定水平标尺线的长度和宽度。

color 属性用于设定水平标尺线的颜色，其值可以是颜色关键字，也可以是 RGB 值。hr 标记的示例代码如下：

```
<body>你好
  <hr align="left" size="20px" width="50" color="black" noshade>
  明天见 </body>
```

完整示例代码请参考本书源代码文件 2-8.html。示例代码中，设置水平标尺线的宽度为 20 像素、长度为 50 像素，居左对齐，颜色为黑色。示例代码在 IE 浏览器中的运行效果如图 2-12 所示。

图 2-12　hr 标记示例代码的运行效果

小提示

hr 标记只有设置为小于浏览器中网页的宽度时，其 align 属性才能生效。

2.3.7 像素、分辨率与进制

像素（pixel，px）是数字图像的最小组成单位。若把图片放大数倍，会发现它其实是由许多颜色相近的小方块组成的，这些小方块就是构成影像的最小单位——像素。这种最小的图像单元在计算机显示器上通常显示为单个的染色点。

计算机显示器可以设置分辨率，如果是 1024 像素×768 像素，也就是显示器可以横向分解为 1024 像素，纵向分解为 768 像素；常用显示器的分辨率可以达到 1920 像素×1080 像素，甚至更高。分辨率是衡量显示器品质的一个重要指标。

如果每个像素的颜色使用一个字节存储，8 位的组合共有 256 个颜色。最早的显示器支持 256 色，随着技术的发展，现在的彩屏手机都可以支持 65536 色（使用两个字节存储颜色），能显示出高对比度、色彩丰富的图片。

要实现拍照、摄像两种功能需要一个重要的部件——传感器。传感器的分辨率越高，颜色的存储单位越大，支持的图像尺寸也越大。摄像头参数中有一项为最大图像尺寸，如果摄像头的最大图像尺寸等于或大于 4096 像素×2160 像素，则该摄像头为真正的 4K 摄像头。

RGB 颜色值使用一个字节存储，后期出现了 RGB16 和 RGB32，颜色范围也随之扩大。

2.3.8　align 属性

具有 align 属性的结构标记有 p、div、hr 和 hn；而 font 标记、物理样式标记和逻辑样式标记，如 b、i、u 等标记则无法设置 align 属性，属于样式标记。这两类标记有不同的用途。

在设计网页时，应遵循自顶向下、逐步细化的原则，首先，控制网页中的段落数量，段落前可以通过 hn 标记加入标题，并合理利用 hr 标记添加分割线，以此来设计网页的总体布局；其次，在段落标记或者 hn 标记中加入文本内容；最后，通过样式标记（无法设置 align 属性的物理样式标记、逻辑样式标记及 font 标记）设置文本内容的显示样式。

通常，字体标记及其样式标记需要嵌套在段落标记内，这符合人们日常编辑文档的习惯：先组织段落，再添加内容并控制其显示样式。

2.3.9　空标记

许多标记需要把开始标记和结束标记搭配在一起使用，如 font 标记，以控制标记的作用范围。

有的标记不会影响内容的显示样式，如 br 标记、hr 标记，这种标记只需要给出开始标记即可。这种内部不能嵌套内容，且不会影响内容显示样式的标记通常被称作空标记。

在 HTML 4.01 标准中，使用空标记时只需要给出开始标记，不用添加结束标记，如“
”“<hr>”；在 XHTML 1.0 标准中，要求在开始标记的“>”之前补上一个“/”，如“
”“<hr/>”；而 HTML5 标准兼容 HTML 4.01 标准和 XHTML 1.0 标准，以上两种定义空标记的方法都不会出错。

HTML 4.01 标准中的空标记包括 area、base、br、col、hr、img、input、link、meta 及 param，HTML5 标准中添加了 command、keygen 和 source 空标记。

可扩展超文本标记语言（eXtensible HyperText Markup Language，XHTML）要求所有标记必须使用结束标记以确保关闭开始标记。由于 XHTML 的表现方式与 HTML 类似，但是语法更加严格，因此 XHTML 1.0 标准在 2000 年 1 月 26 日成为 W3C 的推荐网页标准。出于对兼容性的考虑，建议读者使用兼容 XHTML 标准的写法。

对于非空标记，即使内部不嵌套任何内容，也必须补齐对应结束标记。如“<font/>”就是一个错误的定义方法，正确的写法是“<font></font>”。

新版本的浏览器往往能兼容老版本浏览器的渲染方法，对于空标记，只需要添加其开始标记，浏览器就能正常渲染空标记。

2.3.10　W3C 与 HTML 标准

在 HTML 的早期发展中，W3C 成立之前，很多标准的制定都是在浏览器的开发人员互相讨论的情况下完成的，如 HTML 2.0、HTML 3.2、HTML 4.0、HTML 4.01，大部分都是先有实现后有标准。这导致互联网上很多页面都存在 HTML 语法错误。W3C 发现了这个问题，并认为这是互联网的一个基础性问题，应该解决。

为了规范 HTML，W3C 结合 XML 制定了 XHTML 1.0 标准，这个标准没有增加任何新的标记，只是按照 XML 的要求来规范 HTML，这导致很多开发人员拒绝使用 XHTML 1.0 标准。

制定 HTML5 标准的时候，将向后兼容作为其中一个很重要的原则。HTML5 引入了许多新的特性，但它不会打破已有的网页标准。开发人员可以将任何已有网页的第一行改成“<!DOCTYPE html>”，网页变成 HTML5 页面后，仍能在浏览器中正常显示。

小提示

如果在网页源代码的第一行加入“<!DOCTYPE html>”，浏览器会按照 HTML5 标准解析网页代码。务必确保该行代码出现在“<html>”之前。

2.4 列表

列表分为有序列表和无序列表。列表是一个容器，起到占位作用。浏览器读取到列表的开始标记时会先换行；同样，读取到对应结束标记时也会换行，以保证渲染列表时不会受到其他标记的影响。

2.4.1 li 标记与 ol 标记

li 是 list item 的缩写。li 标记用于定义列表项，该标记的开始标记最好与其结束标记搭配在一起使用，以控制该标记的作用范围。li 标记必须嵌套在有序列表标记 ol 与无序列表标记 ul 中。

ol 是 ordered lists 的缩写。ol 标记用于定义有序列表，该标记的开始标记必须与其结束标记搭配在一起使用，以控制该标记的作用范围。一个 ol 标记内部可以嵌套多个 li 标记，浏览器解析 ol 标记后，会在 li 标记定义的内容前添加数字序号。

ol 标记的示例代码如下：

```
<body>
  转义字符
  <ol>
    <li>和，即符号&amp;: &amp;amp;</li>
    <li>小于号: &amp;lt;</li>
    <li>大于号: &amp;gt;</li>
    <li>双引号: &amp;quot;</li>
    <li>空格: &amp;nbsp;</li>
    <li>版权符&copy;: &amp;copy;</li>
    <li>注册符&reg;: &amp;reg;</li>
  </ol>
</body>
```

完整示例代码请参考本书源代码文件 2-9.html。示例代码在 IE 浏览器中的运行效果如图 2-13 所示。

从图 2-13 可以看出，示例代码中通过 li 标记定义列表项，由于嵌套在有序列表标记 ol 中，因此浏览器在解析 li 标记定义的列表项时，会按顺序自动添加数字序号。示例代码中使用了转义字符来显示“&”和空格等特殊符号。

转义字符

1. 和，即符号&: &
2. 小于号: <
3. 大于号: >
4. 双引号: "
5. 空格:
6. 版权符©: ©
7. 注册符®: ®

我的电脑 110%

图 2-13 ol 标记示例代码的运行效果

2.4.2 ul 标记

ul 是 unordered lists 的缩写。ul 标记用于定义无序列表，该标记的开始标记必须与其结束标记搭配在一起使用，以控制该标记的作用范围。一个 ul 标记内部可以嵌套多个 li 标记，浏览器解析 ul 标记后，会在 li 标记内的内容前添加列表项符号。

ul 标记的示例代码如下：

```
<body>
   <ul>
      <li>Coffee</li>
      <li>Tea</li>
      <li>Milk</li>
   </ul>
</body>
```

完整示例代码请参考本书源代码文件 2-10.html。示例代码在 IE 浏览器中的运行效果如图 2-14 所示。

图 2-14　ul 标记示例代码的运行效果

从图 2-14 可以看出，示例代码中通过 li 标记定义了列表项，由于嵌套在无序列表标记 ul 中，因此浏览器在解析 li 标记定义的列表项时，会自动添加列表项符号“•”。本书将在“4.6.1 设置列表项符号”部分介绍如何修改列表项的符号。

2.4.3　dl、dt 和 dd 标记

dl 是 definition list 的缩写，dl 标记用于自定义列表；dt 是 definition list title 的缩写，dt 标记用于自定义列表标题；dd 是 definition list description 的缩写，dd 标记用于自定义列表描述。

dl、dt 和 dd 标记的示例代码如下：

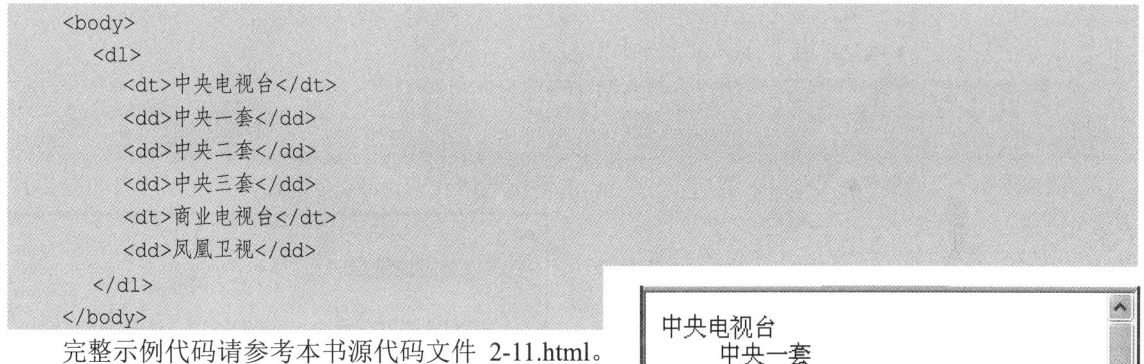

```
<body>
   <dl>
      <dt>中央电视台</dt>
      <dd>中央一套</dd>
      <dd>中央二套</dd>
      <dd>中央三套</dd>
      <dt>商业电视台</dt>
      <dd>凤凰卫视</dd>
   </dl>
</body>
```

完整示例代码请参考本书源代码文件 2-11.html。示例代码在 IE 浏览器中的运行效果如图 2-15 所示。

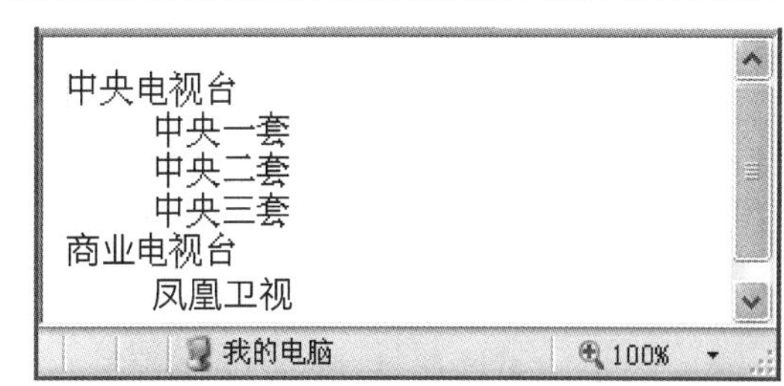

图 2-15　dl、dt 和 dd 标记示例代码的运行效果

从图 2-15 可以看出，dl 标记好比容器，用来定义列表，dt 标记和 dd 标记需要嵌套在 dl 标记中。dt 标记用来定义标题，而 dd 标记用来定义内容。浏览器会在 dt 标记定义的标题的基础上缩进后再显示 dd 标记定义的内容。

2.5　其他标记

HTML 还提供了对文字进行语义处理的标记，如用于定义缩写形式、添加修改痕迹的标记。

2.5.1　abbr 标记

abbr 标记用于定义缩写形式，如“Inc.”“etc.”，表示该标记包含的文字内容是一个更长的单词或

短语的缩写形式。abbr 标记可以为浏览器、拼写检查程序、翻译系统及搜索引擎提供有用的信息。abbr 标记的示例代码如下：

```
<body>
  <abbr title="Incorporated">Inc</abbr> <br>
  <abbr title="Company Limited">Co. Ltd.</abbr> <br>
  <abbr title="etcetera">etc.</abbr>
  <p>以上缩写通过 abbr 标记进行定义，使用 title 属性给出该缩写代表的内容。</p>
</body>
```

完整示例代码请参考本书源代码文件 2-12.html。示例代码在 Firefox 浏览器中的运行效果如图 2-16 所示。

Inc
Co. Ltd.
etc.
Company Limited
以上缩写通过abbr标记进行定义，使用title属性给出该缩写代表的内容。

图 2-16　abbr 标记示例代码的运行效果

示例代码运行后，当鼠标指针移动到 abbr 标记包含的文字内容上方时，Firefox 浏览器中会显示提示框，提示框的内容是 abbr 标记的 title 属性值；而在 IE 6.0 浏览器中，则不会给出任何提示。从图 2-16 可以看出，在 Firefox 浏览器中，abbr 标记包含的文字内容下方有虚线样式的下画线；当鼠标指针移动到“Co. Ltd.”上方时，会给出提示“Company Limited”。

2.5.2　acronym 标记

acronym 标记用于定义几个单词的首字母缩写，为浏览器、拼写检查程序、翻译系统及搜索引擎提供有用的信息。acronym 标记的示例代码如下：

```
<body>
  <acronym title="The People's Republic of China">PRC</acronym> <br>
  <acronym title="World Wide Web">WWW</acronym> <br>
  <acronym title="Very Important Person">VIP</acronym>
  <p>以上首字母缩写通过 acronym 标记进行定义，使用 title 属性给出该首字母缩写代表的内容。</p>
</body>
```

完整示例代码请参考本书源代码文件 2-13.html。示例代码在 Firefox 浏览器中的运行效果如图 2-17 所示。

PRC
WWW

VIP
以上首字母缩写通过acronym标记进行定义，使用title属性给出该首字母缩写代表的内容。

图 2-17　acronym 标记示例代码的运行效果

示例代码运行后，当鼠标指针移动到 acronym 标记包含的文字内容上方时，Firefox 浏览器和 IE 浏览器中都会显示提示框，提示框的内容是 acronym 标记的 title 属性值。从图 2-17 可以看出，当鼠标指针移动到“PRC”上时，会显示“The People's Republic of China”。在 Firefox 浏览器中，acronym 标记包含的内容下方会有虚线样式的下画线。

abbr 即 abbreviation 的缩写，指单词、片语或语句的缩略形式，如名字 Alexander 的缩略形式为 Alex，Company Limited 的缩略形式为 Co. Ltd.。而 acronym 指多个单词首字母组合的缩写。

2.5.3　del 与 ins 标记

del 标记用于定义文档中已被删除的文本，ins 标记用于定义插入的文本。两个标记通常一起使用，以描述对内容的更新和修正过程。del 标记和 ins 标记的示例代码如下：

```
<body>
  <p>一二三四五六七八九十的大写是壹贰叁肆<del>五</del><ins>伍</ins>陆柒捌玖拾。</p>
</body>
```

完整示例代码请参考本书源代码文件 2-14.html。示例代码在 IE 浏览器中的运行效果如图 2-18 所示。

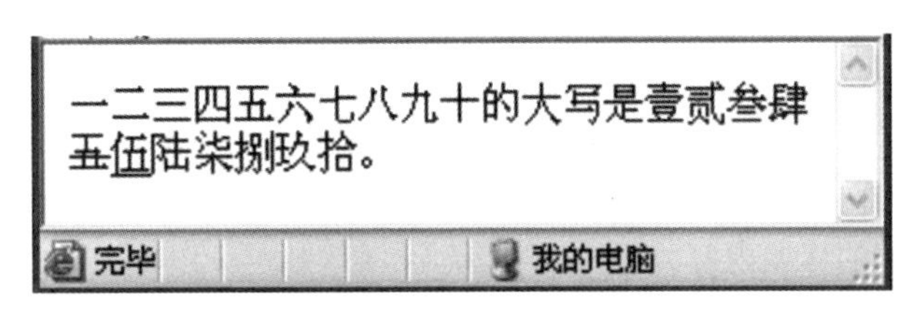

图 2-18　del 标记和 ins 标记示例代码的运行效果

从图 2-18 可以看出，del 标记定义的内容上有删除线，而 ins 标记定义的内容下方有下画线。可以通过这两种标记的显示效果体现内容的更新和修改过程。

2.5.4　标记的分类

本章介绍的标记可以简单分为两类：一类是结构标记，另一类是非结构标记。非结构标记又分为段落标记和样式标记。

结构标记包含 html、head、title、meta 和 body，除此之外的标记都是非结构标记。

在非结构标记中，段落标记包含 h1、h2、h3、h4、h5、h6、p、div、hr、ul、ol、li、dl、dt 和 dd，样式标记包含 font、b、i、u、sup、sub、s、abbr、acronym、del、ins。两者的区别在于，段落标记默认占据整行；而样式标记无法确定自己的位置，其宽度和高度由内部包含的文字决定。

浏览器在渲染段落标记时，采用垂直排版，即段落标记垂直排列；而对于样式标记，浏览器则采用水平排版。

2.6　实训案例

本节将通过两个实训案例分别介绍创建和使用网页模板文件的步骤，帮助读者掌握网页模板的相关知识。

2.6.1　创建网页模板文件

创建网页模板文件，可以避免后期新建网页时重复输入相同代码，加快开发速度。本小节将介绍创建网页模板文件的步骤及相关事项。

（1）打开文本编辑器（如 Notepad2），通过相关菜单新建一个文件。选择图 2-19 所示的“File”菜单中的“New”选项。

（2）输入网页模板文件需要的结构标记，详细代码请参考“2.1.8 网页模板文件”部分的示例代码。为了后期阅读方便，所有标记的开始标记与其结束标记的大小写要保持一致；同时合理利用缩进，明确标记之间的包含关系。

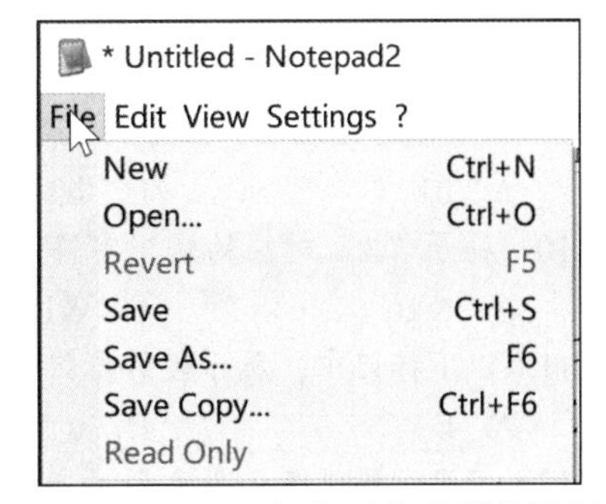

图 2-19　Notepad2 中 “File” 菜单的部分选项

（3）选择图 2-19 所示的“File”菜单中的“Save”选项，把网页模板文件保存在本地硬盘上。为了避免设置链接时出错，文件名一定不能使用中文且不能包含空格，文件扩展名需使用.html。

后期就可以使用保存后的网页模板文件创建新的网页了。

2.6.2 使用网页模板文件

上一小节介绍了如何创建网页模板文件，本小节将通过网页模板文件创建一个商品介绍页面。

（1）打开文本编辑器，在文本编辑器中打开网页模板文件。

（2）复制网页模板文件的所有代码（可以使用 Ctrl+A 组合键全选代码再复制）。

（3）新建一个文件，在新建的文件中粘贴上一步复制的网页模板文件代码。

（4）修改 title 标记中的标题内容。

（5）在 body 标记中添加商品相关介绍内容，通过 hn 标记和 p 标记对文本内容进行组织，合理利用 b、i、u 等标记设置文本样式。

（6）保存商品介绍页面，通过浏览器测试网页效果。

通过以上两个案例，读者可以知道如何利用网页模板文件快速创建网页。

思考与练习

一、单项选择题

1. 为了能让网页正确显示汉字，避免乱码，需要通过 meta 标记设定网页使用的字符集，中文编码对应的是_______。

A. BIG5　　B. ISO-2022-JP　　C. UTF-8　　D. KS_C_5601

2. 设置网页时，要避免显示乱码，需要使用的标记是_______。

A. head　　B. body　　C. title　　D. meta

3. 以下标记中，不属于结构标记的是_______。

A. html　　B. body　　C. head　　D. sup

4. 设置颜色可以使用 RGB 值，以下 RGB 值中，对应黑色的是_______。

A. #EE00EE　　B. #009999　　C. #000000　　D. # FFFFFF

5. 设置颜色可以使用 RGB 值，以下 RGB 值中，对应红色的是_______。

A. #EE00EE　　B. #009999　　C. #000000　　D. # FF0000

6. 设置颜色可以使用 RGB 值，以下 RGB 值中，对应白色的是_______。

A. #EE00EE　　B. #009999　　C. #000000　　D. # FFFFFF

7. 以下标记中，用于设置文本内容显示删除线的是_______。

A. sub　　B. s　　C. sup　　D. b

8. 以下标记中，用于显示水平标尺线的是_______。

A. img　　B. hr　　C. a　　D. p

9. 以下标题标记中，显示的文字效果中字号最大的是_______。

A. h1　　B. h3　　C. h5　　D. h7

10. 符号“&”对应的转义字符是_______。

A. >　　B. <　　C. &　　D.

11. 以下标记中，属于段落标记的是_______。

A. b　　B. u　　C. p　　D. s

12. 用于设置段落水平方向对齐方式的属性是 align，用于设置段落内的文字在水平方向居左显示的属性值为_______。

A. left　　B. right　　C. baseline　　D. center

13. 以下标记中，_______标记可以使用 align 属性设置内部文字的对齐方式。

A. sub　　B. sup　　C. s　　D. div

14. 以下标记中，属于语义标记的是_______。
   A. abbr　　B. u　　C. p　　D. s

15. 以下标记中，不属于样式标记的是_______。
   A. b　　B. u　　C. p　　D. span

二、填空题

1. 主流浏览器都提供了______________工具，该工具功能强大，是查错“利器”。
2. 常用的段落标记有_______和 div。
3. 空格的转义字符是_______，符号“<”的转义字符是_______。
4. 能起到换行作用的标记是_______，水平标尺线标记是_______。
5. 有序列表标记为_______，无序列表标记为_______，可在这两个标记内部嵌套_______标记来定义列表项。

三、判断题

1. HTML 中的标记不区分大小写，body 与 BODY 这两个标记的效果完全相同。(　　)
2. 编辑源代码时，务必输入开始标记后，立即补齐结束标记，防止后期遗漏。(　　)
3. 文件名使用驼峰式命名规则，便于管理网页文件。(　　)
4. GB2312 是中文编码，UTF-8 编码属于通用解决方案。(　　)
5. UTF-8 编码只能用于显示汉字。(　　)
6. 同一个汉字在 UTF-8 编码、GB2312 编码中对应相同的十六进制数。(　　)
7. 文本编辑器保存网页文件时使用的编码，不会影响 meta 标记中设置的编码。(　　)
8. meta 标记不能控制网页自动刷新。(　　)
9. 初学者为了练习键盘指法，没有必要创建网页模板文件。(　　)
10. 如果标记会影响文本的显示样式，务必补齐对应的结束标记，以控制标记的作用范围。(　　)
11. 与物理样式标记不同，逻辑样式标记在控制文字的表现形式的同时，还能告知浏览器逻辑样式标记所包含内容的特殊含义。(　　)
12. 开发人员应优先使用物理样式标记，而不是逻辑样式标记。(　　)
13. 标记可以相互嵌套，但是不能交叉使用。(　　)
14. 每个网页中只能有一个 title 标记。(　　)
15. 每个网页中只能有一个 h1 标记。(　　)
16. 分辨率是衡量显示器品质的一个重要指标。(　　)
17. W3C 负责设计开发浏览器软件，属于软件开发商。(　　)
18. 网页可以通过 del 和 ins 标记的显示效果来体现内容的更新和修改过程。(　　)
19. 代码缩进有助于开发人员理解标记之间的嵌套关系。(　　)
20. 段落标记默认占据整行，而样式标记无法确定自己的位置，其宽度和高度由内部包含的文字决定。(　　)

四、简答题

1. html、head、title、meta 和 body 这 5 个标记是否存在包含关系？如果有请使用思维导图进行整理。
2. 目前所学的标记是否存在包含关系？如果有，请使用思维导图进行整理。
3. 设置段落的 align 属性值为 justify 后，如何显示段落的间隔？
4. ul 标记与 ol 标记有什么区别？li 标记有什么作用？
5. 哪些标记必须添加结束标记？
6. 哪些标记可以设置 align 属性？哪些标记不能设置 align 属性？

上机实验

1. 创建网页模板文件，设置语言和编码，确保用到 html、head、title、meta 和 body 5 个标记。

2. 制作包含一首七言绝句的网页，要求内容居中显示。

提示：七言绝句通过段落标记 p 嵌套于 body 标记中。

3. 制作包含徐志摩的《再别康桥》的网页，要求内容居中显示。

提示：诗歌的题目和作者分别嵌套在标题标记 hn 中，诗歌内容嵌套在段落 p 标记内。

4. 合理利用段落标记、标题标记和列表标记制作自我介绍页面，其中包括特长和爱好等内容。

5. 制作测试网页，要求页面中的内容样式分别是粗体、斜体和带下画线，如果去掉某个标记的结束标记，会有什么显示效果？请根据浏览器的渲染顺序对显示效果做出合理解释。

6. 通过 ul 标记和 acronym 标记，分别列出以下缩写的具体含义。要求在缩写前加入列表项符号，当鼠标指针移动到缩写上方时显示相应全称，缩写后接冒号和中文含义。

VIP（Very Improtant Person）重要人物

EMS（Express Mail Service）邮政特快专递服务

ICRC（International Committee of the Red Cross）国际红十字会

IOC（International Olympic Committee）国际奥委会

PLA（People's Liberation Army of China）中国人民解放军

7. 在网页中显示公式：$3^{x}+\not{N}\boldsymbol{Y}_2<z$。

第3章 常用的网页标记

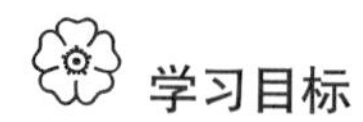

学习目标

- 理解绝对路径和相对路径的作用；
- 掌握a标记及其应用；
- 掌握img标记及其应用；
- 掌握表格的制作方法；
- 掌握表单的作用；
- 熟练掌握使用输入控件设计表单的方法。

HTML提供了多个标记来丰富网页内容。在网页中，可用img标记显示图片；通过a标记实现网页间的跳转；通过表格对文字、数字、图片进行组织，便于用户阅读和分析；用输入控件设计表单，通过表单把用户在网页中输入的信息发送至服务器端，供后台程序处理。

本章将讲解绝对路径和相对路径，并介绍a标记、img标记、map标记、marquee标记、table标记、form标记，以及表格和表单的设计方法、表单的输入控件等内容。

3.1 网页文件路径

计算机由内存、CPU、主板和硬盘等硬件组成。计算机程序运行时，操作系统负责从硬盘读取程序文件，CPU来执行计算操作，程序执行过程中需要存储的数据（如用户输入的数据、程序的计算结果）通常暂存在内存中。

硬盘是持久化存储数据的物理设备，对用户而言，硬盘上存储数据的基本单位是文件，为了更好地管理硬盘中的文件，通常需要把硬盘划分为几个分区。

分区好比楼层，通过分区可以把硬盘划分为几个部分。目录和子目录则存储于分区内，目录好比楼层内的房间，子目录的作用与房间里的隔断相同。每个分区中可以创建若干个目录，通过目录对整个分区进行更加有效的管理。同时，目录中可以创建子目录，子目录中还可以存放子目录。分区、目录及子目录都可以用于存放文件。

在Windows操作系统中，需要对硬盘分区，每个分区中可以创建多个目录，目录中还可以创建多级子目录。

3.1.1 绝对路径

Windows操作系统中，分区名通常是A到Z，分区名后接冒号“:”表示分区，如“C:”表示C分区。文件扩展名通常表示文件的类型，如扩展名.doc表示文件为Word文档。

文件扩展名决定了文件的默认打开程序。存储网页文件时需要指定文件扩展名为.html（极少情况下会使用.htm），双击.html文件时，操作系统会使用默认的浏览器打开该网页。请读者自行搜索如何更改文件的默认打开程序。

如果要访问 Windows 操作系统中某个分区下某个目录里的某个文件，通常需要采用以下方式：

```
分区名:\目录名\子目录名\子目录名...\子目录名\文件名
```

绝对路径“C:\WINDOWS\system32\calc.exe”，对应 Windows 程序“计算器”，该程序存放在 C 分区下的 WINDOWS 目录中的 system32 子目录中，文件名为 calc.exe。绝对路径中的分隔符“\”表示分区与目录、目录与子目录及目录与文件的包含关系。不同的操作系统采用的分隔符不同：Windows 操作系统使用“\”作为分隔符，Linux 和 UNIX 操作系统使用“/”作为分隔符。

绝对路径不但可以用于访问文件，还可以用于访问目录。由于后期部署网页源代码时无法预测目标目录名称，因此在浏览器访问其他网页文件时最好使用相对路径。

不同版本 Windows 操作系统中文件的打开方法不同，建议读者通过搜索引擎搜索更改不同类型文件的默认打开程序的方法。

3.1.2 相对路径

与绝对路径对应，另外一种路径访问方法是使用相对路径，也就是以某个目录为根目录进行路径切换。假设用户已经切换到某个目录并停留在此目录，该目录就被称作当前工作目录。其效果等同于走进了一座大楼的一个房间，此时就可以用左边的房间和右边的房间来定位其他房间。

相对路径中有两个非常重要的符号：一个符号是“.”，代表当前工作目录符；另一个符号是“..”，代表当前工作目录的上一级目录。网页中使用“/”作为目录分隔符，表示分区与目录、目录与子目录及目录与文件的包含关系。

通常网页及其相关资源文件（如 JS 文件、CSS 文件、多媒体文件）都存放在一个目录中，这个目录被称作网页的根目录。

保存网页源代码前，务必先创建存放网页的根目录，确保所有网页文件都保存在这个根目录中。

素养课堂

扫一扫

3.2 链接

通过链接，可以从当前网页打开其他网页文件、图片、视频等，或者跳转到某个网页中的特定位置。

3.2.1 a 标记

网页中使用 a 标记定义链接，a 标记的开始标记必须与其结束标记搭配在一起使用，以控制该标记的作用范围。a 标记的用法如下：

```
<a  href="URI"  target="目标窗口值">链接提示文字</a>
```

a 标记的常用属性如下。

（1）href 属性值为 URI（Uniform Resource Identifier，统一资源标识符）。URI 可以是能通过相对

路径访问到的网页、图片或其他多媒体文件，也可以是 URL（包括文件、服务器的地址和目录等）。

href 属性值通常是相对路径和 URL。其中，URL 的格式由以下 3 部分组成。

第一部分是协议，如 HTTP、HTTPS、FTP 等。

第二部分是存有资源的主机或服务器的 IP 地址或域名（有时也包括服务器端口号）。

第三部分是主机资源的具体地址，通常是路径及文件名等。

第一部分和第二部分之间用符号“://”隔开，第二部分和第三部分之间用符号“/”隔开。第一部分和第二部分是不可缺少的，第三部分有时可以省略。

把 a 标记的 href 属性设定为与“http://news.sina.com.cn”类似的 URL，就可以打开其他的网站或者网页了。

（2）target 属性用于设定在什么窗口打开链接，有以下 4 个属性值。

_self：默认的属性值，目标文件将与当前网页显示在相同的窗口中，替换掉当前网页。

_blank：浏览器总在一个新打开、未命名的窗口中打开目标文件。

_parent：目标文件在父窗口或者框架集（frameset）中打开；如果引用是在窗口或者顶级框架中，那么它与属性值_self 等效。

_top：将清除所有包含的框架并将目标文件载入整个浏览器窗口。

这 4 个 target 属性值都以下画线开始，因此，不要将下画线作为网页中定义框架（通过 frame 标记定义的框架）的 name 或 id 属性值的第一个字符，否则会被浏览器忽略。

以下示例代码用于演示如何用链接连接两个页面。第一个页面的代码如下：

```
<body>
  第一个页面<br>
  <a href="demo/3-1-second.htm">跳转到下一个页面</a>
</body>
```

完整示例代码请参考本书源代码文件 3-1.html。网页 3-1.html 的存储目录就是当前工作目录，示例代码中加入了链接，通过 a 标记的 href 属性链接到当前目录下的 demo 子目录中的文件 3-1-second.html。示例代码在 IE 浏览器中的运行效果如图 3-1 所示。

在图 3-1 所示的页面中，单击“跳转到下一个页面”链接，将打开图 3-2 所示的页面，对应代码如下：

```
<body>
  跳转后的页面!<br>
  <a href="../3-1.html">返回第一个页面</a><br>
  <a href="http://news.sina.com.cn" target="_blank">打开新浪新闻</a><br>
  <a href="mailto:tds3218@163.com">给作者发邮件</a>
</body>
```

示例代码对应文件为 3-1-second.html，通过 a 标记添加了返回到第一个页面的链接，同时加入了新浪新闻和邮箱的链接。由于网页文件 3-1.html 位于网页文件 3-1-second.html 所在目录的上一级目录，因此 href 属性值中使用了上一级目录符号“..”。单击链接后跳转到的页面在 IE 浏览器中的运行效果如图 3-2 所示。

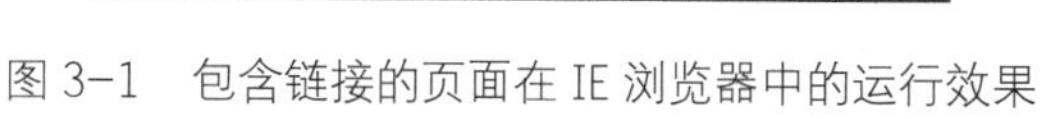
图 3-1　包含链接的页面在 IE 浏览器中的运行效果

图 3-2　单击链接后跳转到的页面在 IE 浏览器中的运行效果

在图 3-2 所示的页面中，单击“返回第一个页面”链接，当前浏览器窗口中将打开图 3-1 所示的页面；单击“打开新浪新闻”链接，浏览器将在新窗口（或者新标签页）中打开新浪新闻网页；单击

“给作者发邮件”链接，将启动操作系统的默认邮件客户端（Windows 操作系统中为 Outlook），以撰写要发送给 tds3218@163.com 的 E-mail。

如果相对路径直接用文件名或者目录名开头，而不是以“.”“..”或“/”开头，这相当于在相对路径前自动添加“./”，即以打开的网页所在目录为当前目录，寻找当前目录下的文件或者子目录。

3.2.2 书签

书签又称为命名链接。使用书签，用户可以通过链接跳转到页面的某一位置（通常是页面内的某个部分），而不必自上而下逐行查找网页内容，提高浏览效率。a 标记的 name 属性可以用来创建一个书签，name 属性值不能是 HTML 中的关键字（如标记名），也不能以下画线“_”开头。

在页面的特定位置加入书签后，同一页面中可以使用 a 标记的 href 属性定位到该书签位置，href 属性值必须以符号“#”开头，后接书签的 name 属性值。

假定示例代码文件 link.html 保存在 samp 目录中，在 link.html 页面中加入书签的代码如下：

```
<a  name="jump-test">特定位置</a>
```

在同一个页面中访问该书签的代码如下：

```
<a  href="#jump-test">特定位置</a>
```

如果通过其他页面访问某页面的某个书签，则需要先通过 href 属性链接到该页面，即在字符“#”前添加目标页面的相对路径或者 URL，再在符号“#”后加上书签的 name 属性值。

示例代码文件 link.html 所在目录的上一级目录中的其他网页可以通过以下方式访问 link.html 页面中的 jump-test 书签：

```
<a href="samp/link.html#jump-test">跳转到指定页面的指定位置</a>
```

在同一个页面中定义书签的完整示例代码请参考本书源代码文件 3-2.html；通过链接跳转至另一个页面的书签的完整示例代码请参考本书源代码文件 3-3.html。

3.2.3 base 标记

base 标记必须嵌套在 head 标记内，用于定义页面中所有链接对应 URI 的起点。base 标记属于空标记。

通常，浏览器会以当前网页所在的目录为相对路径的起点，以当前目录为 URI 的起点，结合相对路径计算出链接、图片的路径。在网页中加入 base 标记后，默认使用 base 标记定义的路径作为网页中相对路径的起点，进而影响 a、img、link、form 这 4 个标记中相对路径的起点。

base 标记必须添加 href 属性，以定义页面中所有链接的相对路径起点。

此外，开发人员还可以有选择性地定义 target 属性，该属性与 a 标记的 href 属性的含义相同，有 _blank、_self、_parent 和 _top 4 个可选属性值。定义了 base 标记的 target 属性相当于定义了页面中所有链接的默认 target 属性。

base 标记的示例代码如下：

```
<head><base href="http://www.xxx.org/abc/"></base></head>
<body>
<a href="/a.html">链接 1</a>
<a href="a.html">链接 2</a>
<a href="./a.html">链接 3</a>
<a href="../a.html">链接 4</a>
</body>
```

完整示例代码请参考本书源代码文件 3-4.html。经过浏览器计算，示例代码中 4 个链接的绝对路径如表 3-1 所示。

表 3-1　　浏览器计算出的绝对路径

名称	href 属性值	计算的绝对路径
链接 1	/a.html	http://www.xxx.org/a.html
链接 2	a.html	http://www.xxx.org/abc/a.html
链接 3	./a.html	http://www.xxx.org/abc/a.html
链接 4	../a.html	http://www.xxx.org/a.html

注意链接 1，其 href 属性值为“/a.html”，符号“/”的作用是取域名的根目录，示例代码中，域名的根目录就是×××官网的根域名“http://www. ×××.org/”。

3.3　图片

图片有两种类型，分别是矢量图和位图。

矢量图是根据几何特性来绘制的几何图形，可以是一个点、一条线或更复杂的图形。矢量图只能用软件生成，其文件较小。

矢量图文件包含独立的分离图像，可以自由、无限制地重新组合。它的特点是放大后图像不会失真，不会受到显示器分辨率的影响，文件较小，适用于图形设计、文字设计和一些标志设计、版式设计等。矢量图最大的一个缺点是难以表现颜色丰富的逼真图像效果。常用的矢量图编辑软件有 AutoCAD、Flash、CorelDRAW 等。

位图又称为点阵图或绘制图，是由像素组成的。当放大位图时，可以看到构成整个图像的多个方块。缩小后或者从稍远的位置查看位图时，其颜色和形状又像是连续的。只要有足够多的不同颜色的像素，使用位图就可以制作出颜色丰富的图像，逼真地表现自然界的景象。位图的缺点是缩放和旋转后容易失真，且文件较大。常用的位图编辑软件有 Fireworks、Photoshop 和 GIMP。

网页中使用的图片基本上都是位图。

3.3.1　图片格式

网页中常用的图片格式包括以下几种。

1. GIF

GIF（Graphics Interchange Format，图像互换格式）是 CompuServe 公司在 1987 年开发的图片格式。GIF 是一种基于 LZW 算法的连续色调无损压缩格式，其压缩率一般在 50%左右，目前几乎所有图像处理软件都支持 GIF。

GIF 的特点是压缩率高，该格式文件占用磁盘空间较小，所以这种格式得到了广泛的应用。最初的 GIF（称为 GIF87a）只是用来存储单幅静止图像，后来随着技术的发展，GIF 可以同时存储若干幅静止图像进而形成连续的动画。

2. JPEG

JPEG（Joint Photographic Experts Group，联合图像专家组）文件的扩展名为.jpg 或.jpeg。JPEG 格式是一种支持 8 位和 24 位颜色的压缩位图格式，适合在互联网上传输。JPEG 格式可分为标准 JPEG、渐进式 JPEG 及 JPEG 2000 三种格式。

（1）标准 JPEG 格式：浏览器在网页中下载此类型图片时，只能由上而下逐行显示图片，直到图片全部下载完毕，才能看到全貌。

（2）渐进式 JPEG 格式：标准 JPEG 的改良格式。浏览器在下载此类型图片时，先呈现图片的模糊外观，再慢慢地呈现清晰的内容。与标准 JPEG 格式文件相比，渐进式 JPEG 格式文件更小。

（3）JPEG 2000 格式：可避免因信号不稳造成马赛克的情况，改善传输的品质。最初，在网页上浏览地图时需要花很多时间等待全部地图下载完毕，而 JPEG 2000 格式文件具有 Random Access（随机访问）的特性，浏览者可先从服务器下载 10%的图片资料，在模糊的全图中找到需要的部分后，重新下载这部分资料，从而显著地缩短了浏览地图的时间。

JPEG 格式适用于摄影作品或写实作品，支持高级压缩、交错，广泛支持互联网标准。但是 JPEG 格式采用了有损耗压缩，会使原始图片数据质量下降。

3. PNG

PNG（Portable Network Graphics，便携式网络图像）格式的设计初衷是替代 GIF 和 TIFF，同时增加一些 GIF 不具备的特性。PNG 的名称来源于非官方的“PNG's Not GIF”，它是一种位图文件存储格式。PNG 格式用来存储灰度图像时，灰度图像的位宽可达 16 位；用来存储彩色图像时，彩色图像的位宽可达 48 位；并且还可用来存储多达 16 位的 α 通道数据。PNG 格式使用从 LZ77 派生的无损数据压缩算法，在 Java 程序和网页中都得到了广泛应用。

PNG 格式图片因强保真性、透明性及文件较小等特性，被广泛应用于网页设计、平面设计中。网络通信中因受带宽制约，在保证图片清晰、逼真的前提下，JPEG 格式图片所占存储空间大，GIF 格式图片虽然占用存储空间小但颜色会失真。

网页中常用的图片文件扩展名有 4 种：.gif、.jpeg、.jpg 和.png。

3.3.2 img 标记

网页中需要通过 img 标记嵌入图片，img 标记的常用属性如下。

（1）src 属性：用于设置图片的存放位置，src 属性值可以是相对路径，也可以是 URL。

（2）alt 属性：用于在图像无法显示或者禁用图像显示时，代替图像显示在浏览器中的文本内容。如果网速太慢、浏览器禁用图像等导致用户无法查看图像，alt 属性可以提供替代图像的文本提示信息。

img 标记的示例代码如下：

```
<img  src="images/lvYou.jpg"  alt="旅游照片"></img>
```

示例代码中，img 标记通过 src 属性指定图片路径为 images 子目录下的 lvYou.jpg 文件，在网页中嵌入图片；同时设定了 alt 属性值以提供替代图像的文本提示信息。

如果把 img 标记嵌套在 a 标记中，那么用户在浏览器中单击图片时，将打开 a 标记的 href 属性定义的链接。img 标记与 a 标记嵌套使用的示例代码如下：

```
<a  href="http://xxx.com/blog/uid=123456">
  <img  src="images/me.jpg"  alt="本人一寸照片"></img>


</a>
```

示例代码中，img 标记嵌套在 a 标记中，单击网页中的图片就可以打开 a 标记中定义的链接。

客户端浏览器渲染 img 标记时，会从服务器端下载 src 属性值对应的图片。出于节省网络流量、减少用户等待时间的考虑，保存在服务器端的图片必须合理压缩。

3.3.3 map 标记

客户端图像映射是指把图像划分为不同区域，每个区域对应不同的链接，在 HTML 中，使用 map

标记定义客户端图像映射。map 标记的 id 属性值和 name 属性值必须相同，以指定客户端图像映射的名称，这样 img 标记才能通过 usemap 属性与客户端图像映射建立联系。

在网页中使用 img 标记添加图片后，通过 img 标记的 usemap 属性使图片与 map 标记定义的客户端图像映射建立关联关系。img 标记中的 usemap 属性值必须以“#”开头，后接 map 标记中的 id 属性值或者 name 属性值（取决于浏览器），因此开发人员需要同时为 map 标记添加 id 属性和 name 属性，且两个属性必须为相同属性值。

map 标记中可以嵌入多个 area 标记，area 标记用于定义图像中某个区域与链接的对应关系。area 标记的常用属性如下。

（1）alt 属性：用于定义某区域的替换文本，其作用与 a 标记的 alt 属性相同。

（2）href 属性：用于定义图像中某区域对应的目标 URL。

（3）shape 属性：用于定义图像中某区域的几何形状，可选属性值有 3 个，分别为 rect、circ 和 poly，分别代表某区域为矩形、圆形和多边形。

（4）coords 属性：用于定义图像中可单击区域（响应鼠标左键单击的区域）的坐标。

定义几何图形坐标时，以像素为单位。二维坐标系的原点位于图像的左上角，其坐标为(0,0)。二维坐标系的横轴（x 轴）沿图像的上边缘从坐标原点指向图像右上角，二维坐标系的纵轴（y 轴）沿图像的左边缘从坐标原点指向图像左下角。

获取坐标位置：使用任意图像编辑工具，如 Windows 操作系统自带的图像编辑软件，就可以通过鼠标指针位置获取相应的坐标。读者可以扫描微课二维码，查看视频了解详细操作步骤。

微课：Windows 操作系统中获取图像中的坐标

如果 shape 属性设置为 rect，则 coords 属性值为矩形区域的左上角坐标和右下角坐标，即 4 个正整数；如果 shape 属性设置为 circ，则 coords 属性值为圆形区域的圆心坐标和圆半径，即 3 个正数；如果 shape 属性设置为 poly，则 coords 属性值为多边形区域（N 边形，N 大于 2）的 N 个顶点的坐标，即 $2N$ 个正数。

（5）target 属性：用于定义打开新链接的目标窗口，可选属性值有_blank、_parent、_self 和_top，其作用与 a 标记的 target 属性相同。

图 3-3 中有 3 个二维图形，分别是矩形、圆形和三角形，如何才能实现单击不同几何图形区域跳转到不同的页面呢？

通过图像编辑软件测量，矩形的左上角和右下角坐标分别为(0,0)、(222,300)；圆形的直径为 178 像素（半径为 89 像素），经过计算，其圆心坐标为(311,89)；而三角形的 3 个顶点坐标分别为(304,178)、(226,296)和(396,296)。根据以上测量结果，map 标记的示例代码如下：

```
<html><head>
<map name="mapDemo" id="mapDemo">
  <area shape="rect" coords="0, 0, 222, 300" href="map/rect.html">
  <area shape="circle" coords="311, 89 ,89" href="map/circle.html">
  <area shape="poly" coords="304, 178, 226, 296, 396, 296"
       href="map/poly.html">
</map></head>
<body>
  <img src="shape.jpg" usemap="#mapDemo"></img>
</body></html>
```

示例代码中，通过 img 标记向页面中添加了图像，借助 img 标记的 usemap 属性把图 3-3 所示的图像与 head 标记内定义的 map 标记建立了对应关系。需要注意的是，img 标记的 usemap 属性值需要以符号“#”开头，同时，map 标记的 id 和 name 两个属性应设置相同的属性值。

在 map 标记内，通过 area 标记定义了图像的 3 个区域与其链接的对应关系。显然每个 area 标记都需要定义 shape、coords 和 href 这 3 个属性，即相应区域的形状、坐标与对应的链接。完整示例代码请参考本书源代码文件 3-5.html。示例代码在 Firefox 浏览器中的运行效果如图 3-4 所示。

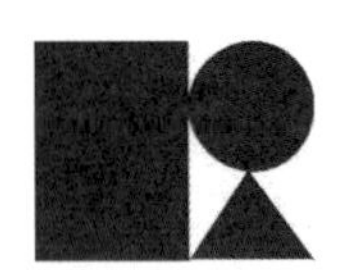

图 3-3　含有 3 个二维图形的图像示例

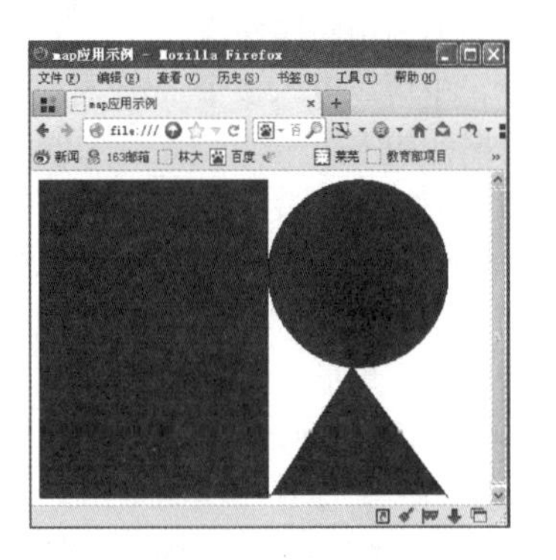

图 3-4　map 标记示例代码的运行效果

单击图 3-4 中的 3 个图形，会跳转到 3 个不同的页面。单击矩形区域会打开网页 rect.html，单击圆形区域会打开网页 circle.html，单击三角形区域会打开网页 poly.html，这 3 个网页文件都存储于第 3 章示例代码文件所在目录下的 map 子目录中。

小提示

map 标记特别适用于给组织机构图添加链接，从而快速切换到分组织的首页。

3.3.4　map 标记内的重叠区域处理

如果定义的 map 标记内有重叠区域，浏览器该如何处理？示例代码如下：

```
<map name="coincide" id="coincide">
   <area shape="rect" coords="0, 0, 222, 300" href="rect1.html">
   <area shape="rect" coords="100, 100, 222, 300" href="rect2.html">
</map>
```

假设某图像通过 img 标记的 usemap 属性与该 map 标记建立关联关系，当单击坐标点(150,150)时，细心的读者会发现该坐标位于两个矩形的重叠区域，这个时候该怎么处理呢？

浏览器属于应用程序，用户单击坐标点后，浏览器会根据单击事件找到图片的 map 定义，从上到下读取代码行，发现该坐标点位于第一个矩形区域内，浏览器就直接跳转到网页 rect1.html，从而忽略第二个矩形区域。

遇到类似问题时，读者如果学会用浏览器的思维方式进行思考，就能找到问题的答案。

3.3.5　marquee 标记

marquee 标记用于控制文字和图片的滚动，该标记的开始标记必须与其结束标记搭配在一起使用，以控制该标记的作用范围。marquee 标记的常用属性如下。

（1）direction 属性用于控制内容滚动的方向，有以下 4 个属性值。

① left：默认值，从右向左滚动。

② right：从左向右滚动。

③ up：自下而上滚动。

④ down：自上而下滚动。

（2）behavior 属性用于控制内容滚动的方式，有以下 3 个属性值。

① scroll：默认值，由一端滚动到另一端，会重复滚动。

② slide：由一端滚动到另一端，只滚动一次。

③ alternate：在两端之间来回滚动。

（3）loop 属性用于控制循环的次数，其属性值必须是正整数，默认为无限循环。

（4）scrollamount 属性用于控制滚动速度，其属性值必须是正整数，默认值为 6。

（5）scrolldelay 属性用于控制停顿时间，其属性值必须是正整数，默认值为 0，单位是毫秒。

（6）bgcolor 属性用于控制滚动区域的背景色，默认为白色，其属性值可以是 RGB 值，也可以是颜色关键字。

（7）height、width 属性分别用于控制滚动区域的高度和宽度，其属性值必须是正整数（单位是像素）或百分数。width 属性的默认值为 100%，height 属性的默认值为标记内元素的高度。

marquee 标记的示例代码如下：

```
<body>
  <marquee  direction="down"
            onmouseover="this.stop()" onmouseout="this.start()">
    <div>本周日下午点名，请各位班主任按时到岗。</div>
    <div>本周三政治学习将于 15:30 在二教 303 进行，请各位老师按时参加。</div>
    <div>本周三班主任会将于 16:30 在二教 303 进行，请各位班主任按时参加。</div>
  </marquee>
  <marquee>
    <img src="images/老虎.jpg"></img>
    <img src="images/蜜蜂.jpg"></img>
    <img src="images/牛.jpg"></img>
  </marquee>
</body>
```

完整示例代码请参考本书源代码文件 3-6.html。示例代码有以下几个要点。

（1）添加了两个 marquee 标记，分别用于控制文本和图片的滚动。

（2）marquee 标记添加了属性代码“onmouseover="this.stop()"”，表示当鼠标指针移到 marquee 标记区域上方的时候，marquee 标记内的内容停止滚动。

（3）marquee 标记添加了属性代码“onmouseout="this.start()"”，表示鼠标指针从 marquee 标记区域移开的时候，marquee 标记内的内容继续滚动。

（4）this.stop()和 this.start()属于 JavaScript 代码，本书将在第 7、8 章讲解相关知识。出于对 JavaScript 代码安全性的考虑，在早期的 IE 浏览器中运行示例代码后，可能会看到图 3-5 所示的提示信息：“为了有利于保护安全性，Internet Explorer 已限制此网页运行可以访问计算机的脚本或 ActiveX 控件。请单击这里获…”。至于 Firefox、Chrome 等浏览器，则不会出现该提示信息。

单击图 3-5 中上方提示信息区域，会出现图 3-6 所示的菜单，选择“允许阻止的内容”选项。

图 3-5　在 IE 浏览器中运行 JavaScript 代码的提示信息

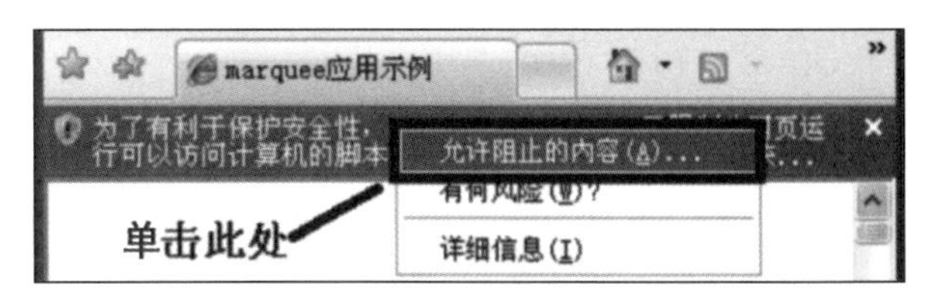

图 3-6　在 IE 浏览器中选择“允许阻止的内容”选项

早期版本的 IE 浏览器只有完成了图 3-6 所示的操作，才能执行 JavaScript 代码。

当鼠标指针移动至 marquee 标记中的文字区域时，文字区域停止滚动，当鼠标指针从 marquee 标记中的文字区域移开时，文字区域继续滚动。而 marquee 标记中的图片区域没有设置 onmouseover 和 onmouseout 属性，因此当鼠标指针移到 marquee 标记中的图片区域时，图片仍然继续滚动，不受鼠标指针动作的影响。示例代码在 IE 浏览器中的运行效果如图 3-7 所示。

图 3-7　marquee 标记示例代码的运行效果

marquee 标记适用于在首页中滚动提示通知信息，也适用于滚动展示带有链接的图片。如此一来，首页内容将更生动，展示的信息更丰富，静态网页就有了动态效果。

3.4　设计表格

HTML 提供了 table、tr、th 和 td 标记，用于在网页中定义表格。

3.4.1　table 标记

table 标记属于容器类标记，该标记的开始标记最好与其结束标记搭配在一起使用，以控制该标记的作用范围。只有通过 table 标记定义了表格，才能向表格中添加行、列和单元格。

table 标记的常用属性有 width、height、align、valign、border、bordercolor 及 bgcolor。

（1）width 和 heigth 属性用于定义表格的宽度和高度，而 border 属性用于定义边框的宽度，这 3 个属性的默认单位都是像素。

（2）bordercolor 属性用于定义边框的颜色，bgcolor 属性用于定义表格的背景色。这两个属性的值可以是颜色关键字，也可以是 RGB 值。

（3）align 属性用于设定表格在页面中的对齐方式。align 属性有 left、center 和 right 3 个属性值，分别用于控制表格在水平方向居左、居中和居右对齐。align 属性的默认值是 left。

（4）valign 属性用于控制表格内容在垂直方向的默认对齐方式。valign 属性有 top、middle、bottom 和 baseline 4 个属性值，分别用于控制单元格内的显示内容在垂直方向顶端对齐、中部对齐、底端对齐和基准线对齐。

3.4.2　行标记

tr 是 table row 的缩写，tr 标记用于定义表格的行。该标记的开始标记最好与其结束标记搭配在一起使用，以控制该标记的作用范围。tr 标记也是一个容器。

tr 标记有两个常用属性：align 和 valign。

（1）align 属性用于控制本行的文字在水平方向的对齐方式。align 属性有 left、center 和 right3 个属性值，分别代表水平方向上文字居左、居中和居右对齐。

（2）valign 属性用于控制本行单元格中的文本内容在垂直方向的默认对齐方式。valign 属性有 top、

middle、bottom 和 baseline 4 个属性值，分别代表垂直方向上单元格内容顶端对齐、中部对齐、底端对齐和基准线对齐。

3.4.3 单元格标记

HTML 提供了 th 和 td 两个标记，用于定义单元格。th 的全称是 table header cell，该标记用来定义标题单元格；td 的全称是 table data cell，该标记用来定义内容单元格。

th 和 td 这两个单元格标记都可以通过 align 和 valign 属性设置单元格内文本的水平对齐方式和垂直对齐方式。这两个属性的取值如下。

（1）align 的属性值有 left、right、center 和 justify，分别代表单元格内容在水平方向上左对齐、右对齐、居中对齐和两端对齐。

（2）valign 的属性值有 top、middle、bottom 和 baseline，分别代表单元格内容在垂直方向上顶端对齐、中部对齐、底端对齐和基准线对齐。

valign 属性的示例代码如下：

```
<body>
<table border="1" height="100">
  <tr>
    <th>Food</th><th>Drink</th><th>Sweet</th><th>Other</th>
  </tr>
  <tr>
    <td valign="top">ABCxyh</td>
    <td valign="middle">ABCxyh</td>
    <td valign="bottom">ABCxyh</td>
    <td valign="baseline">ABCxyh</td>
  </tr>
</table></body>
```

完整示例代码请参考本书源代码文件 3-7.html。示例代码中设计了一个两行四列的表格。表格宽度为 100 像素，表格边框宽度为 1 像素。第一行代码通过 th 标记加入粗体显示的 4 个标题。第二行代码，即第二个 tr 标记内嵌套了 4 个单元格标记 td，这 4 个单元格的 valign 属性值分别设置为 top、middle、bottom 和 baseline。示例代码在 Firefox 浏览器中的运行效果如图 3-8 所示。

Food	Drink	Sweet	Other
ABCxyh	ABCxyh	ABCxyh	ABCxyh

图 3-8 valign 属性示例代码的运行效果

从图 3-8 可以看出，整个表格居左显示，即 table 标记的 align 属性默认为 left；valign 属性设置为 top 和 baseline，区别并不大。

当同一行的不同单元格内文字大小不同时，才能看出 valign 属性设置为 baseline（基准线对齐）的效果。baseline 属性值的示例代码如下：

```
<body><table border="1" height="100">
  <tr>
    <th>Food</th><th>Drink</th><th>Sweet</th><th>Other</th>
  </tr>
  <tr>
    <td valign="top">ABCxyh</td>
    <td valign="baseline"><font size="1">ABCxyh</font></td>
    <td valign="baseline"><font size="4">ABCxyh</font></td>
    <td valign="baseline"><font size="7">ABCxyh</font></td>
  </tr>
</table></body>
```

完整示例代码请参考本书源代码文件 3-8.html。示例代码中，表格的第二行定义了 4 个单元格：第一个单元格的内容在垂直方向上顶端对齐；其余 3 个单元格的内容在垂直方向上按基准线对齐，通过 font 标记的 size 属性设置单元格内容的字号分别为 1、4 和 7。示例代码在 IE 浏览器中的运行效果如图 3-9 所示。

Food	Drink	Sweet	Other
ABCxyh	ABCxyh	ABCxyh	ABCxyh

图 3-9 baseline 属性值示例代码的运行效果

从图 3-9 可以看出，表格第二行的后 3 个单元格的内容虽然字号不同，但是使用相同的底部基准线。

设计表格时，先确定表格的行数和列数。要养成随时补齐结束标记的习惯，可通过复制粘贴快速完成代码的编写。请扫描微课二维码，了解使用 Sublime Text 2 快速编写表格创建代码的操作步骤和注意事项。

微课：使用 Sublime Text 2 快速编写表格创建代码

3.4.4 基准线对齐

到底什么是基准线呢？下面回顾英文字母的书写规范。

英文字母书写遵守四线三行的原则，如小写字母“g”占第二和第三行，大写字母“G”占第一和第二行，从上往下数，第三条线就是基准线。

当同一行文字内容的字号不同时，浏览器如何渲染文字呢？

最常用的一个规则就是按基准线对齐，即把不同字号的文字按基准线对齐，以此控制文字的布局。基准线对齐效果如图 3-10 所示。

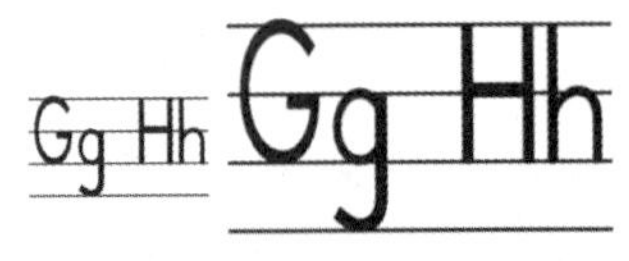

图 3-10 基准线对齐效果

只有同一行内出现不同大小的文字时，才能看出基准线对齐效果。

3.4.5 表格标题标记

caption 标记用于定义表格的标题，必须直接嵌套在 table 标记之中。每个表格内只能使用 caption 标记定义一个标题，标题通常居中显示在表格上方。

表格相关标记的综合示例代码如下：

```
<body>
  <table border="1" align="left" width="500" height="100">
    <caption>国内电视台</caption>
    <tr>
      <th  align="right"  valign="bottom">中央电视台</th>
      <td align="center">中央一套</td>
      <td>中央二套</td>
      <td>中央三套</td>
    </tr>
    <tr>
      <th align="right">地方电视台</th>
      <td align="center">河南卫视</td>
      <td>天津卫视</td>
      <td>河北卫视</td>
    </tr>
  </table>
</body>
```

完整示例代码请参考本书源代码文件 3-9.html。示例代码在 IE 浏览器中的运行效果如图 3-11 所示。

国内电视台

中央电视台	中央一套	中央二套	中央三套
地方电视台	河南卫视	天津卫视	河北卫视

图 3-11 表格相关标记综合示例代码的运行效果

从示例代码可以看出，table 标记作为表格的容器，内部嵌套了 caption 标记和 tr 标记，分别用于定义表格标题和表格的行；tr 标记作为行标记，也是一个容器，内部嵌套了 td 标记和 th 标记，分别用于定义存放于行中的内容单元格和标题单元格。

在示例代码中，table 标记通过设置 align 属性为 left，使表格居左对齐。

3.4.6 合并行与列

对于 th 和 td 标记，可以通过 rowspan 属性设置单元格所占的行数，通过 colspan 属性设置单元格所占的列数。

通过 rowspan 属性合并行的示例代码如下：

```
<body>
  <table border="1">
    <caption>国内外电视台</caption>
    <tr>
      <th rowspan="2">国内电视台</th>
      <td>中央一套</td>
      <td>中央二套</td>
      <td>中央三套</td>
    </tr>
    <tr>
      <td>山东卫视</td>
      <td>北京卫视</td>
      <td>新疆卫视</td>
    </tr>
    <tr>
      <th>国外电视台</th>
      <td>KCTV</td>
      <td>HBO</td>
      <td>MTV</td>
    </tr>
  </table>
</body>
```

完整示例代码请参考本书源代码文件 3-10.html。示例代码中创建了一个三行四列的表格，由于第一行第一列对应的单元格需要合并第一、二行的第一列，因此，将第一行第一列单元格的 rowspan 属性设置为 2；同时，第二行只能定义 3 个单元格，而其他行都需要定义 4 个单元格。示例代码在 IE 浏览器中的运行效果如图 3-12 所示。

国内外电视台

<table>
<tr><th rowspan="2">国内电视台</th><td>中央一套</td><td>中央二套</td><td>中央三套</td></tr>
<tr><td>山东卫视</td><td>北京卫视</td><td>新疆卫视</td></tr>
<tr><th>国外电视台</th><td>KCTV</td><td>HBO</td><td>MTV</td></tr>
</table>

图 3-12 合并行示例代码的运行效果

与 rowspan 属性类似，colspan 属性用于合并列，示例代码如下：

```
<body>
  <table border="1">
    <tr>
```

```
        <th>国内外电视台</th>
        <td colspan=3 align="center">电视台名称</th>
    </tr>
    <tr>
        <th rowspan="2">国内电视台</th>
        <td>中央一套</td>
        <td>中央二套</td>
        <td>中央三套</td>
    </tr>
    <tr>
        <td>山东卫视</td>
        <td>北京卫视</td>
        <td>新疆卫视</td>
    </tr>
    <tr>
        <th>国外电视台</th>
        <td>KCTV</td>
        <td>HBO</td>
        <td>MTV</td>
    </tr>
  </table>
</body>
```

完整示例代码请参考本书源代码文件 3-11.html。与合并行相比，以上示例代码修改了表格第一行的单元格数目。第一行的第二列、第三列和第四列需要合并，因此在第一行中只需要定义两个单元格：一个是使用 th 标记定义的标题单元格；另外一个是使用 td 标记定义的单元格，并设置 colspan 属性值为 3。示例代码在 IE 浏览器中的运行效果如图 3-13 所示。

国内外电视台	电视台名称		
国内电视台	中央一套	中央二套	中央三套
	山东卫视	北京卫视	新疆卫视
国外电视台	KCTV	HBO	MTV

图 3-13　合并列示例代码的运行效果

合并行或列前，表格的每一行都按照相同列数定义，然后通过 rowspan 属性或者 colspan 属性调整对应行的单元格数量，以避免代码出错。

3.5　设计表单

表单是一个包含输入控件的区域，输入控件是指允许用户在表单中输入信息或进行选择的控件，如文本域、下拉列表、单选按钮、复选框等都属于输入控件。

3.5.1　表单

在网页中，通过 form 标记定义表单，该标记的开始标记必须与其结束标记搭配在一起使用，以控制该标记的作用范围。

通常，form 标记需要设置 action 和 method 两个属性。

action 属性用于设置当用户单击提交按钮时，接收和处理表单数据的 URL，即后台处理程序；action 属性用于设置“1.1.7 浏览器的工作原理”部分的“服务器定位响应程序”。

除了 action 属性外，form 标记还需要设置 method 属性，method 属性的常用属性值有以下两个。

（1）get：默认属性值，该属性值通过浏览器地址栏中的 URL 直接传送表单内容。URL 的格式如下：

```
URL?name1=value1&name2=value2
```

在符号“?”后面追加参数，每组参数之间使用符号“&”进行分隔；每组参数由参数名和参数值组成，参数名和参数值使用符号“=”进行连接，示例中符号“=”左侧的 name1 和 name2 是参数名，“=”右侧的 value1 和 value2 是参数值。当然，可以通过符号“&”在 URL 中继续追加更多参数。

（2）post：用于控制表单以更安全的方式传送表单内容，这样可以避免参数值出现在浏览器地址栏的 URL 中。

如果表单包含非 ASCII 字符或者超过 100 个字符，则 method 属性必须设置为 post。由于本书只涉及前台页面，不涉及后台处理程序，因此如何编写后台处理代码请读者参考 JSP 或者 ASP 之类的教材。

通常，form 标记的 method 属性需要设置为 post。

3.5.2　输入控件

表单输入控件大多通过 input 标记进行定义，输入控件类型是由 input 标记的 type 属性定义的。为了区分用户针对表单中不同控件输入的值，开发人员需要给每个 input 标记定义 name 属性值。使用 input 标记也可以选择性地定义 value 属性值，以定义输入控件的默认值。input 标记属于空标记，使用时无须添加结束标记。

1. 文本框

如果希望在表单中输入字母、数字等内容，就需要在表单中定义文本框。将 input 标记的 type 属性设置为 text，就能在表单中加入文本框输入控件。

文本框有一个非常实用的属性，即 maxlength。maxlength 属性值必须是整数，用来设定文本框中允许的最大字符数。多数浏览器默认 maxlength 属性值是 20。

2. 密码框

如果希望在表单中输入密码，就需要在表单中加入密码框。将 input 标记的 type 属性设置为 password，就能在表单中定义密码框输入控件。

3. 提交按钮

如果希望向后台传输数据，就必须在表单中加入提交按钮。将 input 标记的 type 属性设置为 submit，即可在表单中加入提交按钮，每个表单中只能有一个提交按钮。

文本框、密码框和提交按钮的示例代码如下：

```
<body>
  <form  method="get"  action="test.do">
    请输入注册信息：<br >
    姓  名：
    <input type="text" name="realName" value="田登山" /><br >
    用户名：
    <input type="text" name="userName" /><br>
    密  码：
    <input type="password" name="loginPwd" value="123123" /><br >
    <input type="submit" value="提交数据" />
  </form>
</body>
```

完整示例代码请参考本书源代码文件 3-12.html。示例代码在 IE 浏览器中的运行效果如图 3-14 所示。

请输入注册信息：
姓　名：田登山
用户名：
密　码：······
提交数据

图 3-14　文本框、密码框和提示按钮示例代码的运行效果

在图 3-14 中，浏览器显示了文本框、密码框和提交按钮；而表单属于容器类型的控件，对用户不可见。对文本框和密码框这两个输入控件，分别定义了不同的 name 属性值，以便在向后台传输

数据时区分这两个控件中的输入值；而提交按钮不需要向后台传值，无须定义 name 属性值。此外，“姓名”和“密码”对应的两个输入控件通过 value 属性分别定义了默认值，因此“姓名”和“密码”对应的两个输入控件会显示示例代码中定义的默认值。

文本框、密码框和提交按钮必须嵌套在表单中，form 标记必须有对应的结束标记。

4. 单选按钮与复选框

通过单选按钮，用户可以从若干个给定的选项中选择其中一个选项。通过复选框，用户可以从若干个给定的选项中选择多个选项。

设置 input 标记的 type 属性为 radio，可添加单选按钮；设置 input 标记的 type 属性为 checkbox，可添加复选框。

无论是单选按钮，还是复选框，都需要对相同选项组内的选项定义相同的 name 属性值和不同的 value 属性值。如果需要设置单选按钮和复选框的默认值，只需要在 input 标记中加入 checked 属性即可，此时 checked 属性需要设置为 checked。

通过 checked 属性设置性别默认值为男，示例代码如下：

```
<input type="radio" name="gender" value="male" checked="checked" />男
<input type="radio" name="gender" value="female" />女
```

务必为两个单选按钮设置相同的 name 属性值 gender，但需要确保两个选项的 value 属性值不相同。

复选框的示例代码如下：

```
爱  好：
<input type="checkbox" name="hobby" value="sports"
            checked="checked"/>体育
<input type="checkbox" name="hobby" value="music" />音乐
<input type="checkbox" name="hobby" value="reading" />读书
```

在示例代码中，由于属于相同选项组“爱好”，因此复选框的 name 属性值必须相同，并通过不同 value 属性值区分不同复选框。示例代码中把 input 标记的 checked 属性设置为 checked，以此控制 value 属性值为 sports 的复选框默认处于选中状态。

5. 按钮

按钮分为提交按钮、重置按钮和命令按钮，这 3 种按钮都需要通过 input 标记进行定义，对应的 type 属性值分别为 submit、reset 和 button。

单击提交按钮会把页面表单内的数据传送至服务器端的后台程序进行处理，而单击重置按钮则会把表单内输入控件的值恢复为默认值，命令按钮则需要开发人员控制其处理行为。这 3 种按钮的信息不需要传到后台，通常不需要设置按钮的 name 属性值，但是需要通过 value 属性设置按钮的提示文本信息。

单选按钮、复选框和命令按钮的示例代码如下：

```
<body>
  <form method="get" action="test.do">
    请输入注册信息：<br>
    姓  名：
    <input type="text" name="realName" value="田登山" /><br>
    性  别：
    <input type="radio" name="gender" value="male" checked="checked" />男
    <input type="radio" name="gender" value="female" />女<br>
    爱  好：
    <input type="checkbox" name="hobby" value="sports"
      checked="checked"/>体育
    <input type="checkbox" name="hobby" value="music" />音乐
```

```
        <input type="checkbox" name="hobby" value="reading" />读书
        <br>
        喜欢的地方：
        <input type="checkbox" name="city" value="bj" checked="checked" />北京
        <input type="checkbox" name="city" value="sh" />上海
        <input type="checkbox" name="city" value="gz" />广州
        <input type="checkbox" name="city" value="jn" />济南
        <input type="checkbox" name="city" value="other"
          checked="checked" />其他
        <br>
        <input type="submit" value="提交" />
        <input type="reset" value="重置" />
    </form>
</body>
```

完整示例代码请参考本书源代码文件3-13.html。示例代码中，通过表单定义了用于输入姓名的文本框，用于选择性别的单选按钮，用于选择爱好和喜欢的地方的两组复选框。

示例代码中，通过设置input标记的type属性为radio，定义了两个单选按钮，用于选择性别。由于性别只能二选一，因此这两个单选按钮必须定义相同的name属性值，并在单选按钮后显示性别提示文字。

示例代码中的两组复选框分别用于选择爱好和喜欢的城市，通过设置input标记的type属性为checkbox定义复选框，相同的复选框需要设置相同的name属性值。通过checked属性设置默认选择项。示例代码在IE浏览器中的运行效果如图3-15所示。

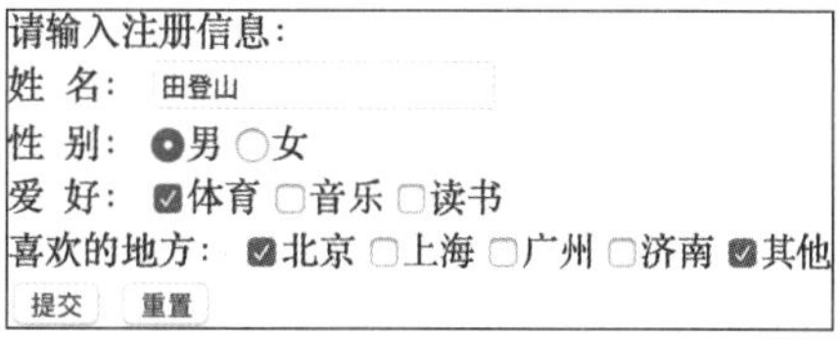

图3-15 单选按钮、复选框和命令按钮示例代码的运行效果

6. 隐藏元素

表单中可以设置向后台传送而不在表单中显示的值，即隐藏元素。隐藏元素通过设置input标记的type属性为hidden来定义，语法如下：

```
<input type="hidden" name="参数名" value="参数值" />
```

隐藏元素用于向后台传递参数，需要嵌套在form标记内，通过name属性设置参数名称，通过value属性设置传送至服务器端参数的值。

7. 下拉列表

下拉列表通过select标记来定义，在select标记内部嵌套option标记定义下拉列表项。select标记需要定义name属性，用来区分其他输入控件的输入值；而option标记需要定义value属性，即相应选项被选中后传送至后台的属性值。

select标记可以通过size属性设置下拉列表中可见选项的数目。设置multiple属性为multiple，表示用户可以在下拉列表中选中多个选项。设置option标记的selected属性为selected，表示默认选中下拉列表中的相应选项。

下拉列表的示例代码如下：

```
<body>
    <form method="get" url="test.do">
        喜欢的水果：
        <select name="fruit" multiple="multiple" size="5">
            <option value="apple" selected="selected">苹果</option>
            <option value="orange" selected="selected">橘子</option>
            …
            <option value="watermelon">西瓜</option>
```

```
        </select><br>
        毕业学校:
        <select name="school">
          <option value="tsinghua" selected="selected">清华大学</option>
          …
          <option value="other">其他</option>
        </select><br >
        <input type="submit" value="提交" />
        <input type="reset" value="重置" />
    </form></body>
```

完整示例代码请参考本书源代码文件 3-14.html。示例代码在 IE 浏览器中的运行效果如图 3-16 所示。

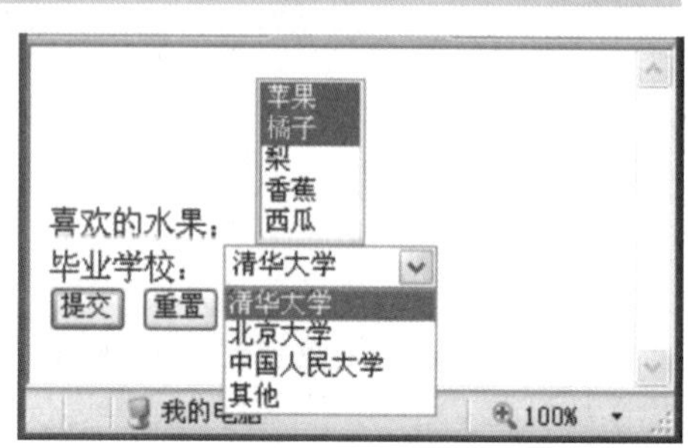

图 3-16　下拉列表示例代码的运行效果

8. textarea

textarea 标记用于定义一个文本区域。在一个文本区域中，用户可输入多行文本。

文本区域中的默认字体是等宽字体。textarea 标记常用的属性如下。

（1）cols 属性：数值，用于定义文本区域内可见的列数。

（2）rows 属性：数值，用于定义文本区域内可见的行数。

（3）wrap 属性：用于设置文本区域内的换行模式，其属性值如下。

① virtual：用于实现文本区域内的自动换行，文本区域内的值传送给服务器后，浏览器端自动换行并传送至服务器端。只有用户在浏览器端按 Enter 键文本区域内的值才会被传送至服务器。

② physical：用于实现文本区域内的自动换行，文本区域内的值传送给服务器后，浏览器端自动换行也同时传送至服务器端，用户在浏览器端按 Enter 键也会被传送至服务器，即把用户在浏览器文本区域内看到的效果传送至服务器。

只有把输入控件嵌套在 form 标记内，才能把用户在输入控件中输入的信息发送到服务器端。form 标记为容器标记，所有输入控件都应该嵌套在 form 标记内。每个 input 标记的 name 属性用于定义传送至后台的参数名称，value 属性用于设置参数的默认值。

3.6 实训案例

本节包含两个实训案例，分别介绍调整图片尺寸及管理网页相关文件的方法。

3.6.1 调整图片尺寸

对服务器端而言，存放的图片的尺寸越小越好，这样可以避免占用过多的网络带宽，加快网站访问速度。在 Windows 操作系统中，可以直接调整图片尺寸，压缩图片文件占用的存储空间。调整图片尺寸的步骤如下。

（1）在 Windows 操作系统中，使用鼠标右键单击图片文件，从弹出的快捷菜单中选择“编辑”选项，这样会在“画图”应用程序中打开该图片文件。

（2）找到“重新调整大小”选项。Windows 操作系统每次升级，“画图”应用程序的菜单都会有所调整，本书以 Windows 10 为例，在“主页”选项卡下单击“图像”图标，如图 3-17 所示。

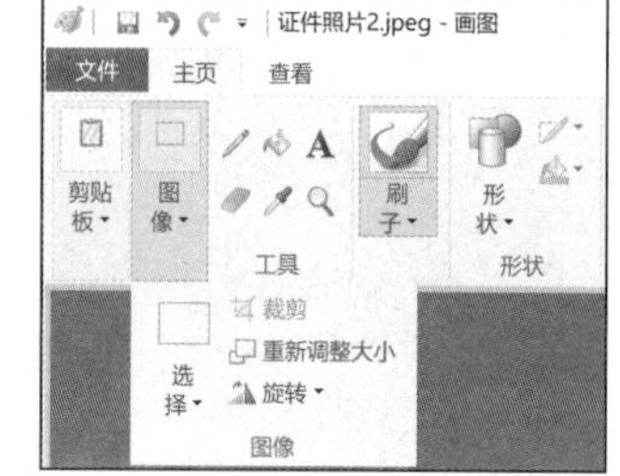

图 3-17　Windows10 中调整图片尺寸对应的菜单

选择“重新调整大小”选项，打开调整图片大小的对话框。

（3）设置目标尺寸。调整百分比，或者输入图片尺寸，单击“确定”按钮即可缩放图片。为了防止图片失真，务必勾选“保持纵横比”复选框。

此外，建议把图片保存为.jpeg 文件或者.png 文件，进一步压缩图片尺寸。

3.6.2 管理网页相关文件

为了便于管理网页文件和相关图片文件，可按照如下方法进行布局。

（1）创建一个目录，用于存放所有网页相关文件，即网站的根目录。该目录的所有上级目录的名称不能包含中文和空格。

（2）在根目录中创建 images 子目录，确保所有图片都存放在 images 子目录中。

（3）将 HTML 文档都存放在根目录或者根目录的子目录中。

这样一来，在网页中就可以通过相对路径访问图片，还能使用相对路径设置链接。

读者务必注意：根目录下所有的子目录和文件的名称也不可以包含中文和空格。

通过以上两个案例，读者可以了解调整图片尺寸和管理网页相关文件的方法。

思考与练习

一、单项选择题

1. 在 Windows 操作系统中，绝对路径的分隔符是_______。

A. “/”　　B. “\”　　C. “,”　　D. “;”

2. 网页中使用_______作为目录分隔符，表示分区与目录、目录与子目录及目录与文件的包含关系。

A. “/”　　B. “\”　　C. “,”　　D. “;”

3. _______标记用于定义链接。

A. a　　B. b　　C. s　　D. i

4. 只有把输入控件嵌套在_______标记内，才能把用户在输入控件中输入的信息发送到服务器端。

A. input　　B. option　　C. form　　D. select

5. 以下标记中，_______标记使用时必须补齐其结束标记。

A. input　　B. option　　C. textarea　　D. a

6. a 标记的 href 属性的_______属性值可以控制目标文档与源网页显示在相同的窗口中，并替换掉源网页。

A. _self　　B. _blank　　C. _parent　　D. _top

7. 常用的位图编辑软件是_______。

A. AutoCAD　　B. Photoshop　　C. Flash　　D. CorelDRAW

二、填空题

1. 表格标记为_____，表格的行标记为_____，单元格标记有_______和 th。

2. 图片标记为_______，请写出 3 种常用的图片文件扩展名：________、________和________。

3. 使用相对路径时，把_______作为当前工作目录符；另外一个相对目录符号为_______，代表当前工作目录的上一级目录。

4. 图片有两种类型，分别是_______和_______。

5. 按钮分为提交按钮、重置按钮和命令按钮，这 3 种按钮都需要通过 input 标记进行定义，对应的 type 属性值分别为_________、_________和_________。

6. _______标记用于定义下拉列表。

三、判断题

1. 同一目录下不能存放两个同名的文件。（　　）

2. 保存网页源代码前，务必先创建存放网页的根目录，确保所有网页文件都保存在这个根目录中。（　　）

3. 在网页中定义链接时必须使用绝对路径。（　　）

4. 通过 a 标记设置书签后，可通过链接直接跳转至网页的特定位置。（　　）

5. 网页中使用的图片基本上都是矢量图。（　　）

6. GIF 的特点是压缩率高，但是不支持动画效果。（　　）

7. JPEG 格式的图片文件完全下载到本地后才能显示。（　　）

8. 保存在服务器端的图片必须合理压缩尺寸，缩小文件大小，以节省网络流量、减少用户等待时间。（　　）

9. 利用 map 标记可实现单击同一张图片的不同区域跳转至不同网页的效果。（　　）

10. 如果表单包含非 ASCII 字符，或者超过 100 个字符，或者包含文件，那么 method 属性必须设置为 post。（　　）

11. 为了区分用户针对表单中不同控件输入的值，开发人员需要给每个 input 标记定义不同的 name 属性值。使用 input 标记也可以选择性地定义 value 属性值。（　　）

12. 文本框、密码框和提交按钮必须嵌套在表单之中。（　　）

四、简答题

1. 当对 table、tr、td 标记分别设置背景色后，浏览器会按照什么次序显示？

2. 请画图说明 ahg**ahg** 这 6 个字母的 baseline、top 和 bottom 对齐效果。

3. select、ol、ul、form 都属于容器类标记，这类标记有什么特点？

上机实验

1. 制作一个网页，添加 5 到 6 首李白的诗，在网页上部加入能快速链接到每首诗的书签。

2. 制作一个网页，加入杜甫的图片，并添加 5 到 6 首杜甫的诗。

3. 制作一个网页，加入两个能分别打开杜甫的诗对应网页和李白的诗对应网页的链接。

4. 修改题 1 和题 2 的网页代码，添加能跳转到题 3 网页的链接，确保题 1、2、3 对应的网页能够相互跳转。

5. 制作你所在单位的组织结构图，使用 map 标记完成单位组织结构网页，当单击不同部门时，会分别打开相应部门的网页。

提示：简单起见，每个部门的网页只需要显示相应部门名称即可。

6. 学习使用图片处理工具调整图片尺寸，以压缩图片。

7. 制作个人影集，加入 5 到 6 张自己的照片，通过 marquee 标记控制照片的滚动效果。

提示：若照片横向滚动，务必保证照片的高度相同；若照片纵向滚动，确保照片的宽度相同。

8. 设计本班本学期和上学期的课表，并制作链接，实现两张课表的切换效果。

提示：使用 table 标记完成，务必保证每个单元格有内容，如果单元格为空，就加入空格的转义字符“ ”，以确保表格正常显示。

9. 设计一张调查问卷的网页，让用户输入个人基本信息，并填写就业意向，如期望年薪、专业是否对口、户口问题等。

提示：排版时可以使用 div 或 br 标记，也可以使用 table 标记。

10. 设计思维导图，整理 table 标记、form 标记的层次关系。

11. 查找 audio 和 video 标记，了解这两个标记的用法，并编写测试代码。

第4章 CSS基础

学习目标

- 掌握CSS的作用、语法和定义方法；
- 理解CSS选择器的应用场景及使用方法；
- 熟练使用CSS的基本单位；
- 掌握用于设置字体、文本、背景、列表的CSS属性。

CSS（Cascading Style Sheet，层叠样式表）是一种格式化网页的标准方式，它扩展了HTML标记的功能，让网页开发人员能够重新定义HTML元素的样式。将样式单独定义在CSS文件里，可以把网页的内容和样式完全分离，这极大地提高了开发效率，增强了代码的可维护性。

本章将介绍如何在网页中定义CSS、CSS的基本单位、CSS字体属性、CSS文本属性、CSS背景属性及CSS列表属性。

4.1 CSS概述

下面将介绍CSS的作用，并讲解如何定义CSS。

4.1.1 CSS的作用

某个网页中加入了多个（大于3个）段落。每个段落由标题和内容两部分组成：标题为斜体，包含在h1标记内，居中显示；内容包含在p标记内。示例代码如下：

```
<body>
   <h1 align="center"><i>第一段</i></h1>
   <p>...第一段内容...</p>
   <h1 align="center"><i>第二段</i></h1>
   <p>...第二段内容...</p>
   <h1 align="center"><i>第三段</i></h1>
   <p>...第三段内容...</p>
   ...
   <h1 align="center"><i>第N段</i></h1>
   <p>...第N段内容...</p>
</body>
```

完整示例代码请参考本书源代码文件4-1.html。显然，示例代码中存在如下问题。

（1）如果网页中有N个段落，对h1标记的align属性的设置就需要重复N次，重复代码太多，不好管理。

（2）如果需要把h1标记的内容由斜体样式改为带有下画线样式，就需要把所有的i标记替换为u标记，需求变化带来的工作量将非常大，代码的可扩展性不强。

借助CSS可以解决以上两个问题，将网页内容和表现形式完全分离，从而增强代码的可维护性和可扩展性，减少重复代码。

复制操作的作用类似于复印机，通过按 Ctrl+C 组合键，可以将一份文档复印若干份。如果发现原始文档有错，不仅需要修改原始文档，还需要找到所有复印件进行修改。这无疑会增加很多工作量，导致效率变低，而且可能会出现遗漏的情况。因此，编程时应慎用复制粘贴操作。

4.1.2 CSS 语法

CSS 定义由选择器、属性名和属性值 3 部分构成，其语法如下：

```
选择器 {属性名:属性值;属性名:属性值; ... }
```

CSS 语法的详细要求如下。

（1）选择器通常是需要重新定义显示样式的 HTML 标记，如 body、input 标记等。

（2）每组属性由属性名和属性值组成，属性名和属性值之间使用冒号进行分隔。

（3）每组属性之间以分号分隔。

（4）所有的属性都定义在大括号“{}”内，大括号内可以定义多组属性。

CSS 语法示例代码如下：

```
h1 {background-color:black;}
```

以上示例代码将修改 h1 标记标题的显示样式，把一级标题的背景色修改为黑色。对网页添加以上 CSS 代码后，h1 标记定义的标题的背景色将按照 CSS 定义进行修改；至于 h1 标记的其他属性，CSS 代码中没有重新定义，就使用默认属性值，如默认显示粗体、居左对齐。

如果需要定义多个 CSS 属性，必须使用分号将每个属性隔开。每个属性的末尾务必添加分号，这样在需要增减属性时，能减小出错的概率。修改 p 标记定义的段落的字体颜色为红色，文字居中显示，示例代码如下：

```
p {text-align:center; color:red;}
```

W3C 对 CSS 属性名和属性值进行了统一命名，后续将介绍常用的属性名及对应属性值。

4.1.3 CSS 选择器

CSS 有 4 类选择器，分别是 HTML 标记、自定义类、自定义 id 和伪类。

（1）HTML 标记。HTML 标记是最常用的一类选择器，通过 CSS 可重新定义 HTML 标记的显示效果。示例代码如下：

```
h1{text-align:right;}
```

以上示例代码将 h1 标记定义的标题居右对齐显示。

```
h2{font-family:楷体_gb2312; font-style:italic;}
```

以上示例代码将 h2 标记定义的标题的字体修改为楷体，同时显示为斜体。

如果用 CSS 代码重新定义了网页中某个 HTML 标记的显示样式，那么网页中一旦出现该标记，浏览器就会按照定义的样式进行渲染。

（2）自定义类。如果开发人员希望不同的 HTML 标记使用相同的 CSS 样式，或者网页的相同标记中只有一部分使用重新定义的 CSS 样式，就需要使用自定义类。作为 CSS 选择器，自定义类以符号“.”开头，其后接自定义类的类名。

自定义类的示例代码如下：

```
.cntr{ text-align:center; font-style:italic;}
```

以上示例代码中，自定义 CSS 类 cntr 用于控制内容居中显示，且显示为斜体。

如果某个标记需要使用自定义类 cntr 定义的样式，只需要对该标记添加 class 属性，并设置该标记的 class 属性值为 cntr 即可。class 属性值需要去掉自定义类中的符号“.”。

以下示例代码中，部分标记使用了自定义类：

```
<h1 class="cntr">一级标题 1</h1>
<h2 class="cntr">二级标题 1</h2>
<h1>一级标题 2</h1>
<h1 class="cntr">二级标题 2</h1>
```

以上 4 行代码中，除了第三行代码外，其他行的代码都使用了自定义类 cntr 定义的样式，即居中且斜体显示。虽然 h1 标记出现了 3 次，但是只有第一和第四行代码使用了新定义的样式，而第三行代码对应的 h1 标记使用了默认样式，居左对齐显示。

有了自定义类，不同种类的标记就可以使用相同的样式了。

自定义类的类名只能以字母开头，且区分大小写。如 center 和 Center 代表不同的自定义类的类名。

class 属性值可以同时包含多个自定义类，自定义类的类名之间用空格进行分隔。示例代码如下：

```
<p class="clz1 clz2">使用多个自定义类</h1>
```

（3）自定义 id。如果开发者需要为某个 HTML 标记定义独有的样式，如位置信息或布局，就需要使用自定义 id。id 是英文单词 identifier 的简写形式，这里的 id 是唯一性标识符。作为 CSS 选择器，自定义 id 以符号“#”开头，后接 id 名。自定义 id 示例代码如下：

```
#upperDiv { text-align:center; font-style:italic;}
```

如果某个标记需要使用自定义 id 选择器 upperDiv 定义的样式，只需要给该标记添加 id 属性，并设置 id 属性值为 upperDiv 即可。标记的 id 属性值需要去掉自定义 id 中的符号“#”。标记应用自定义 id 的示例代码如下：

```
<div id="upperDiv ">段落……</div>
```

id 名只能以字母开头，同样区分大小写。如 upperDiv 和 UpperDiv 代表不同的 id 名。同一个网页中，所有标记的 id 属性值必须唯一，不能重复。

（4）伪类。伪类又称虚类，即 CSS 中预定义的类。伪类以英文符号“:”开头，后接伪类名。常用的伪类如表 4-1 所示。

表 4-1 常用的伪类

伪类	简介	IE 浏览器	Firefox 浏览器	CSS 版本号
:active	设置元素被激活（在单击与释放鼠标之间发生的事件）时的样式表属性	4	1	1
:focus	设置元素在成为输入焦点时的样式表属性	—	—	2
:hover	设置鼠标指针在元素上悬停时的样式表属性	4	1	1
:link	设置链接被访问前的样式表属性	3	1	1
:visited	设置链接被访问后的样式表属性	3	1	1
:first-child	设置元素作为第一个子标记时的样式表属性	—	1	2

在表 4-1 中，第一列为伪类名，第二列是伪类的简要介绍，第三列表示支持该伪类的 IE 浏览器的最低版本，第四列表示支持该伪类的 Firefox 浏览器的最低版本，第五列表示 CSS 版本号。第三列至第四列中如果单元格内容是“—”，表示浏览器不支持相应 CSS 伪类。伪类的示例代码将在后面讲解。

CSS 目前有 3 个版本。1997 年，W3C 颁布 HTML 4.01 标准的同时也公布了有关样式表的第一个标准 CSS1，之后在 1998 年 5 月发布了 CSS2，并在 2011 年 9 月提出了 CSS3。

CSS2 中样式表得到了更多的扩展。IE 4 基本支持 CSS1，IE 5.5、IE 6 和 IE 7 开始支持部分 CSS2，IE 8 完全支持 CSS2。CSS3 是 CSS2 的进阶，CSS3 在 CSS2 的基础上增加了一些新的属性。例如，定义圆角矩形、设置背景颜色渐变、控制背景图片大小和定义多个背景图片等。当前的主流浏览器基本都支持 CSS3，如 IE 9、Firefox 4+、Chrome 11+，但是若要用 CSS3 开发网站，需要考虑是否有目标用户还在使用低版本浏览器。

选择器的本质就是从网页中找到元素，通过 CSS 设置其显示样式。

4.1.4 注释与添加 CSS 代码

有 3 种方法在网页源代码中添加 CSS 代码。

（1）直接在 HTML 标记中通过 style 属性定义 CSS，示例代码如下：

```
<p style= "text-align:center;">… 段落内的内容… </p>
```

（2）在 style 标记中定义 CSS 样式，示例代码如下：

```
<style>
样式定义
</style>
```

通常 style 标记需要嵌套在 head 标记中，而 CSS 代码则一般定义在“</head>”之前。

（3）链接外部 CSS 文件。

把所有的 CSS 代码定义在扩展名为.css 的文件中，在网页中通过 link 标记链接该 CSS 文件。在 CSS 文件内直接定义样式时，不能添加任何标记，包括 style 标记。

假设 CSS 代码定义在文件 common.css 中，则在 HTML 页面中可使用 style 标记进行链接，示例代码如下：

```
<link  rel="stylesheet"  type="text/css"  href="common.css" />
```

CSS 文件可以用文本编辑器编辑，也可以使用 FrontPage 或 Dreamweaver 编辑。

应用 CSS 的目的就是把网页的内容与表现形式分离，因此，第三种方法较好。

本书中，示例代码的 CSS 复用度低，为了阅读方便，采用第二种方法来定义 CSS，即把 CSS 代码都定义到网页的 style 标记内，并把 style 标记嵌套在 head 标记中。为了便于维护代码，建议读者不要使用标记的 style 属性直接定义 CSS。

CSS 的注释与 C 语言、JavaScript 类似，以除号和星号“/*”开头，以星号和除号“*/”结束，浏览器会忽略注释内容。

商业网站通常会把样式表定义在单独的 CSS 文件中。

4.1.5 在网页模板文件中添加 CSS

本书示例代码中的样式表定义在 style 标记内。为此，调整模板文件 module.html，调整后的代码如下：

```
<html>
<head>
   <title>此处修改标题</title>
   <meta http-equiv="Content-Type" content="text/html; charset=UTF-8">
   <meta http-equiv="Content-Language" content="zh-cn">
```

```
    <style>
        /*此处加入CSS代码*/
    </style >
</head>
<body>
    此处加入正文
</body>
</html>
```

粗体部分为新增的代码，后续有相同情形时也会使用粗体样式标注新增代码。

有了模板文件，后期加入 CSS 代码时只需要复制该文件或者复制该文件的内容，然后在 body 标记中加入网页内容，在 style 标记内加入 CSS 代码。

4.1.6 样式的优先级

样式的优先级遵循“就近优先”的原则，距离所修饰元素越近的样式，其优先级越高。样式如果发生冲突，则采用优先级高的样式；如果不冲突，则采用叠加的样式。

下面详细介绍样式的优先级。以下示例代码引入了外部 CSS 文件 4-2.css，该文件中修改了 p 标记的样式：

```
p {color: green;}
```

该 CSS 文件的完整代码请参考本书源代码文件 4-2.css。在该 CSS 文件中，通过标记选择器把 p 标记内的文字变为绿色。

在 HTML 代码中，style 标记内也定义了 CSS，示例代码如下：

```
<head>
<link rel="stylesheet" type="text/css" href="4-2.css">
<style>
  p {color: red;}
</style ></head>
<body>
  <p>正文内容</p>
</body>
```

完整示例代码请参考本书源代码文件 4-2.html。示例代码中，通过 link 标记引入了 CSS 文件 4-2.css。同时有两处代码设置了 p 标记的样式，这显然存在冲突，浏览器该显示哪种颜色呢？

示例代码中，通过 style 标记定义的样式距离 p 标记最近，即 style 标记中的样式的优先级高于 CSS 文件 4-2.css 中样式的优先级，因此 p 标记内的内容会显示为红色。

由此可知在示例代码中，如果直接对 p 标记使用 style 属性定义样式，那么此时 style 属性中的样式的优先级无疑是最高的。

在制作网页的过程中，开发人员可以人为地设置某个样式的优先级最高，这需要通过在属性值后的分号前插入“!important”来标记。示例代码如下：

```
p {color:red !important; background:white;}
```

以上示例代码中，前景色 color 的属性值 red 被标记为最高优先级；而背景色未被标记，仍然遵循“就近优先”原则。如果需要同时设置这两个样式为最高优先级，那么它们都需要用“!important”进行标记。“!important”需要定义在属性值之后、分号之前。修改后的代码如下：

```
p {color:red !important; background:white !important;}
```

使用浏览器提供的开发人员工具可以查看样式的优先级，还能直接测试样式。请扫描微课二维码，了解使用 Firefox 浏览器查看样式优先级的详细操作步骤。

微课：使用 Firefox 浏览器查看样式优先级

4.1.7 模式匹配

网页源代码中通常会包含多个不同类型的标记，单单依靠 4 类 CSS 选择器难以适应复杂应用场景。为此，CSS 中加入了模式匹配来解决这一问题。

HTML 对语法的要求比较低，有些标记可以只有开始标记而不用添加结束标记，如 br 标记。这对开发人员来说，编写代码更加容易，但语言的语法越松散，处理的难度就越大。对计算机而言，计算速度足以处理松散语法，但对早期的手机而言，运算难度会比较大。因此产生了由 DTD（Document Type Definition，文档类型定义）定义规则、语法要求更加严格的 XHTML。XHTML 是对 HTML 的改进。按照 XHTML 标准，网页文档的标记构成了树状结构，CSS 选择器的模式匹配刚好利用这一严谨的树状结构，结合标记之间的嵌套关系、兄弟关系，对标记的样式进行定义。

下面来看图 4-1 所示的树状结构。

图 4-1　树状结构示例

在图 4-1 中，通过树状结构，可以看清唐高祖的家族关系。唐高祖李渊有 4 个儿子：李建成、李世民、李玄霸、李元吉。李世民称帝后，皇后长孙氏生李承乾、李泰、李治。有了 CSS 模式匹配，图 4-1 中的节点就有了更多选择方法。

CSS 中定义的选择器模式如下。

（1）*：通用选择器，匹配任意标记。

（2）E：标记选择器，匹配标记 E。

（3）E　F：包含选择符，匹配标记 E 的任意后代标记 F，即标记 F 必须嵌套在标记 E 中。如李渊与李建成的父子关系，李渊与李治的祖孙关系，都满足该模式。

（4）E > F：子选择器，匹配标记 E 的任意直接子标记 F，即标记 E 和标记 F 有严格的父子关系，而不是祖孙关系。如李渊与李世民，李世民与李承乾均满足此模式；但是李渊与李治属于祖孙关系，不满足此模式。

（5）E:first-child：伪类选择器，当标记 E 是它的父标记中的第一个子标记时，匹配标记 E。在图 4-1 中，只有李建成和李承乾是其父标记的第一个子标记，满足此模式。

（6）E1，E2，E3：分组选择器，将同样的样式定义应用于多个选择器，选择器以逗号分隔的方式并为组。

（7）E:link 与 E:visited：伪类选择器，如果标记 E 是一个没有被访问过或者已经被访问过的链接，则匹配标记 E，标记 E 只能是 a 标记。

（8）E:active，E:hover，E:focus：伪类选择器，用于设置在元素被激活时、在鼠标指针悬停于元素上时和在元素成为输入焦点时的样式。在 CSS1 中，只有 a 标记才能使用这 3 个伪类，而在 CSS2 中，这 3 个伪类可以应用于任何元素。

（9）E + F：邻近选择器，如果标记 E 和标记 F 有相同的父标记且有相邻的关系，则匹配标记 F。如李建成与李世民、李泰与李治都满足此模式，但是李承乾与李治不满足此模式。

（10）E[foo]：属性选择器，匹配具有 foo 属性（不考虑它的值）的任意标记 E。

（11）E[foo="warning"]：属性选择器，匹配 foo 的属性值严格等于 warning 的任意标记 E。

（12）E[foo~="warning"]：属性选择器，标记的 foo 属性可以指定多个属性值，多个属性值需要用空格进行分隔，如<p class="class1 class2">。此属性选择器可以确认多个属性值中是否包含某个属性值。注意，用来匹配的关键词（如 warning）中不允许包含空格。

（13）E[lang|="en"]：属性选择器，匹配其 lang 属性值等于 en 或者以“-”作为分隔符、以“en”开头（从左边）的值的任意标记 E。该属性选择器主要用于匹配语言值。

通过选择器“p[lang|="en"]”，以下示例代码的 5 个标记中，前 3 个标记将被选中，不能匹配后两个标记：

```
<p lang="en">Hello!</p>
<p lang="en-us">Greetings!</p>
<p lang="en-au">G'day!</p>
<p lang="fr">Bonjour!</p>
<p lang="cy-en">Jrooana!</p>
```

假设一个 HTML 文档中有一系列图片，其中每张图片的名称都形如 figure-1.jpg 和 figure-2.jpg，就可以使用以下选择器匹配这些图片：

```
img[src|="figure"] {border: 1px solid gray;}
```

（14）E.warning：类选择器，匹配 class 属性值为 warning 的标记 E。用法同 E[class~="warning"]。

（15）E#myid：id 选择器，匹配 id 属性值等于 myid 的任意标记 E。

用选择器控制页面中不同元素的样式。示例代码如下：

```
<body>
  <div title="容器" id="container">
    <h1  id="h-1">标题 1</h1>
    <p   id="p-1-1">段落 1-1</p>
    <p   id="p-1-2">段落 1-2</p>
    <h1  id="h-2">标题 2</h1>
    <p   id="p-2">
      段落 2-1
      <strong>内容 2-1-1</strong>
      段落 2-2
    </p>
  </div>
</body>
```

完整示例代码请参考本书源代码文件 4-3.html。示例代码中，为了区分页面中的多个 p 标记和 h1 标记，为所有 p 标记和 h1 标记都设置了 id 属性值。body 标记内所有标记的层次关系如图 4-2 所示。

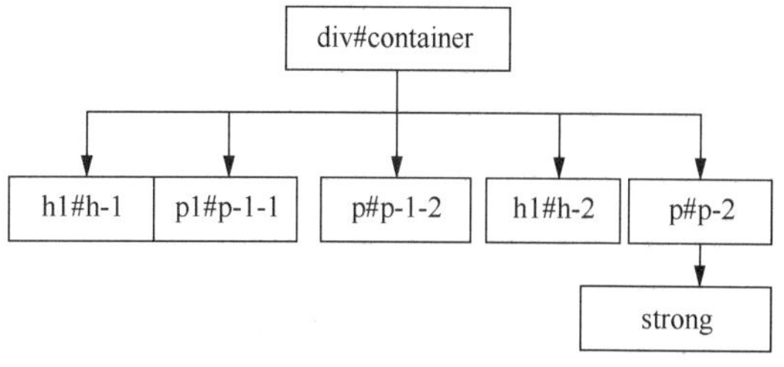

图 4-2　标记的层次关系

在图 4-2 中，节点根据示例中的标记名及其 id 属性值命名，以区分多个同名的标记。

根据示例代码中标记间的嵌套关系，id 属性值为 container 的 div 标记是 h1 标记、p 标记和 strong 标记这 3 类标记的祖先，这 3 类标记是 div 标记的子（孙）标记。h1 标记和 p 标记同为 div 标记的子节点，两者同 div 标记都是父子关系。

strong 标记和 id 属性值为 p-2 的 p 标记构成父子关系。strong 标记也包含在 div 标记内，是 div 标记的孙标记。

h1 标记和 p 标记是相邻的，属于兄弟关系。

以下 CSS 示例代码通过选择器控制标记内部文字的颜色。

（1）div　strong {color:green;}：选择 strong 标记，该标记是 div 标记的子标记，控制其内部文字显示为绿色。

（2）p　>　strong {color:green;}：选择 strong 标记，该标记和 p 标记是直接父子关系，控制其内部文字显示为绿色。

（3）p#p-2　strong {color:green;}：选择 strong 标记和 id 属性值为 p-2 的 p 标记，它们是直接父子关系，控制其内部文字显示为绿色。

（4）h1:first-child{color:red;}：选择 h1 标记，该标记是它的父标记中的第一个子标记，即找到 id 属性值为 h-1 的 h1 标记，控制该标记内部文字显示为红色。

（5）p#p-2　>　* {color:green;}：选择 id 属性值为 p-2 的 p 标记的所有直接子标记，即匹配 strong 标记，控制其内部文字显示为绿色。

（6）h1+p {color:green;}：选择 h1 标记和与其有相同的父标记且相邻的 p 标记，即匹配 id 属性值为 p-1-1 和 p-2 的两个标记，控制其内部文字显示为绿色。

注意，以下示例代码不能匹配页面中的元素。

div > strong {color:green;}：strong 标记虽然是 div 标记的子（孙）标记，但两者是祖孙关系，而非父子关系，因此不能用符号“>”连接。

4.1.8 CSS 属性的继承

CSS 属性的继承是指标记的 CSS 属性值能够向下传递到其内部包含的标记中。示例代码如下：

```
<style>
  p {color:red}
</style>
<body>
<p>您好，<b>尊贵的</b>客人</p>
</body>
```

完整示例代码请参考本书源代码文件 4-4.html。在浏览器中，示例代码中的内容“您好，尊贵的客人”都将以红色显示，而“尊贵的”这 3 个字会以粗体显示。b 标记没有定义其中内容的显示颜色，但是 b 标记嵌套在 p 标记中，即 b 标记是 p 标记的子标记，通过 CSS 属性的继承，b 标记内的内容也会以红色显示。

不是所有的 CSS 属性都会被子标记继承，能被子标记继承的属性主要有以下 3 类。

（1）文本相关属性：font-family、font-size、font-style、font-variant、font-weight、font、letter-spacing、line-height、text-align、text-indent、text-transform、word-spacing。

（2）列表相关属性：list-style-image、list-style-position、list-style-type、list-style。

（3）颜色属性：color。

对于不能继承的属性，子标记可以通过 inherit 关键字进行继承。示例代码如下：

```
p#top  p {margin:inherit;}
```

默认情况下，子标记不能继承父标记中定义的布局属性，如 margin 属性，加入 inherit 关键字后，浏览器会读取父标记中的 margin 属性，用来控制子标记的布局。

通过开发人员工具可以查看继承而来的属性，苹果的 Safari 浏览器的开发人员工具与 IE、Edge、Firefox 和 Chrome 浏览器的差别比较大，请扫描微课二维码了解在 Safari 浏览器中查看继承属性的操作步骤。

微课：在 Safari 浏览器中查看继承属性

4.2 CSS 基本单位

CSS 中有时间单位、颜色单位和长度单位 3 种基本单位。

4.2.1 长度单位

CSS 中的长度单位有两种，分别是绝对长度单位和相对长度单位。长度的值由正号“+”或负号“-”接阿拉伯数字，以及表示单位的字母组成。

1. 绝对长度单位

绝对长度单位有 in（英寸）、cm（厘米）、mm（毫米）、pt（磅）、pc（pica）和 px（像素）。其中，in（英寸）、cm（厘米）、mm（毫米）和生活中的物理单位完全相同。pt 是标准印刷常用的单位，72pt 等于 1 英寸。pc 也是标准印刷常用的单位，1pc 等于 12 磅。

绝对长度单位的转换公式如下：

```
1in = 2.54cm = 25.4 mm = 72pt = 6pc
```

px 就是像素，是网页设计中使用最多的长度单位之一。像素的概念请参考“2.3.6 hr 标记”部分。实际上，px 的大小会受到屏幕分辨率的影响。例如，同样是 100 像素的文字，如果显示器使用 800 像素×600 像素的分辨率，那么每个字的高度是屏幕宽度的 1/8；若将显示器的分辨率设置为 1024 像素×768 像素，则其每个字的高度变为屏幕宽度的 1/10。大多数浏览器默认段落内文字字号为 16 像素。

2. 相对长度单位

相对长度单位是使用较多的长度单位，包括 em 和 ex 两个单位。

起初 em 用来定义字体内大写字母 M 的宽度，由于有些字体中大写字母 M 的宽度小于 1em，且汉语和阿拉伯语不包含大写字母 M，因此，em 通常指字号，即字体的高度。em 是相对单位，是相对于当前元素的实际字号。

如果要设置段落首行缩进两个字符，就可以设置 CSS 属性 text-indent 的属性值为 2em，即两倍于当前元素的字号。

ex 和 em 相似，指的是文本中字母 x 的高度，因为不同字体中 x 的高度是不同的，所以 ex 的实际大小受到字体和字号两个因素的影响。ex 的大小示意图如图 4-3 所示。

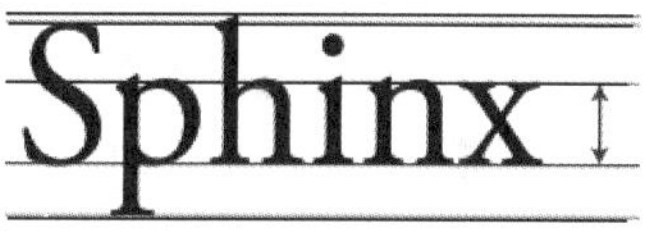

图 4-3 ex 的大小示意图

图 4-3 中有 5 条横线。自上而下，第一条线是书写小写字母 l、k、b 和 d 的最高位置线，第二条线是书写大写字母的最高位置线，第三条线是书写部分小写字母（如 a、c、e，但不能是字母 f、j）的最高位置线，第四条线是书写大写字母和部分小写字母（如 a、b、c、d、e）的最低位置线（基准线），第五条线是书写部分小写字母（如 f、j、p）的最低位置线。而 ex 的大小是第三条线和第四条线之间的距离。

CSS 中还可以通过百分号“%”来设置相对长度单位，100%的作用与 em 相同，em 是根据元素的字号通过百分比进行换算的。

关于长度单位，有以下两个注意事项。

（1）一个长度的值之中不允许存在空格。例如，“1.3 em”不是有效的长度，“1.3em”才是有效的长度。

（2）一个值为 0 的长度不需要声明其单位。

0 后面的所有单位意义相同，如“0px”和“0em”，所以通常阿拉伯数字 0 的后面不加单位。

4.2.2 颜色单位

颜色值有两种定义方式。一种定义方式是使用颜色关键字，如 brown（棕色）、red（红色）、orange（橙色）、yellow（黄色）、green（绿色）、blue（蓝色）、purple（紫色）、gray（灰色）、white（白色）、black（黑色）、olive（橄榄色）、lime（石灰色）、navy（海军蓝）、maroon（栗色）、fuchsia（紫红）、siver（银色）、aqna（水色）。

另一种定义方式是使用 RGB 值。

（1）#RRGGBB，即 RGB 三基色都使用两位的十六进制正整数表示，取值范围为 00 至 FF。如“#FF0000”表示红色。

（2）rgb（R,G,B），括号中的 3 个值分别表示红色、绿色、蓝色的正整数或百分数数值。如 rgb(255,0,0) 表示红色，rgb(100%,0%,0%)也表示红色。

用 RGB 值定义颜色时，大多使用#RRGGBB 这种十六进制的表示方法。

4.3 设置字体相关样式

了解了 CSS 的语法和基本单位后，接下来学习 CSS 标准中定义的字体属性、文本属性、背景属性和列表属性。这些属性由 W3C 负责标准化，如果编写代码时写错了属性名称及属性值，浏览器将无法识别，自然不能正确地渲染网页效果。

在 CSS 中，可以通过以下的字体属性对文本的字体样式进行设置。

4.3.1 设置字体

font-family 属性用于设置文本的字体，其属性值有 5 个：serif、sans-serif、monospace、cursive、fantasy。

西方国家字体分为两个类别：serif 和 sans serif（对应 font-family 的属性值 sans-serif）。

（1）serif 是衬线字体，在字的笔画开始、结束的地方有额外的修饰，而且笔画的粗细不同。

（2）sans serif 为非衬线字体，没有额外的修饰，而且笔画的粗细差不多。

serif 字体容易识别，它强调每个字母笔画的开始和结束，因此易读性比较强，sans serif 字体则比较醒目。在内容、段落多的情况下，适合用 serif 字体进行排版，易于换行阅读，避免发生行间的阅读错误。sans serif 字体强调每一个字母，serif 字体强调整个单词。

中文字体中的宋体就是一种标准的 serif 字体，衬线的特征非常明显。字形结构也和手写的楷书一致。因此宋体一直是最适合阅读的正文字体之一。不过由于强调横竖笔画的对比，在远处观看的时候横线容易被弱化，导致可识别性减弱。

对中文来说，宋体属于 serif 字体，而黑体、幼圆、雅黑则属于 sans serif 字体。英文中，常用的 serif 字体为 Times New Roman，常用的 sans serif 字体为 Arial。

（3）monospace 是每个字符宽度都一样的字体。许多字体的每个字母水平空间的度量和其宽度成比例，因此 i 的宽度和 w 的宽度不同。Courier 是最常用的等宽字体之一。同时，等宽字体也可以是 serif 或者 sans serif 字体，例如 Courier 就是一种 serif 字体。

（4）cursive 是仿人类书法的字体。cursive 字体通常很难在屏幕上阅读，一般情况下不鼓励使用。许多浏览器上甚至找不到这种字体。

（5）fantasy 这种修饰字体主要用于显示标题，还有诸如 Zapf Dingbats、Ventilate 或者 Klingon 这些不属于前面 4 个类别的字体。该类别主要是为了说明不属于其他 4 种字体类别，而不是定义属于某个类别。

依次使用这 5 种类型的字体显示单词 The，效果如图 4-4 所示。

The The The The The

图 4-4　5 种英文字体的效果

font-family 属性定义的是字体类别及字体的优先级。浏览器会使用本机可识别的第一种字体，多种字体之间通过逗号进行分隔。为防止客户端浏览器没有指定字体，最好在设置字体时指定一个字体类别名作为备用的选择。示例代码如下：

```
p {font-family:arial, 黑体, sans-serif;}
```

4.3.2　设置字号

font-size 属性用于设置字号。该属性有 4 种形式的属性值。

（1）绝对值：根据元素字体进行调节，包括 xx-small、x-small、small、medium、large、x-large、xx-large，font-size 属性默认的属性值是 medium。

（2）相对值：相对于父标记（父元素）中的字号进行相对调节；使用成比例的 em 或 ex 单位进行缩放，属性值 larger、smaller 分别基于父元素中的字体放大 1.5 倍、缩小 1.5 倍。

（3）百分数：基于父元素中字体的大小进行设置，如 150%。

（4）固定值：由数字和单位标识符组成的长度值，如 16px。

示例代码中，尝试把第一个段落的字号设置为 18px，段落内的部分内容的字号设置为 36px。最初网页代码（必须嵌套于 body 标记内）如下：

```
<p>段落 18px，此处 36px</p>
```

不难发现，p 标记内的文字是一个整体，无法实现显示不同的字号，这时需要加入 span 标记，修改后的代码如下：

```
<p>段落 18px，<span>此处 36px</span></p>
```

span 标记用于在行内定义一个区域，也就是说，一行内容可以被 span 标记划分成好几个区域，便于实现某种特定效果。最重要的一点是，span 标记属于无样式标记。

接下来，通过 style 标记加入 CSS 代码：

```
<style>p{font-size:18px;}</style>
```

以上代码通过标记选择器将段落的字号设置为 18px。

因为 span 标记嵌套在 p 标记内，所以通过包含选择器对 span 标记加以控制，修改 CSS 代码后网页代码框架如下：

```
<style>
    p{font-size:18px;}
    p span {font-size:36px;}
</style>
<p>段落 18px，<span>此处 36px</span></p>
```

至此，通过 span 标记对段落内容进行了区分，通过标记选择器对段落格式进行了控制，并用包含选择器设置了部分内容的字号。完整示例代码请参考本书源代码文件 4-5.html。

大多数浏览器默认以 16 像素的字号显示正文文本。

4.3.3　设置字体样式

font-style 属性用于设置字体样式，可以设置的属性值如下。

（1）normal：默认，即显示标准样式的字体。

（2）italic：显示斜体样式的字体。

（3）oblique：显示倾斜样式的字体。

italic 与 oblique 的显示效果相同，但是有的字体只有正常样式而没有倾斜样式，如果使用 italic 进行设置，就没有斜体效果；使用 oblique 属性值则可通过图像的倾斜算法实现斜体显示效果，即使字体没有提供倾斜样式，也能实现斜体显示效果。

通过设置 font-style 属性为 italic，可以实现与物理字体标记 i 相同的效果。相比而言，使用 CSS 可以实现网页内容与样式的分离，便于维护和管理网页源代码。

示例代码如下：

```
<h1>第 1 个 heading.</h1>
<h1>第 2 个 heading.</h1>
<h1>第 3 个 heading.</h1>
<h2>第 4 个 heading.</h2>
<h2>第 5 个 heading.</h2>
```

标记部分前 3 个为 h1 标记，后两个为 h2 标记。

下面通过 CSS 把第 2 个标记、第 3 个标记和第 5 个标记修改为斜体显示效果。

显然，这里无法使用标记选择器对 CSS 样式进行设置，否则会影响第 1 个和第 4 个标记内部的文字。此时类选择器无疑是最佳选择。

接下来，通过 style 标记加入 CSS 代码：

```
<style>.xieTi {font-style:italic;}</style>
```

按照 CSS 语法，类名以“.”开头，通过自定义类 xieTi 控制元素显示为斜体。

相应地，修改 body 标记包含的内容，代码如下：

```
<h1>第 1 个 heading.</h1>
<h1  class="xieTi">第 2 个 heading.</h1>
<h1  class="xieTi">第 3 个 heading.</h1>
<h2>第 4 个 heading.</h2>
<h2  class="xieTi">第 5 个 heading.</h2>
```

标记部分通过 class 属性关联 CSS 类。CSS 类可以应用于任何标记，这里第 2、第 3、第 5 个标记通过 class 属性指定了其要应用的样式。完整示例代码请参考本书源代码文件 4-6.html。

4.3.4 设置笔画粗细

font-weight 属性用于设置文本笔画的粗细，可以设置的属性值如下。

（1）具体数值 100、200、300、400、500、600、700、800、900。

（2）关键字 normal、bold、bolder、lighter，这几个关键字的含义如下。

① normal：正常的粗细，相当于数值 400。

② bold：粗体，相当于数值 700。

③ bolder：特粗体。

④ lighter：细体。

以下 CSS 代码会让 h1 标记不再显示为粗体，而是显示为正常的粗细：

```
<style>h1{font-weight:normal;}</style>
```

通过设置 font-weight 属性为 bold，可以实现与物理字体标记 b 相同的效果。

当鼠标指针移动到按钮、链接上时，元素文字显示为粗体；当鼠标指针从按钮、链接上移开时，元素文字恢复为正常的粗细，以给用户友好提示。本书将在“4.4.5 设置文本修饰方式”部分讲解伪类的使用方法。

4.3.5 设置小型的大写字母

font-variant 属性用于设置显示小型的大写字母，可以设置的属性值有以下两个。

（1）normal：正常的字体。

（2）small-caps：小型的大写字母字体，该属性值可以把小写字母变成小一号的大写字母，原来的大写字母不会发生变化。

font-variant 属性的示例代码如下：

```
<body>
  <span style="font-variant:normal;">normal</span><br>
  <span style="font-variant:small-caps;">Normal</span><br>
</body>
```

完整示例代码请参考本书源代码文件 4-7.html。示例代码中，span 标记通过 style 属性设置标记内容的样式。第一个 span 标记内的单词全部是小写字母，CSS 并没有将其转换；而第二个 span 标记内单词的首字母大写，其余字母小写，CSS 将小写字母转换为小型的大写字母字体，即小写的“ormal”转换为小一号的大写字母，原来的大写字母“N”不会变化。示例代码在 Safari 浏览器中的运行效果如图 4-5 所示。

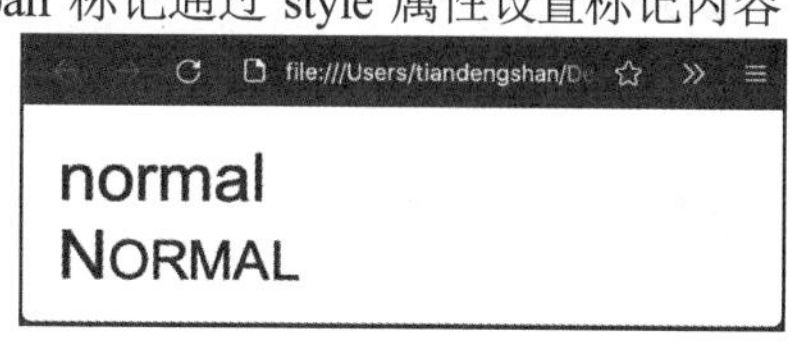

图 4-5 示例代码的运行效果

需要注意的是，出于对篇幅的考虑，示例代码通过标记的 style 属性直接定义样式，这种方法把网页内容与显示样式混杂在一起，不利于后期维护，在编写代码时不建议使用此方法。

4.3.6 设置行高

line-height 属性用于设置元素的行高，即文本中行与行的间距，其属性值有以下 3 种形式。

（1）normal：默认值，默认行高。

（2）百分比数字：基于元素字号设置高度。

如 div {line-height:120%; } ，假设字号为 16px，那么行高为 19.2px。

（3）由浮点数和单位标识符组成的长度。示例代码如下：

```
div {line-height:18px; }
```

以上示例代码中，设置文本的行高为 18px。

如果一行内包含多个元素且行高不同，则本行行高取最大行高值。行高属性值不能设置为负值。

在 3.4.4 小节介绍过基准线，以英语作业本为例，四线格中的第三条线就是基准线。在 4.2.1 小节中讲解单位 ex 时，在四线格中加入了第五条线对英文字母大写和小写的区别做了介绍。如果出现多行英语文本，就会有行高的概念。

在有多行英语文本的情形下，不能把上一行文本的最后一条线和下一行文本的第一条线重合，因为这样显示的字符会堆积在一起，不利于用户阅读。因此，浏览器需要在行与行之间留出空白区域，使两行文本间有空白，如图 4-6 所示，此时，两条基准线的间距就是行高，即字体高度和上下空白区域高度的和。

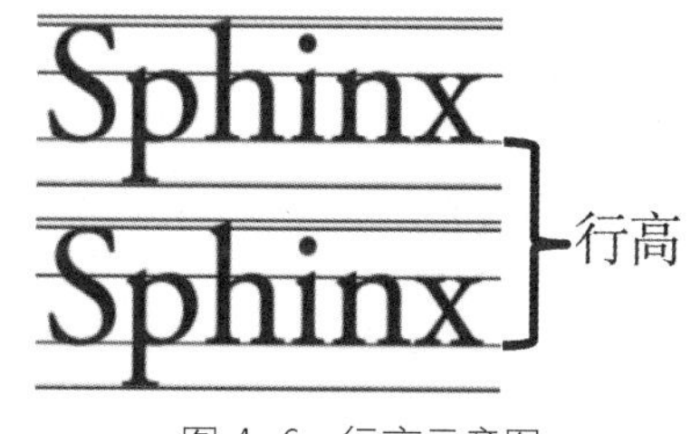

图 4-6 行高示意图

当使用 ul-li 标记结合 CSS 设计横向菜单时，通常需要设置 line-height 属性，以防止菜单项在垂直方向上出现错位的情况。

4.3.7 设置字体复合属性

font 属性可以用于一次性设置文本的多个字体属性，其语法如下：

```
font : font-style  font-variant  font-weight  font-size / line-height  font-family
```

在 font 属性中可以同时定义字体样式、大小写转换、笔画粗细、字号、行高及字体。font 属性必须按照以上先后次序进行定义，且每个属性仅允许有一个属性值。未设置属性值的属性将使用其默认值。

font 属性的设置示例如下。

（1）p { font: italic small-caps 600 12px/150% Courier; } ：表示分别设置 p 标记的 font-style、font-variant、font-weight、font-size、line-height 和 font-family 属性。

（2）p { font: italic small-caps 600 12px/1.5 Courier; } ：表示分别设置 p 标记的 font-style、font-variant、font-weight、font-size、line-height 和 font-family 属性。

（3）p { font: /18pts serif; } ：表示分别设置 p 标记的 line-height 和 font-family 属性。

（4）p { font: oblique 100 24px; } ：表示分别设置 p 标记的 font-style、font-weight、font-size 属性。

设置 line-height 属性时，需要在属性值前加上斜杠“/”；考虑到代码的可维护性和可读性，建议不要使用 font 属性同时对多个字体属性进行定义。

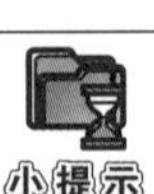

为一个 CSS 属性设置多个属性值时，属性值之间使用空格进行分隔。

4.4 设置文本样式

CSS 中可以通过以下的文本属性对文本内容的显示样式进行设置。

4.4.1 设置文本颜色

color 属性用于设置文本的显示颜色（又称为前景色），其属性值可以是颜色关键字，也可以是 RGB 值。为同一段落中的文字设置 3 种不同颜色，body 标记最初包含的内容如下：

```
<p>红色绿色蓝色</p>
```

此时，CSS 选择器只能选中整个段落，无法对内部的 6 个汉字设置 3 种不同颜色。

为此，需要通过 span 标记把整个段落划分为 3 个区域，同时为了区分这 3 个 span 标记，每个 span 标记都需要定义 id 属性值（也可以使用不同类名），修改后的代码如下：

```
<p><span id="red">红色</span><span id="green">绿色</span>
  <span id="blue">蓝色</span></p>
```

加入如下 CSS 代码：

```
<style>
  span#red {color:red;}
  span#green {color:#00FF00;}
  span#blue {color:#0000FF;}
</style>
```

通过“span#red”限定 id 属性值为 red 的 span 标记，其内部文字显示为红色。“绿色”和“蓝色”部分也通过 id 选择器使用 RGB 值控制显示颜色。所有的样式代码都应该写在 style 标记内，同时确保 style 标记嵌套在 head 标记内。完整示例代码请参考本书源代码文件 4-8.html。

与物理样式标记（b、i、u、sup 等）和逻辑样式标记（big、cite、small 等）比较，无样式的 span 标记可以把整段内容分割成多个区域，但不会改变文本的显示样式。

4.4.2 设置文本显示方向

direction 属性用于设置文本显示方向，可以设置的属性值如下。

（1）ltr：默认值，用于控制文本显示方向为从左到右。

（2）rtl：用于控制文本显示方向为从右到左，适用于阿拉伯语文本。

古代阿拉伯人在羊皮上书写文字，卷起来的羊皮直接摊开不便于书写。后来阿拉伯人发现右手写字，左手扶着羊皮，从右向左比较方便书写，于是从右向左书写的习惯就流传下来了。

我国古人使用书简记录信息时，也是从右向左书写的。每个汉字的宽度固定，形成的书写习惯是先从上往下书写，再从右往左逐行来书写。

CSS 提供 direction 属性主要是为了解决阿拉伯语文本从右向左的显示方向问题，如果网页中只有中文和英文，可以忽略此属性。

素养课堂

扫一扫

4.4.3　设置字母间距

letter-spacing 属性用于增大或减小英文字母的空白间距。如果将其设置为关键字 normal，就相当于值为 0。如果使用负值，英文字母就会挤在一起，阅读起来比较吃力。letter-spacing 属性值有以下两种形式。

（1）normal：默认值，用于定义字符间的标准空间。

（2）数字加长度单位：如“letter-spacing:2px;”，用于定义英文字母的空白间距增加 2px。

如果想使单词 LOGO 中的不同字母显示不同颜色，相同字母显示相同颜色，显然需要通过 span 标记把整个段落划分为多个区域。考虑到 CSS 代码的复用度，示例代码没有使用 id 属性，而是对 span 标记添加了 class 属性，代码如下：

```
<p>
    <span class="l">L</span><span class="o">O</span>
    <span class="g">G</span><span class="o">O</span>
</p>
```

考虑到显示效果，浏览器需要使用大字体显示 LOGO。如果分别在 4 个 span 标记内设置，需要设置 4 次字号。如果合理利用 CSS 的继承规则直接设置 p 标记内的字号，那么每个 span 标记会自动继承相应属性。

LOGO 的字母间距较小，把 letter-spacing 的属性值设置为负值即可减小字母间距。

综上所述，加入 p 标记的 CSS 代码如下：

```
p{
    font-size:80px; letter-spacing:-8px;
    font-family:Arial, Helvetica, sans-serif; }
```

通过 p 标记设置字号为 80px，同时把字母间距减小 8px。出于对美观的考虑，此处需要使用等宽字体显示 LOGO。

加入设置字母颜色的 CSS 代码：

```
span.l {color:purple;}
span.o {color:green;}
span.g {color:blue;}
```

完整示例代码请参考本书源代码文件 4-9.html。

在 CSS 选择器中，自定义 id 只能供一个标记使用，即每一个标记的 id 属性值都不相同。但是有了自定义类，就可以控制同名标记中的部分标记使用自定义样式，还可以控制不同名称标记使用同一类样式。

4.4.4 设置文本对齐方式

text-align 属性对应段落标记的 align 属性，可以设置的属性值有 left、right、center 和 justify，分别对应左对齐、右对齐、居中对齐和两端对齐。左对齐和两端对齐的区别如下。

由于英文单词长短不一，如果某个单词本该出现在某行的末端，但是因该单词太长而无法在该行中完整显示，此时浏览器会把这个单词放到下一行进行显示。

此时，如果设置段落为左对齐，那么该行末端留出的空白会照常显示出来。而如果设置段落为两端对齐，那么浏览器会忽略末端的空白，让空白前的单词尽量靠右显示。两者的区别如图 4-7 所示。

In the 20th century, "culture" emerged as a central concept in anthropology, encompassing the range of human phenomena that cannot be attributed to genetic inheritance.

In the 20th century, "culture" emerged as a central concept in anthropology, encompassing the range of human phenomena that cannot be attributed to genetic inheritance.

图 4-7　左对齐与两端对齐的区别

在图 4-7 中，第一个段落左对齐，第二个段落两端对齐，完整示例代码请参考本书源代码文件 4-10.html。

“4.1.1 CSS 的作用”部分的示例代码没有使用 CSS，内容和样式没有分开，导致示例代码的可扩展性不强，而且重复的 HTML 代码特别多。通过文本属性和字体属性的 CSS 代码对示例代码进行调整，调整后的代码如下：

```
<html>
<head><style>
h1 {
   text-align:left;
   font-style:italic; }
</style ></head>
<body>
   <h1>第一段</h1>
   <p>...第一段内容...</p>
   <h1>第二段</h1>
   <p>...第二段内容...</p>
   <h1>第三段</h1>
   <p>...第三段内容...</p>
   ...
   <h1>第 N 段</h1>
   <p>...第 N 段内容...</p>
</body></html>
```

完整示例代码请参考本书源代码文件 4-11.html。与没有使用 CSS 的示例代码相比，以上示例代码对内容与样式进行了分离，代码更加简洁；同时代码的可维护性更强，如果要把 h1 标记设置为居右对齐且加粗显示，那么没有使用 CSS 的示例代码需要修改多处，而使用了 CSS 的示例代码则只需要修改 style 标记中的一行代码即可。

当各行文字数量不同时，需要设置显示宽度相同，并设置文本对齐方式为 justify，示例代码将在“5.2.4 设置文本等宽”部分讲解。

4.4.5 设置文本修饰方式

text-decoration 属性用于设定文本的修饰方式，可以设置的属性值如下。

（1）none：默认值，标准的文本。

（2）underline：用于设置显示文本的下画线。

（3）overline：用于设置显示文本的上划线。

（4）line-through：用于设置显示文本的删除线。

（5）blink：用于设置闪烁的文本，但是 IE 和 Opera 浏览器不支持闪烁效果。

可通过 CSS 伪类选择器修改链接的显示样式。

有两个伪类与事件有关：当鼠标指针放置到链接上时，这个事件会通知浏览器调用“:hover”伪类的显示样式；在链接上按住鼠标左键但是没有放开的事件对应伪类“:active”。

还有两个伪类与条件（状态）有关：访问过的链接对应伪类“:visited”，没有访问过的普通链接对应伪类“:link”。

如果希望去掉链接默认显示的下画线，则需要加入如下 CSS 代码：

```
a:link{text-decoration:none; }
```

如果希望鼠标指针放置到链接上时文本以粗体显示并且文字间隔会变大，则需要加入如下 CSS 代码：

```
a:hover{font-weight:bold; letter-spacing:3px;}
```

4.4.6 理解伪类定义次序

通过伪类定义链接的样式时，务必按照“:link”“:visited”“:hover”“:active”的次序进行定义。

很多书上提到，“a:hover”必须放置在“a:link”和“a:visited”之后，否则将隐藏“a:hover”内定义的相同规则。同理，“a:active”应放在“a:hover”之后，否则“a:active”中的相同规则将被隐藏。这些该如何理解呢？

伪类间有排斥关系：不能同时是被访问过的链接和未被访问的链接，但是“:hover”伪类对应事件的链接可以同时满足被访问过和未被访问这两个条件（浏览器根据缓存的访问记录判断某链接是否为被访问过的链接）。

当鼠标指针放置到链接上时，浏览器会先检查事件伪类（“:hover”和“:active”），再根据缓存的访问记录判断并检查条件伪类（“:link”和“:visited”）。以如下代码为例：

```
a{color:red;}
a:hover {color:yellow;}
a:active {color:black;}
a:link {color:green;}
a:visited {color:blue;}
```

当鼠标指针放置到链接上时，浏览器会按照“:hover”伪类显示链接为黄色；但是浏览器再次检查浏览记录发现该链接属于未被访问的链接，会将其渲染为绿色，“:hover”伪类对应的 CSS 代码就会失效。因此，正确的定义次序如下：

```
a{color:red;}
a:link {color:green;}
a:visited {color:blue;}
a:hover {color:yellow;}
a:active {color:black;}
```

完整示例代码请参考本书源代码文件 4-12.html。

如果理解了浏览器渲染伪类的次序，就能理解伪类的定义次序。

4.4.7 IE 浏览器的工作模式

在 CSS1 中，伪类只能应用于链接标记 a。从 CSS2 开始，伪类“:hover”和“:active”能应用于网页中的任何元素。例如，选择器“table:hover”可以控制鼠标指针放置到表格上方时的显示样式。需要注意，该选择器在 IE 浏览器的 6、7、8 这 3 个版本中将无法正常工作。

在 W3C 标准出台以前，浏览器对网页的渲染没有统一规范，各个浏览器在对网页的渲染上存在差异，甚至同一浏览器的不同版本对网页的渲染方式也不同（IE 6、IE 7 和 IE 8 存在兼容模式）；W3C 统一标准后，浏览器才使用相同方式（标准模式）渲染网页。

IE 浏览器的 6、7、8 这 3 个版本默认工作在兼容模式下，此时无法支持 CSS2。如果希望 IE 6、IE 7 和 IE 8 工作在标准模式下，只需要在 HTML 源代码中加入如下代码：

```
<!DOCTYPE html>
```

该行代码必须出现在源代码的第一行，即开始标记“<html>”之前。示例代码如下：

```
<!DOCTYPE  html>
<html>
<head>
  <meta http-equiv="Content-Type" content="text/html; charset=UTF-8">
  <meta http-equiv="Content-Language" content="zh-cn">
<style>
     p:hover {color: blue;}
  </style></head>
<body>
  <p>abc</p>
</body></html>
```

完整示例代码请参考本书源代码文件 4-13.html。示例代码中，通过让早期版本的 IE 浏览器工作在标准模式下来兼容 CSS2，以对 p 标记应用伪类“:hover”；通过选择器“p:hover”控制当鼠标指针放置在段落上时文本显示为蓝色。

4.4.8　改进网页模板文件

既然每次都需要控制早期版本的浏览器（主要是 IE 浏览器的 6、7、8 这 3 个版本）工作在标准模式下，就需要将在“4.1.5 在网页模板文件中添加 CSS”部分创建的网页模板文件调整为如下形式：

```
<!DOCTYPE html>
<html>
<head>
  <title>此处修改标题</title>
  <meta http-equiv="Content-Type" content="text/html; charset=UTF-8">
  <meta http-equiv="Content-Language" content="zh-cn">
  <style> /*此处加入 CSS 代码*/ </style >
</head>
<body>
  此处加入正文
</body>
</html>
```

完整示例代码请参考本书源代码文件 4-14-module.html。

与“4.1.5 在网页模板文件中添加 CSS”小节中的 module.html 文件相比，此处代码有一处变化：在第一行插入了代码行“<!DOCTYPE html>”。

4.4.9　设置文本缩进

text-indent 属性用于设置段落的首行缩进量。通常将文本缩进量设置为正值，如果属性值允许为负值，则会产生悬挂缩进的效果。

某正文有 3 个段落，包括两个中文段落，一个英文段落。body 标记包含的内容如下：

```
<p>第 1 个中文段落，需再添加一百个汉字。</p>
```

```
<p>第 2 个中文段落，需再添加两百个汉字。</p>
<p> English paragraph, we should add more contents here.</p>
```

如何实现两个中文段落的段首缩进两个汉字，英文段落的段首缩进一个英文字符呢？

首先，3 个段落中多数为中文段落，可以先通过标记选择器 p 标记，控制所有段落的段首缩进两个汉字。

其次，段落内文字默认字号为 16px，由于后期可能会对段落的字号进行修改，如修改为 28px，因此缩进量不能使用绝对单位。

再次，通过自定义 CSS 类 eng，在英文段落开始标记部分添加 class 属性，修改后的标记部分的代码如下：

```
<p>第 1 个中文段落，需添加一百个汉字。</p>
<p>第 2 个中文段落，需添加两百个汉字。</p>
<p class="eng">English paragraph, we should add more contents here.</p>
```

这样一来，自定义类 eng 距离英文段落最近，优先级最高，从而控制浏览器使用自定义类 eng 的样式对英文进行渲染。

同时，英文段落的段首缩进一个英文字符也需要使用相对单位，即 ex。

最后，加入如下 CSS 代码：

```
<style>
p {text-indent:2em;font-size:26px;}
.eng{text-indent:1ex;font-size:36px;}
</style>
```

完整示例代码请参考本书源代码文件 4-15.html。

段首缩进两个汉字，对应属性值为 2em；段首缩进一个英文字符，对应属性值为 1ex。

4.4.10 转换字母大小写

text-transform 属性用于转换字母大小写，并把转换后的字母显示在网页中。text-transform 属性可以设置的属性值如下。

（1）none：默认值，对标记包含的内容不做大小写转换。

（2）capitalize：把标记包含的内容中的每个单词的首字母转换为大写字母。

（3）uppercase：把标记包含的内容中的每个小写字母转换为大写字母。

（4）lowercase：把标记包含的内容中的每个大写字母转换为小写字母。

中文不存在大小写，text-transform 属性只适用于英文。

4.4.11 设置单词间距

word-spacing 属性用于增大或减小单词的间距。如果设置该属性为关键字 normal，就相当于值为 0。如果使用负值，则会让单词的间距变窄，单词可能会挤在一起。word-spacing 属性值有两种形式。

（1）normal：默认值，字符间的标准空间，符合多数用户的阅读习惯。

（2）数字加长度单位：如“word-spacing:2px;”，用于设置单词间距增加 2px。

word-spacing 属性适用于设置英文单词的间距，汉字的间距只能通过 letter-spacing 属性进行设置。

4.5 设置元素背景

body 标记、div 标记和 p 标记，甚至 b、i、strong 等文本样式标记，都可以设置其背景属性。

4.5.1 设置背景图像固定

background-attachment 属性用于设置背景图像固定或者随着页面内容滚动。该属性可以设置的属性值如下。

（1）scroll：默认值，背景图像会随着页面内容滚动。

（2）fixed：当页面内容滚动时，背景图像不会移动。

通常，background-attachment 属性使用默认值 scroll 即可，无须做出调整。

4.5.2 设置元素背景色

background-color 属性用于设置元素的背景颜色。该属性可以设置的属性值如下。

（1）transparent：默认值，此时背景为透明的。

（2）颜色值：可以是颜色名称关键字或 RGB 值。

修改表单下拉列表中选项的背景色，可以让选项更直观，便于用户选择喜欢的颜色。body 标记部分的代码如下：

```
<body>
<form method="post">
  <p><label for="color">请选择你喜欢的颜色:</label>
  <select name="color" id="color">
    <option value="blue" class="blue">蓝色</option>
    <option value="red" class="red">红色</option>
    <option value="green" class="green">绿色</option>
    <option value="yellow" class="yellow">黄色</option>
    <option value="purple" class="purple">紫色</option>
  </select></p>
  <p><input type="submit" value="选择"/></p>
</form>
</body>
```

给 select 容器内的 option 标记添加 class 属性，可以通过 CSS 控制其背景色和提示文字的颜色。对应的 CSS 代码如下：

```
<style>
  option { color: #ffffff; }
  .blue{ background-color:#7598FB; }
  .red{ background-color:#E20A0A; }
  .green{ background-color:#3CB371; }
  .yellow{ background-color:#FFFF6F; color: #000000; }
  .purple{ background-color:800080; }
</style>
```

CSS 部分，先通过 option 标记设置默认文字颜色为白色，然后定义 5 个 CSS 类 blue、red、green、yellow 和 purple，分别用于定义背景色为蓝色、红色、绿色、黄色和紫色 5 种颜色。考虑到前景色与背景色的对比，通过样式的优先级定义类 yellow 的前景色为黑色。完整示例代码请参考本书源代码文件 4-16.html。示例代码在 IE 浏览器中的运行效果如图 4-8 所示。

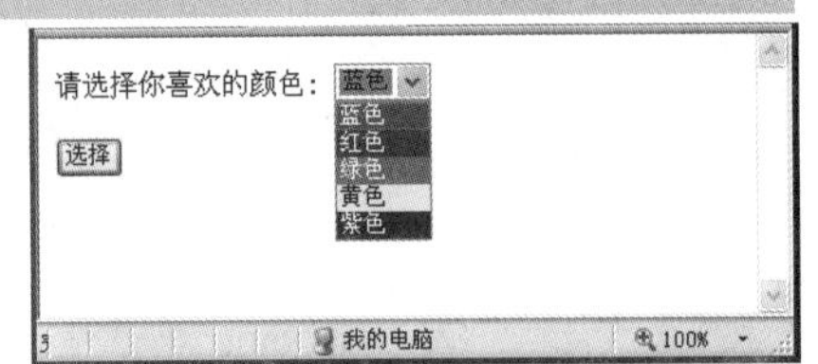

图 4-8　示例代码的运行效果

遗憾的是，示例代码只能在 IE 和 Firefox 浏览器中正常运行；尽管 W3C 在规范中没有禁止对 option 标记设置背景色，但在最新版本的 Chrome 和 Safari 浏览器中，示例代码运行后无法显示背景色。

调整背景色后，合理使用有对比的前景色（文本内容的颜色），浏览者在阅读时眼睛才不会不适。同一个网站，所有网页的背景色要尽量一致。

4.5.3　设置表格背景

本小节将设置表格的背景色，同时实现鼠标指针所在行的醒目提示。

在 CSS2 中，伪类“:hover”可以应用于任何元素，如 table 的 tr 标记。为了能够兼容 CSS2，“4.4.7 IE 浏览器的工作模式”部分给出了兼容方案，在“<html>”前加入如下代码：

```
<!DOCTYPE html>
```

这样浏览器（特别是 IE 6、IE 7、IE 8 这 3 个浏览器）就能支持 CSS2 了。

在 style 标记内加入如下 CSS 代码：

```
tr:hover {background-color:#0000CC;}
```

这样一来，当鼠标指针被放置到表格某行时，浏览器会调用伪类“:hover”的代码，把鼠标指针所在行显示为蓝色背景。

最后给表格添加背景色，这里有 3 种选择：table、tr 和 td 这 3 个标记都可以用来设置背景色。

如果通过 td 选择器设置表格背景色为灰色，加入如下代码：

```
td {background-color:#666666;}
```

加入以上代码后会发现，再也看不到鼠标指针所在行的背景色了。

是什么原因呢？下面需要理解浏览器的渲染方法，以查找问题的根源。

浏览器在渲染表格时，先渲染表格的背景色，再渲染行的背景色，最后才渲染单元格 th 和 td 的背景色。标记的渲染范围越小，其背景色的优先级越高。

当鼠标指针移动到某行时，渲染过程如下。

（1）浏览器发现没有设置表格的背景色，忽略此步骤。

（2）浏览器发现没有设置该行的背景色，忽略此步骤。

（3）浏览器发现该行设置了伪类“:hover”的背景色，鼠标指针移动事件触发了此设置，设置背景色为蓝色“#0000CC”。

（4）渲染每个单元格的背景色为灰色“#666666”，渲染后遮盖了上一步设置的背景色。

在理解了浏览器的渲染方法后，也就知道了程序出错的原因。接下来，只需要把表格背景色为灰色的代码调整为如下代码：

~~td~~ **table** {background-color:#666666;}

理解了浏览器渲染网页的原理，问题自然迎刃而解。遇到问题要会思考，也要学会使用开发人员工具辅助分析。

4.5.4　设置背景图像的基本属性与起始位置

background-image 属性用于设置背景图像。该属性可以设置的属性值如下。

（1）none：默认值，此时无背景图像。

（2）url(URL 值)：用于设置指向图像的路径，URL 值通常通过相对路径进行设置，如 url(images/stars.gif)用于设置当前目录下的 images 子目录下的 stars.gif 为背景图像。

而 background-position 属性则用于设置图像的起始位置。该属性可以设置的属性值有以下 3 种形式。

（1）关键字。

此时，浏览器的内容部分会被平均划分为 4 个部分 9 个点，即左上、左中、左下、中上、正中、中下、右上、右中和右下，分别对应关键字 top left、center left、bottom left、top center、center center、bottom center、top right、center right 和 bottom right。

如果只指定一个关键字（top、center 或 bottom），那么第二个值将是默认值 center。

（2）百分比：x% y%。

默认值为 0% 0%，即屏幕的左上角，第一个百分比针对水平位置，第二个百分比针对垂直位置。例如，屏幕左上角是 0% 0%，右下角是 100% 100%。如果仅仅指定水平位置百分比，则垂直位置将取默认值 50%。

（3）绝对坐标值：x y。

第一个值是水平位置，第二个值是垂直位置，x 和 y 对应浏览器中内容部分的二维坐标值，左上角是 0 0。此时所用单位可以是像素，也可以是其他 CSS 单位。

为了方便开发人员编写代码，CSS 允许混合使用百分比和绝对坐标值。设计网页时，极少修改 background-position 的属性值。

4.5.5 设置背景图像的重复方式

background-repeat 属性用于设置如何重复背景图像。该属性可以设置的属性值如下。

（1）repeat：默认值，背景图像将在垂直方向和水平方向上重复。

（2）repeat-x：背景图像将在水平方向上重复。

（3）repeat-y：背景图像将在垂直方向上重复。

（4）no-repeat：背景图像将仅显示一次。

除非刻意使用重复小图像来设置背景，否则背景图像通常设置为仅显示一次。

4.5.6 设置背景的复合属性

background 属性可以用于同时设置所有背景属性，对应语法如下：

```
background: background-color background-image background-repeat  background-attachment
background-position
```

在 background 属性中同时定义背景色、背景图像、背景图像是否重复、背景图像是否滚动及背景图像的起始位置。background 属性必须按照以上先后次序进行定义，background-position 属性需要定义一个或者两个属性值，除此之外的每个属性仅允许定义一个属性值。未设置属性值的属性将使用其默认值。

background 属性的示例代码如下：

```
body { background: url("images/dark.gif")  repeat-y; }
```

示例代码设置背景图像为 images 目录下的 dark.gif，且背景图像将只在垂直方向上重复。

对 div 设置背景图像时，图像的尺寸不会影响所在 div 的宽度和高度。当 div 尺寸小于背景图像的尺寸时，浏览器只显示 div 尺寸大小的背景图像。

4.6 设置列表样式

在 CSS 中，可以修改列表的列表项符号及列表项符号的显示位置。

4.6.1 设置列表项符号

list-style-type 属性用于设置列表的列表项符号，常用的属性值如下。

（1）none：无标记。

（2）disc：默认值，用于设置列表项符号为实心圆形。

（3）circle：用于设置列表项符号为空心圆形。

（4）square：用于设置列表项符号为实心方块。

（5）decimal：用于设置列表项符号为数字。

（6）decimal-leading-zero：用于设置列表项符号为以 0 开头的数字标记（如 01、02、03 等）。

（7）lower-roman：用于设置列表项符号为小写罗马数字（如 i 、ii 、iii、iv、v 等）。

（8）upper-roman：用于设置列表项符号为大写罗马数字（如 Ⅰ 、Ⅱ 、Ⅲ 、Ⅳ、Ⅴ 等）。

（9）lower-alpha：用于设置列表项符号为小写英文字母（如 a、b、c、d、e 等）。

（10）upper-alpha：用于设置列表项符号为大写英文字母（如 A、B、C、D、E 等）。

（11）lower-greek：用于设置列表项符号为小写希腊字母（如 α、β、γ 等）。

（12）lower-latin：用于设置列表项符号为小写拉丁字母（如 a、b、c、d、e 等）。

（13）upper-latin：用于设置列表项符号为大写拉丁字母（如 A、B、C、D、E 等）。

设置列表项符号时，通常使用标记选择器。但是当同一个网页中有两个 ul 标记时，该如何分别加以控制呢？此时需要灵活使用选择器。示例代码如下：

```
ul.lg{list-style-type:lower-greek;}         /*对应<ul class="lq"> */
ul#ur{list-style-type:upper-roman;}        /*对应<ul id="ur"> */
```

以上示例代码通过标记的 id 属性值和 class 属性值区分同一网页中的 ul 标记。

还有一个解决方案，就是利用包含选择器来区分不同位置的 ul 标记：

```
div#left  ul{list-style-type:none;}
```

此包含选择器对应的标记层次关系如下：

```
<div id="left">
    <ul><li>...</li>...<li>...</li></ul>
</div>
```

把列表项符号修改为希腊字母，CSS 代码如下：

```
ul{list-style-type:lower-greek;}
```

完整示例代码请参考本书源代码文件 4-17.html。修改后的示例代码在 Firefox 浏览器中的运行效果如图 4-9 所示。

α. 第一季度
β. 第二季度
γ. 第三季度
δ. 第四季度

图 4-9 list-style-type 属性示例代码的运行效果

小提示

使用 ul-li 标记制作横向、竖向菜单时，需要设置 list-style-type 属性为 none。

4.6.2 设置列表项符号的位置

list-style-position 属性用于设置列表项符号在列表中的显示位置。该属性有以下两个属性值。

（1）inside：设置列表项符号在文本以内进行显示。

（2）outside：设置列表项符号在文本以外进行显示。

两个属性值的示例代码的运行效果如图 4-10 所示。

从图 4-10 可以看出，list-style-position 属性设置为 inside 时，列表项符号会放置在文本以内；list-style-position 属性设置为 outside 时，列表项符号会放置在文本以外。

- list-style-position:inside;本行内容必须足够长，或者对浏览器的窗口大小进行调整，保证本行内容能占两行或者以上。
- 列表内容2
- 列表内容3

- list-style-position:outside;本行内容必须足够长，或者对浏览器的窗口大小进行调整，保证本行内容能占两行或者以上。
- 列表内容2
- 列表内容3

图 4-10　list-style-position 属性示例代码的运行效果

图 4-10 对应示例的 CSS 代码如下：

```
ul{list-style-position:inside;}        /*图 4-10 左侧对应的 CSS*/
ul{list-style-position:outside;}      /*图 4-10 右侧对应的 CSS*/
```

完整示例代码请分别参考本书源代码文件 4-18-1.html 和 4-18-2.html。

4.6.3　用图像替换列表项符号

list-style-image 属性用于设置列表使用一幅图像来替换列表项符号。为了确保设置生效，必须同时设置 list-style-type 属性（但 list-style-type 的属性值不能为 none）。list-style-image 的属性值有以下两种形式。

（1）none：默认值，即没有图像被作为列表项符号显示。

（2）url(URL 值)：设置指向图像的路径，URL 值通常通过相对路径进行设置，如“url(images/logo.gif)”用于设置当前目录下的 images 子目录下的 logo.gif 作为列表项符号。

4.6.4　设置列表的复合属性

list-style 属性用于同时设置所有列表相关属性，对应语法如下：

```
list-style : list-style-image  list-style-position  list-style-type
```

通过 list-style 属性，可以同时设置列表项符号图像、列表项符号的位置及列表项符号类型。list-style 属性必须按照以上先后次序进行定义，且每个属性仅允许有一个属性值。未设置属性值的属性将使用其默认值。

list-style 属性的设置示例如下。

（1）ul {list-style: disc outside;}：设置 ul 标记的列表项符号为实心圆形，列表项符号会放置在文本以外显示。

（2）ol {list-style: decimal inside;}：设置 ol 标记的列表项符号为阿拉伯数字，列表项符号会放置在文本以内显示。

对于项目列表，通常只需要设置其列表项符号。

4.7　实训案例

本节将通过两个实训案例分别介绍如何在网页中设置不同字体和不同字号，帮助读者了解 CSS 的定义次序和方法。

4.7.1　显示不同字体

本案例将在网页中显示宋体和黑体两种字体，具体步骤如下。

（1）新建网页，加入“4.1.5 在网页模板文件中添加 CSS”部分介绍的模板文件源代码。

（2）修改 title 标记内的页面标题名称，修改后的代码如下：

```
<title>字体的区别</title>
```

（3）在 body 标记内加入如下代码：

```
<body>
  <p><span class="song">宋体</span>
  <span class="hei">黑体</span></p>
</body>
```

（4）在 style 标记内加入如下 CSS 代码：

```
<style>
    p {font-size: 80px;}
    .song{font-family: 宋体;}
    .hei {font-family: 黑体;}
</style >
```

（5）保存修改后的源代码，在浏览器中测试网页效果，如图 4-11 所示。

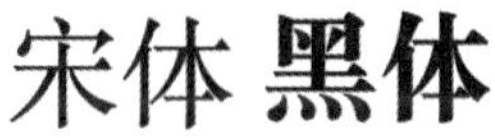

宋体 黑体

图 4-11　显示不同字体案例的运行效果

4.7.2　调整字号

本案例将在网页中对比不同字号的差异，具体步骤如下。

（1）新建网页，加入“4.1.5 在网页模板文件中添加 CSS”部分介绍的模板文件源代码。

（2）修改 title 标记内的页面标题名称，修改后的代码如下：

```
<title>字号的区别</title>
```

（3）在 body 标记内加入如下代码：

```
<body>
  <span id="size16">z</span>
  <span id="size24">z</span>
  <span id="size32">z</span>
  <span id="size40">z</span>
</body>
```

（4）在 style 标记内加入如下 CSS 代码：

```
<style>
  body{font-family: Arial;}
  #size16{font-size:16px;}
  #size24{font-size:24px;}
  #size32{font-size:32px;}
  #size40{font-size:40px;}
</style>
```

（5）保存修改后的源代码，在浏览器中测试网页效果，如图 4-12 所示。

zzZZ

图 4-12　调整字号案例的运行效果

通过以上两个案例，读者可以了解添加 CSS 代码的详细步骤，确保顺利完成本章上机实验。

思考与练习

一、单项选择题

1. CSS 长度单位中，最常用的是________。

A. dm　　B. cm　　C. px　　D. %

2. 以下软件中，推荐用来编辑网页 CSS 源代码的是________。

A. Word　　B. Excel　　C. PowerPoint　　D. Notepad2

3. 下列选项中，符合 CSS 语法的是________。

A. p{float=left;}　　B. p: float=left　　C. p{float: left;}　　D. p[float: left]

4. 样式定义为“<style>.st { text-indent:2em; } </style>”，那么在以下网页代码中，正确使用该样式的选项是_______。

A. <p id="st">CSS</div>　　B. <p class="st">CSS</div>

C. <p style=st>CSS</body>　　D. <p type=st>CSS</div>

5. 样式“p　span{color:blue;}”表示_______。

A. p 标记包含的 span 标记内的文字显示为蓝色

B. span 标记内的文字显示为蓝色

C. p 标记和 span 标记内的文字显示为蓝色

D. p 标记内的文字显示为蓝色

6. _______用于控制样式的优先级。

A. !important　　B. !inherit　　C. !prior　　D. !first

7. _______可以强制子元素继承父元素的属性。

A. !important　　B. !inherit　　C. !prior　　D. !first

8. _______属于子选择器。

A. p　b　　B. p > b　　C. p, b　　D. p+ b

9. _______属于包含选择器。

A. p　b　　B. p > b　　C. p, b　　D. p+ b

10. 不能直接被子标记继承的属性是_______。

A. text-align　　B. text-indent　　C. font-size　　D. margin

11. 要使段落首行缩进两个汉字，最合理的单位是_______。

A. px　　B. ex　　C. em　　D. pt

12. 中文字体中的宋体就是一种标准的_______字体。

A. serif　　B. sans serif　　C. cursive　　D. fantasy

13. 用于设置文字水平方向上对齐方式的 CSS 属性为_______。

A. text-align　　B. text-transform　　C. vertical-align　　D. text-decoration

14. 用于设置段首缩进的 CSS 属性为_______。

A. vertical-align　　B. text-align　　C. text-decoration　　D. text-indent

15. 与物理样式标记（b、i、u 等）和逻辑样式标记（big、cite、small 等）比较，_______标记可以把整段内容分割成多个区域，但无法设置显示样式。

A. p　　B. div　　C. hr　　D. span

二、填空题

1. CSS 选择器有 4 种，分别是__________、__________、__________和__________。

2. 段首缩进两个汉字，对应属性值为_______，段首缩进一个英文字符，对应属性值为_______。

3. 如果希望 IE 6、IE 7 和 IE 8 工作在标准模式下，只需要在源代码首行加入______________。

4. 大多数浏览器默认以_______像素的字号显示正文文本。

5. 在 CSS1 中，伪类只能应用于链接标记 a。从 CSS2 开始，伪类______________和“:active”能应用于网页中的任何元素。

6. word-spacing 属性适用于设置英文单词的间距，汉字的间距只能通过____________________属性进行设置。

三、判断题

1. 编写网页代码时，复制粘贴是最佳方法。(　　)

2. 自定义类的类名需要以字母开头，且区分大小写，如 center 和 Center 代表不同的自定义类的类名。(　　)

3. 同一个网页中，所有标记的id属性值必须唯一，不能重复。（ ）

4. 样式最好不要和标记混合定义，一般将样式单独定义到一个CSS文件中，以此实现内容和样式的分离，增强代码的可维护性。（ ）

5. “p{text-align="center";}”完全符合CSS语法。（ ）

6. 通过link标记，可以把CSS代码单独定义在CSS文件中，实现内容和样式的彻底分离。（ ）

7. 直接在HTML的标记中通过style属性定义CSS，最有效、最直接。（ ）

8. 属性值0，必须添加单位才有意义。（ ）

9. 项目列表可以通过list-style-type属性修改列表项符号。（ ）

10. 在W3C标准出台以前，浏览器对网页的渲染没有统一规范，各个浏览器在对网页的渲染上存在差异，甚至同一浏览器的不同版本对网页的渲染方式也不同（IE 6、IE 7和IE 8存在兼容模式）；W3C统一标准后，浏览器渲染才使用相同方式（标准模式）渲染网页。（ ）

11. 中文不存在大小写，因此text-transform属性只适用于英文。（ ）

四、简答题

1. 请写出CSS选择器中的4个伪类及其定义次序。

2. 当对table、tr、td标记分别设置背景色后，浏览器如何控制显示次序？

上机实验

1. 在网页中通过div标记加入7个段落，自行添加每个段落的内容，要求这7个段落都居中显示，且字号都是18px。

提示：在CSS中对div标记重新定义显示样式。

2. 对题1中的网页进行修改，要求第1个段落居左对齐，其他6个段落居中对齐。

提示：对于第一个段落，通过CSS中的类或者id属性值，结合样式的优先级控制其显示样式，或者通过“!important”控制优先级。

3. 对题1中的网页进行修改，要求从第1个段落到第7个段落全部居中显示，通过字体属性控制字号越来越大，笔画越来越粗。

提示：在CSS中，控制标记p居中显示，再分别对7个段落定义id属性值控制字号。

4. 对题3中的网页进行修改，把样式单独定义在一个CSS文件中。

提示：新建CSS文件（不能包含style标记）存放所有样式的定义，在网页中通过link标记对该CSS文件进行链接。

5. 在网页中加入文字内容“红色、橙色、黄色、绿色、青色、蓝色和紫色”，通过样式控制文字分别显示为红色、橙色、黄色、绿色、青色、蓝色和紫色这7种颜色。

提示：使用span标记，在CSS中通过7个类或者7个id属性值控制文字颜色。

6. 在网页中添加北京市政府的链接。控制没有被访问过的链接以粗体显示，同时不显示下画线，当鼠标指针放置于链接上时才显示下画线，被访问过的链接以黑色、斜体显示，在链接上按住鼠标左键时显示为红色。

提示：注意伪类的定义次序。

7. 设置网页背景色为橙色，或者设置网页背景图片。

8. 制作一个网页，内部包含3个以上的div，要求：每个div的内容首行缩进两个字符，字号为24像素，div居左对齐，背景色为浅灰色；在第2个div和第3个div内添加无序项目列表；第3个div内ul的列表项符号设置为大写罗马数字。

提示：通过div标记定义段落；第3个div内的列表项符号可以通过包含选择器进行控制，如“p#p3 ul”。

第5章 CSS布局属性

学习目标

- 掌握行内元素、行内块元素与块元素的区别；
- 熟悉块元素的尺寸属性和分类属性；
- 理解并掌握内外边距属性、边框属性及盒子模型；
- 理解并掌握表格属性和定位属性。

使用 CSS 不仅可以控制元素的显示样式，还可以改变元素的布局（如边框、尺寸、是否浮动等），从而设计出复杂的网页。

本章将介绍 CSS 布局属性，内容包括行内元素与块元素、尺寸属性、分类属性、盒子模型、表格属性和定位属性。

5.1 标记的分类

在 HTML 中，标记一般分为行内元素和块元素两种类型。

5.1.1 行内元素与块元素

行内元素与块元素具有以下区别。

（1）浏览器渲染块元素类型的标记时，开始标记和结束标记都带有换行效果；而浏览器渲染行内元素类型的标记时，在标记前后不会添加换行效果。

段落标记 div 和 p 属于块元素，默认占据整行；而 b、sup、span 标记则属于行内元素，其起始位置可能在行中间，也可能在行的末端。

（2）开发人员可以调整块元素的高度和宽度；但是行内元素的高度和宽度通常是浏览器自动计算的，开发人员无法改变其高度和宽度。

行内元素 b、sup、span 的宽度就是由标记包含的文字内容决定的，浏览器通过计算标记内外的文本内容决定行内元素的起始位置，开发人员不能调整行内元素的宽度和高度；而块元素 div 的默认宽度是它所在容器宽度的 100%，开发人员可以根据需要对其宽度进行设置和调整。

（3）通过 CSS 设置元素显示底部边框时，行内元素的每一行下方都会有底部边框；而块元素只在最下方出现底部边框。

（4）块元素里可以嵌套多个行内元素，块元素里也可以嵌套多个块元素；但行内元素却不能随意嵌套块元素。例如代码“<span>abc<div>123</div>456</span>”，浏览器会用 3 行显示文本内容，但是通过 W3C 工具校验代码将会报错。

默认属于块元素类型的 HTML 标记有 address、blockquote、center、dir、div、dl、fieldset、form、h1、h2、h3、h4、h5、h6、hr、isindex、li、menu、noframes、noscript、ol、p、pre、ul、dir、menu。

默认属于行内元素类型的 HTML 标记有 a、abbr、acronym、b、bdo、big、br、cite、code、dfn、 em、font、i、kbd、q、s、samp、small、span、strike、strong、sub、sup、tt、i、var。

applet、samp、var 等标记并不常用，且为 W3C 不推荐使用的标记，限于篇幅，本书不讲解这些标记的用法。

5.1.2 块元素与行内元素的互换

通过 CSS 属性 display 可以设置元素类型，默认块元素标记可以设置为行内元素，默认行内元素标记也可以修改为块元素。块元素的 display 属性值为 block，行内元素的 display 属性值为 inline。示例代码如下：

```
<style>
div {display:inline;}
span {display:block;}
</style>
```

通过以上示例代码把 div 和 span 标记的显示效果进行调换。修改为块元素的 span 标记的显示效果就是浏览器中 div 标记的默认显示效果；同样，修改为行内元素的 div 标记的显示效果就是浏览器中 span 标记的默认显示效果。

5.1.3 特殊的元素类型

除了 block 和 inline 两个常用属性值，display 属性还可能会用到以下两个属性值。

（1）none：浏览器在渲染内容时，会忽略 display 属性值为 none 的元素及其包含的子元素，即把元素设置为不可见，通常结合 JavaScript 代码判断元素是否满足某个条件，决定是否显示该元素。如“6.1.15 第三次迭代上部横向菜单”部分讲解的二级菜单，只有将鼠标指针放置到一级菜单上方时才会显示二级菜单。

（2）inline-block：行内块元素，这种类型的元素既具有 block 元素可以设置宽度和高度的特性，同时又具有 inline 元素默认不换行的特性。此外，行内块元素类型的标记还可以设置 vertical-align 属性，控制其垂直方向的对齐方式。

默认属于行内块元素类型的 HTML 标记有 img、input、label、select、textarea、button。

浏览器在渲染网页内容时，对块元素采用垂直排版；对行内元素和行内块元素采用水平排版。

5.2 设置元素尺寸

对于块元素和行内块元素，可以设置元素的高度和宽度等尺寸属性。

5.2.1 设置元素高度

height 属性用于设置块元素和行内块元素的高度，其属性值有以下 3 种形式。

（1）auto：默认属性值，浏览器会自动计算出元素实际的高度。

（2）由浮点数和单位标识符组成的长度。

如 div#title {height:26px; }，设置 div 元素的高度为 26px。

如 div#dv{height:10.5em; }，假设字号为 16px，那么 div 元素的高度为 168px，即 10.5em。

（3）百分比：基于父元素的高度进行设置。

如 div#rt { height:120%; }，假设父元素的高度为 200px，那么 div 元素的高度为 240px。

由于行内元素无法控制自己的起始位置，因此不能设置行内元素的高度，除非把行内元素修改为块元素或行内块元素类型。

5.2.2 设置元素宽度

width 属性用于设置块元素和行内块元素的宽度，与 height 类似，其属性值有以下 3 种形式。

（1）auto：默认属性值，浏览器会自动计算出元素实际的宽度。

（2）由浮点数和单位标识符组成的长度。

如 div#title {width:280px; }，设置 div 元素的宽度为 280px。

（3）百分比：基于父元素的宽度进行设置。

通常，开发人员可以修改块元素和行内块元素的宽度；至于元素的高度，通常由浏览器根据内容自动进行计算，很少设置为固定值。

5.2.3 伪元素

CSS2 中增加了两个伪元素选择器“:before”和“:after”，通过这两个选择器可创建一个虚假的元素，并插入目标元素内容之前或之后，这种元素称作伪元素，新增的伪元素类型默认是行内元素。

由于早期的 IE 6 和 IE 7 浏览器不支持此效果，且 IE 8 浏览器需要工作在标准模式下效果才能生效，因此需要在 HTML 源代码中加入如下代码：

```
<!DOCTYPE html>
```

该行代码必须出现在源代码的第一行，即开始标记“<html>”之前。

body 标记内的代码如下：

```
<div>段落 1</div>
<div>段落 2</div>
<div><b>段</b>落 3</div>
```

在 style 标记中加入如下 CSS 代码：

```
div:before{content:"这是: ";}
div:after{content:"。";}
```

content 属性用于定义元素之前或之后的生成内容。这样一来，就会在 3 个 div 标记的内容前加入文字提示“这是：”，并在段落内容最后加上句号。示例代码在 Chrome 浏览器中的运行效果如图 5-1 所示。

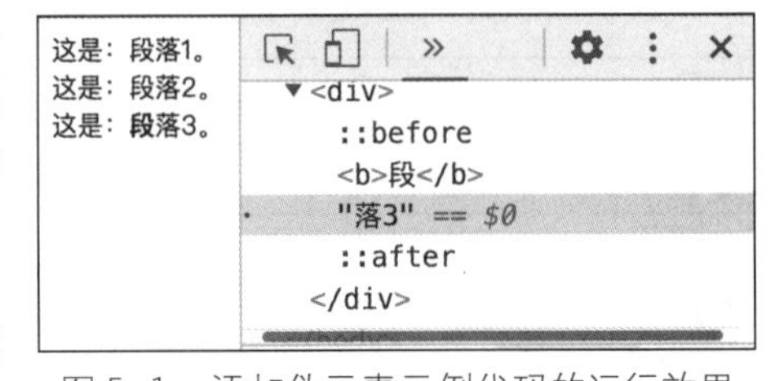

图 5-1　添加伪元素示例代码的运行效果

完整示例代码请参考本书源代码文件 5-1.html。在图 5-1 中，左侧是 Chrome 浏览器中的运行效果，右侧是打开开发人员工具后可以看到的标记层次关系。每个 div 标记包含的文本内容前后会自动追加内容，在 Chrome 浏览器的开发人员工具中提示为“::before”和“::after”。

CSS2 中的伪元素“:before”和“:after”在 CSS3 中被改为“::before”和“::after”。两种表示方法追加的元素类型都是“inline”类型（行内元素）。

content 属性需要与“:before”和“:after”两个伪元素配合使用，用于添加显示内容。

5.2.4 设置文本等宽

本小节将控制不同数量的文本内容显示相同的宽度，且文本内容两端对齐。

示例代码的标记部分如下：

```
<!DOCTYPE html>
<!--请自行补齐 html、head、title 和 meta 标记-->
```

```
<body>
  <div>第一个</div>
  <div>第二个</div>
  <div>第三个</div>
  <div>这是最后</div>
</body>
```

加入如下 CSS 代码：

```
<style>
  div{width:90px;text-align: justify;}
</style>
```

务必注意，源代码第一行务必加入代码“<!DOCTYPE html>”，以确保浏览器支持 CSS3。示例代码设定 div 标记的宽度为 90 像素，控制 div 标记内部文本两端对齐。

测试后发现：4 个 div 标记内的文本均显示为左对齐，未实现两端对齐的效果。

究其原因，设置段落“text-align: justify;”后，当文本内容超出所在段落（或者 div 标记）的宽度后，浏览器将控制文本自动换行。如果段落的所有行都两端对齐，用户将无法识别段落的起始位置。因此对于自动换行后的文本，除最后一行文本外，浏览器会使其他行的文本都两端对齐，同时为了显示段落间的过渡，浏览器会使最后一行文本左对齐。测试代码如下：

```
<style>
div{width:150px;text-align: justify;}
</style>
<div>We can add more and mmmmmore contents here.</div>
```

测试代码的运行效果如图 5-2 所示。

We can add more and mmmmmore contents here.

图 5-2 段落两端对齐测试代码的运行效果

以上代码设置了 div 标记的宽度为 150 像素，测试了 div 标记内部文字的两端对齐效果。从图 5-2 可以看出，最后一行文本左对齐，而其余行的文本两端对齐。

了解了相关基础知识后，改进等宽两端对齐的示例代码。可以借助“:after”实现自动为每个 div 标记添加内容。修改 CSS 后的代码如下：

```
<!DOCTYPE html>
<style>
  div{width:90px;text-align: justify;}
  div:after {
        width: 100%;
        content: '';
        display: inline-block;
    }</style>
<body>
  <div>第一个</div>
  <div>第二个</div>
  <div>第三个</div>
  <div>这是最后</div></body>
```

通过“:after”在 div 内容后追加伪元素，并设置伪元素为行内块元素，这样才能设置宽度为 100%，即自动添加最后一行。同时调整最后一行内容为空字符串，所以浏览器会自动计算其高度为 0 像素，可忽略单位。这样一来，只有一行文本内容的 div 标记借助伪元素实现了等宽且自动两端对齐效果。调整后的示例代码在 Chrome 浏览器中的运行效果如图 5-3 所示。

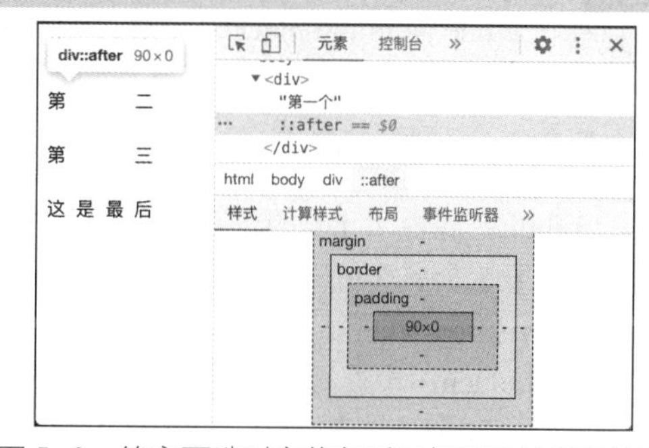

图 5-3 等宽两端对齐修复后示例代码的运行效果

在第一个 div 标记内容后追加的“::after”伪元素的计算样式如图 5-3 右下方的“样式”面板所示，伪元素宽度为 90 像素，但是高度为 0。以此实现了 div 标记内即便只有一行文本仍然可以两端对齐的效果。完整示例代码请参考本书源代码文件 5-2.html。

当注册表单中的提示文字（如“用户名”“密码”“确认密码”“E-mail”等）多少不一时，可以使用此方法控制不同数量的提示信息等宽显示。

元素还可以设置最大高度、最大宽度、最小高度和最小宽度，对应的 CSS 属性分别为 max-height、max-width、min-height 和 min-width。

这 4 个属性的取值形式与 width 属性和 height 属性完全相同，在此不做详细介绍。

5.3 分类属性

CSS 中有 5 个分类属性，其中 float 属性和 clear 属性是 CSS2 规范中构建复杂页面布局的关键技术。

5.3.1 设置元素类型

display 属性用于设置元素是否显示及如何显示，其属性值如下。

（1）none：元素不会显示。

（2）block：元素将显示为块元素，元素前后带有换行符。

（3）inline：元素会显示为行内元素，元素前后没有换行符。

（4）inline-block：元素会显示为行内块元素（CSS 2.1 新增的值）。

（5）list-item：元素会作为列表显示。

（6）run-in：元素会根据上下文作为块元素或行内元素显示。

（7）table：元素会作为块级表格显示，作用类似于 table 标记，表格前后带有换行符。

（8）inline-table：元素会作为行内表格显示，作用类似于 table 标记，表格前后没有换行符。

（9）table-row-group：元素会作为一个或多个行的分组显示，作用类似于 tbody 标记。

（10）table-header-group：元素会作为一个或多个行的分组显示，作用类似于 thead 标记。

（11）table-footer-group：元素会作为一个或多个行的分组显示，作用类似于 tfoot 标记。

（12）table-row：元素会作为一个表格行显示，作用类似于 tr 标记。

（13）table-column-group：元素会作为一个或多个列的分组显示，作用类似于 colgroup 标记。

（14）table-column：元素会作为一个单元格列显示，作用类似于 col 标记。

（15）table-cell：元素会作为一个表格单元格显示，作用类似于 td 和 th 标记。

（16）table-caption：元素会作为一个表格标题显示，作用类似于 caption 标记。

虽然 display 属性有 16 个属性值，但是读者只需要掌握前 4 个即可，它们是 none、block、inline 和 inline-block，分别用于把元素设置为不显示、块元素、行内元素和行内块元素。

5.3.2 设置元素是否可见

visibility 属性用于设置元素是否可见，但是，即使元素不可见，也会占据页面的空间。visibility 属性有以下 3 个属性值。

（1）visible：设置元素是可见的。

（2）hidden：设置元素是不可见的。

（3）collapse：当在表格元素中使用时，此值可删除一行或一列，但是它不会影响表格的布局，被行或列占据的空间会留给其他内容使用；如果此值被用在非表格元素上，作用相当于 hidden。

在使用 JavaScript 设置元素为不可见时，通常把 display 属性设置为 none 即可，而不会设置 visibility 属性。

5.3.3　设置元素浮动

float 属性用于设置元素是否可以浮动及如何浮动，float 属性可以设置的属性值如下。

（1）none：设置元素不浮动。

（2）left：设置元素浮在左侧。

（3）right：设置元素浮在右侧。

元素要想实现浮动效果，需要满足以下 3 个条件。

（1）只有块元素才能设置 float 属性。

（2）块元素的宽度要比其父元素（直接父标记）宽度小，为后续元素留下浮动空间。

（3）设置元素的 float 属性为 left 或者 right。

只有满足以上 3 个条件，元素才可能实现浮动效果。float 属性的示例代码的 body 标记部分如下：

```
<body> <img src="5-2.jpg"></img>
    <p>在一个摄影师思考如何表现眼前的景象时，他将认识到构图对摄影来说是多么重要。在很大程度上，构图决定着构思的实现，决定着作品的成败。对一名摄影师来说，构图是一门基本功，是照片的骨架，是摄影师为了表达自己的意图，在相机中对所摄物体做的安排和处理。所以，好的构图是好照片的第一要素。</p>
    <p>当你学习完构图篇后，你会发现要获得构图良好的照片通常需要用心计划，有时还需要耐心等待。你还会发现构图思维将成为你摄影思维的一部分，并进而成为你的直觉。</p>
    <p>说到构图，第一要义就是简洁。一张构图凌乱的照片绝对无法吸引观赏者，无论照片的中心点多么有趣、颜色多么绚丽、光影如何优美。对一名摄影新手来说，让画面简洁的一个简单方法就是选择简洁的背景，让观赏者的视线很容易地集中到被摄主体上。</p></body>
```

img 标记添加的图片尺寸是 800 像素×550 像素，且 img 标记默认属于行内块元素，无法实现浮动效果，所以需要加入如下 CSS 代码：

```
img{display:block; width:600px;float:right;}
p {font-size:28px;}
```

以上 CSS 代码调整图片宽度为 600 像素，同时修改 img 标记为块元素，浮在右侧。计算机显示器水平方向分辨率都在 800 像素以上，要想查看浮动效果，必须确保浏览器显示宽度大于 600 像素。示例代码在 IE 浏览器中的运行效果如图 5-4 所示。

图 5-4　float 属性示例代码的运行效果

这里计算机显示器的分辨率是 1366 像素×768 像素，IE 浏览器窗口最大化后，除去边框的宽度，body 标记所占宽度为 1331 像素。示例代码中设置 img 标记的宽度为 600 像素，并控制其浮在右侧，得到了图 5-4 所示的展示效果。完整示例代码请参考本书源代码文件 5-3-float.html。

块元素浮动后，后续块元素默认会挤占前一个元素因浮动而腾出的空间。

素养课堂

扫一扫

5.3.4 清除浮动元素

clear 属性用于设置一个元素的左右两侧是否允许有浮动元素，其属性值有以下 4 个。

（1）left：设置元素的左侧不允许有浮动元素。

（2）right：设置元素的右侧不允许有浮动元素。

（3）both：设置元素的两侧均不允许有浮动元素。

（4）none：默认值，设置元素两侧允许有浮动元素。

对上一小节示例代码的 body 标记部分调整如下：

```
<body>
<img src="5-2.jpg"></img>
<p>在一个摄影师思考如何表现眼前的景象时，他将认识到构图对摄影来说是多么重要。在很大程度上，构图决定着构思的实现，决定着作品的成败。对一名摄影师来说，构图是一门基本功，是照片的骨架，是摄影师为了表达自己的意图，在相机中对所摄物体做的安排和处理。所以，好的构图是好照片的第一要素。</p>
<p>当你学习完构图篇后，你会发现要获得构图良好的照片通常需要用心计划，有时还需要耐心等待。你还会发现构图思维将成为你摄影思维的一部分，并进而成为你的直觉。</p>
<p class="clr">说到构图，第一要义就是简洁。一张构图凌乱的照片绝对无法吸引观赏者，无论照片的中心点多么有趣、颜色多么绚丽、光影如何优美。对一名摄影新手来说，让画面简洁的一个简单方法就是选择简洁的背景，让观赏者的视线很容易地集中到被摄主体上。</p>
</body>
```

可以看出，第三个段落添加了 class 属性，以便在 CSS 中定义该段落清除浮动效果。调整对应 CSS 代码如下：

```
<style>p {font-size:28px;}
img{display:block; width:600px;float:right;}
.clr{clear:right;} </style >
```

完整示例代码请参考本书源代码文件 5-3-clear.html。第三个段落对应的 CSS 类 clr 中，设置 clear 属性为 right，控制浏览器渲染时清除掉右侧的浮动元素，即不会挤占图片浮在右侧所腾出的空间。修改后的代码在 Safari 浏览器中的运行效果如图 5-5 所示。

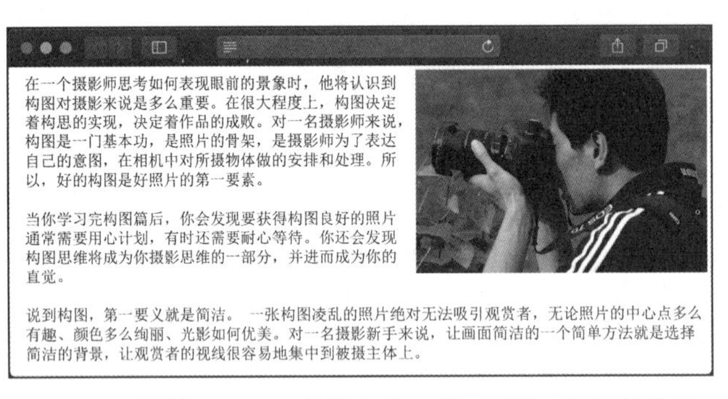

图 5-5 浮动与 clear 属性综合应用的示例代码的运行效果

要想实现图 5-5 所示的效果，自定义 CSS 类 clr 还可以修改为：

```
.clr{clear:both;}
```

即同时清除两侧的浮动元素，以保证第三段文字两侧都不会出现浮动元素。

需要注意的是，如果把自定义 CSS 类 clr 的 clear 属性设置为 none 或者 left，显示效果仍然如图 5-4 所示，即无法实现清除浮动元素的效果。

小提示

浏览器在渲染网页内容时，对块元素采用垂直排版。只有浮动元素出现后，后续的块元素才会挤占浮动元素腾出的空间，通过 clear 属性设置是否挤占该空间。float 和 clear 属性的常见用法如下。

（1）保证该元素位于所在容器的最左侧：

```
float:left;clear:left;
```

（2）保证该元素位于所在容器的最右侧：

```
float:right;clear:right;
```

（3）保证该元素单独占据整行：

```
clear:both;
```

5.3.5 设置鼠标指针

cursor 属性用于设置当鼠标指针放置于元素上方时显示的指针类型，其属性值有以下两种。

第一种，通过关键字进行定义。可用的属性值关键字有以下 16 个。

（1）auto：默认属性值，由浏览器设置的鼠标指针。

（2）default：默认鼠标指针（通常是一个箭头）。

（3）crosshair：鼠标指针呈现为十字线。

（4）pointer：鼠标指针呈现为指示链接的指针（一只手）。

（5）move：鼠标指针指示某元素可被移动。

（6）e-resize：鼠标指针指示矩形框的边缘可被向右（东）移动。

（7）ne-resize：鼠标指针指示矩形框的边缘可被向上及向右（北和东）移动。

（8）nw-resize：鼠标指针指示矩形框的边缘可被向上及向左（北和西）移动。

（9）n-resize：鼠标指针指示矩形框的边缘可被向上（北）移动。

（10）se-resize：鼠标指针指示矩形框的边缘可被向下及向右（南和东）移动。

（11）sw-resize：鼠标指针指示矩形框的边缘可被向下及向左（南和西）移动。

（12）s-resize：鼠标指针指示矩形框的边缘可被向下（南）移动。

（13）w-resize：鼠标指针指示矩形框的边缘可被向左（西）移动。

（14）text：鼠标指针指示文本。

（15）wait：鼠标指针指示程序正忙（通常是一只表或一个沙漏）。

（16）help：鼠标指针指示可用的帮助（通常是一个问号或一个气球）。

第二种，通过 URL 进行定义。使用自定义鼠标指针的 URL。为了防止通过 URL 定义的鼠标指针不可用，通常在 URL 列表的末端追加定义一个关键字类型指针。示例代码如下：

```
a:hover{cursor: url("emp1.cur"), pointer;}
```

示例代码中，通过伪类“:hover”控制当鼠标指针放置到链接上时，鼠标指针提示变为自定义鼠标指针，如果找不到鼠标指针文件则使用系统自带的手形提示鼠标指针。

5.4 盒子模型

某些情况下，需要对块元素调整外边距、边框和填充。在设定块元素的宽度、高度、填充、外边距和边框后，块元素的可见宽度和可见高度要根据盒子模型进行计算。网页设计从 CSS2 开始使用盒子模型。

5.4.1 设置外边距

margin-top、margin-right、margin-bottom 和 margin-left 分别用于设置元素的上外边距、右外边距、下外边距和左外边距。这 4 个外边距的属性值有以下 3 种形式。

（1）auto：默认属性值，浏览器会自动计算出元素实际的外边距。

（2）由浮点数和单位标识符组成的长度，此时可以使用负值。

如 div#title {margin-top:2px; } ，表示设置 div 标记上外边距为 2px。

（3）百分比数字：基于父元素的宽度进行设置。

CSS 中可以通过 margin 属性一次性定义元素的上外边距、右外边距、下外边距和左外边距。设置 margin 属性时务必注意外边距的先后次序为上、右、下、左。

margin 属性用 1～4 个值来设置元素的外边距，每个值都是长度、百分比或者属性值 auto。如果给出了 4 个值，它们分别被应用于上、右、下和左 4 个方位的外边距。如果只给出一个值，它被应用于 4 个方位的外边距。如果只给出了两个或 3 个值，则省略的值与对边的外边距值相等。

p 标记和 div 标记都属于块标记，都默认占据父容器整行的宽度。两者又有区别：p 标记前后都有空行，特别适合组织文字段落；而 div 标记前后不会追加空行。通过开发人员工具可以查看 div 标记的 margin 值为 0，而 p 标记的左右 margin 值为 0、上下 margin 值为 16 像素。

通过 CSS 修改 p 标记和 div 标记内部文字的字号，添加如下 CSS 代码：

```
p, div {font-size:28px;}
```

刷新页面后，通过开发人员工具可以发现 p 标记的左右 margin 值仍然为 0，但是上下 margin 值是 28 像素。而 div 标记 4 个方位的 margin 值仍然是 0。

浏览器默认显示文本的字号为 16 像素。以此判断，p 标记的上下 margin 值使用相对单位，即 1em，或者 100%。标准模式下，p 标记和 div 标记的 margin 属性定义如下：

```
p{margin:1em  0;}
div{margin: 0;}
```

如果想把 p 标记和 div 标记的显示效果进行互换，请扫描微课二维码查看对应视频，了解详细操作步骤。

微课：互换 p 标记与 div 标记的显示效果

5.4.2 设置边框

CSS 提供了可以调整元素边框颜色、样式和宽度的属性。

1. border-color 属性

border-top-color、border-right-color、border-bottom-color 和 border-left-color 分别用于设置元素上边框、右边框、下边框和左边框的颜色，它们的属性值有以下两种。

（1）transparent：边框是透明的。

（2）CSS 中的颜色关键字（如 green、blue、white 等）或者 RGB 值。

border-color 属性可以同时设置元素上边框、右边框、下边框和左边框的颜色。border-color 属性用 1～4 个值来设置元素 4 个边框的颜色，如果给出了 4 个颜色值，它们被分别应用于上、右、下和左 4 个方位的边框。如果只给出一个颜色值，它被应用于 4 个方位的边框。如果给出了两个或 3 个颜色值，则省略的边框颜色值与对边的边框颜色值相同。

2. border-width 属性

border-top-width、border-right-width、border-bottom-width 和 border-left-width 分别用于设置元素上边框、右边框、下边框和左边框的宽度，它们的属性值有以下 4 种。

（1）thin：定义细的边框宽度。

（2）medium：默认值，定义中等的边框宽度。

（3）thick：定义粗的边框宽度。

（4）由浮点数和单位标识符组成的长度，且不允许使用负值。

如 div#title { border-right-width:2px; } ，表示设置 div 标记右边框宽度为 2px。

border-width 属性可以同时设置元素上边框、右边框、下边框和左边框的边框宽度。border-width 属性用 1～4 个值来设置元素 4 个边框的宽度值，如果给出了 4 个边框值，它们被分别应用于上、右、下和左 4 个方位的边框。如果只给出一个宽度值，它被应用于 4 个方位的边框。如果给出了 2～3 个宽度值，省略了的边框宽度值与对边的边框宽度值相同。

3. border-style 属性

border-top-style、border-right-style、border-bottom-style 和 border-left-style 分别用于设置元素的上边框、右边框、下边框和左边框的样式，它们的属性值有以下 10 个关键字。

（1）none：设置为无边框。

（2）hidden：作用与 none 相同，只不过应用于表时，hidden 用于解决边框冲突问题。

（3）dotted：设置为点状边框。

（4）dashed：设置为虚线边框。

（5）solid：设置为实线边框。

（6）double：设置为双线边框，双线的宽度等于 border-width 的值。

（7）groove：设置为 3D 凹槽边框，其效果取决于 border-color 的值。

（8）ridge：设置为 3D 垄状边框，其效果取决于 border-color 的值。

（9）inset：设置为 3D inset 边框，其效果取决于 border-color 的值。

（10）outset：设置为 3D outset 边框，其效果取决于 border-color 的值。

border-style 属性可以同时设置元素上边框、右边框、下边框和左边框的样式。border-color 属性用 1～4 个值来设置元素 4 个边框的样式，如果给出了 4 个边框样式值，它们分别被应用于上、右、下和左 4 个方位的边框。如果只给出了一个边框样式值，它被应用于 4 个方位的边框。如果给出了两个或 3 个边框样式值，则省略的边框样式值与对边的边框样式值相同。

4. border 属性

border 属性是一个简写属性，用于同时定义 4 个边的边框属性，但是无法为边框的每个边设置不同的值。对应用法如下：

```
border: border-width  border-style  border-color;
```

border 属性必须按照以上先后次序进行定义，且每个属性仅允许有一个属性值，未设置属性值的属性将使用其默认值。示例代码如下：

```
p{border: 1px  solid  blue;}
```

以上示例代码将控制段落显示 1 像素宽的蓝色边框。

以下示例代码将修改文本框和提交按钮的边框，body 标记部分如下：

```
<form method="get" url="test.do">
   请输入姓名:
   <input type="text" name="nm"  />
   <input type="submit" value=">>" />
</form>
```

如果没有设置样式，该表单正常显示普通文本框和提交按钮，如图 5-6 所示。

图 5-6　没有设置样式的表单

下面加入 CSS 代码对文本框和提交按钮的样式进行设置：

```
<style>
   input {border: 0;}
   input[type=text]{border-bottom: 1px solid black;}
   input[type=submit]{background: transparent;}
</style>
```

以上代码对输入控件 input 标记隐藏了边框，使用 border 属性设置边框宽度为 0。

根据就近优先的原则，通过属性选择器先使文本框只显示下边框，再去除提交按钮对应的背景色。由于选择器使用的是 CSS2 选择器，因此务必控制早期版本的 IE 浏览器工作在标准模式下。在源代码中加入如下代码：

```
<!DOCTYPE html>
```

该行代码必须出现在源代码的第一行，即开始标记“<html>”之前。完整示例代码请参考本书源代码文件 5-4.html。该表单在 Safari 浏览器中的效果如图 5-7 所示。

请输入姓名： ________________ >>

图 5-7　加入 CSS 后的表单在 Safari 浏览器中的效果

还可以进一步设置，在鼠标指针放置在提交按钮上时给出合理提示，如显示边框或者修改背景色，也可控制按钮文本以粗体显示，以达到更好的页面效果。

CSS 中，还可以使用 border-top、border-right、border-bottom 和 border-left 4 个属性分别设置 4 个方位的边框，其属性值与 border 属性相同。

5.4.3　设置填充

padding-top、padding-right、padding-bottom 和 padding-left 分别用于设置元素的上填充、右填充、下填充和左填充，它们的属性值有以下 3 种形式。

（1）auto：默认属性值，浏览器会自动计算出元素实际的填充值。

（2）由浮点数和单位标识符组成的长度，可以使用负值。

如 div#title {padding-top:2px; } ，表示设置 div 标记的上填充为 2px。

（3）百分比数字：基于父元素的宽度进行设置。

此外，CSS 还提供了 padding 属性，用于一次性定义元素的上填充、右填充、下填充和左填充属性值。设置 padding 属性时注意填充的先后次序为上、右、下、左。

padding 属性用 1～4 个值来设置元素的填充，每个值都是长度、百分比或属性值 auto。如果给出了 4 个填充值，它们分别被用作上、右、下和左 4 个方位的填充。如果只给出一个填充值，它被用作 4 个方位的填充。如果给出了两个或 3 个填充值，则省略的填充值与对边的填充值相等。

padding 和 margin 这两个属性的显示效果似乎是一样的。如果把文本内容理解为物品，border 就是二维平面中纸箱的厚度，padding 就是为了防止物品破碎而添加的填充物，而 margin 就是在堆积纸箱时，不同纸箱的间距。物品和纸箱是三维的，找到合适的横切面，在二维平面中看到的纸箱的间距、边框和填充就是 margin、border 和 padding。更加直观的图示如图 5-8 所示。

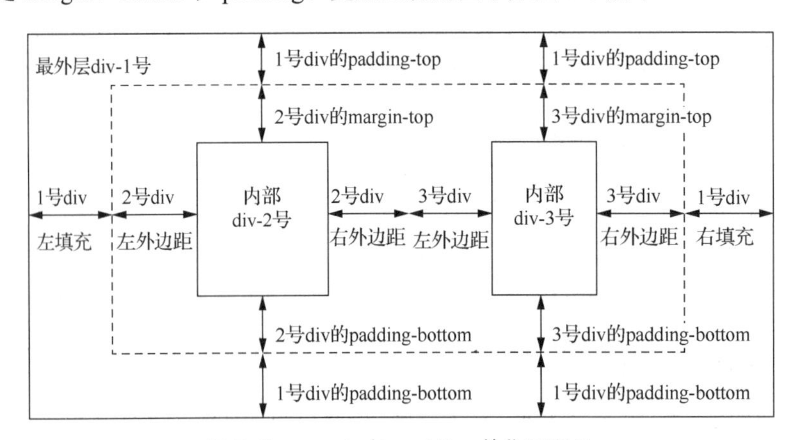

图 5-8　margin 与 padding 的位置图示

图 5-8 中有 3 个 div，最外层 div 编号为 1 号；1 号 div 内左边 div 的编号为 2 号，右边 div 的编号为 3 号。3 个 div 都带有实线边框，实线边框内侧为 padding，边框外侧为 margin。为了体现 div 的包

含关系，图 5-8 中加入了虚线边框，以区分内部的 2 号和 3 号 div 及外层 1 号 div 的边界。

图 5-8 中只画出了 1 号 div 内侧 4 个方位的填充（padding），以及 2 号 div 和 3 号 div 外侧的外边距（margin）。1 号 div 可以嵌套在其他 div 内，2 号 div 和 3 号 div 内部也可嵌套 div。

padding 的另外一个例子就是 Word 页面布局中的页边距，设置 padding 如同控制内容与页面边界的距离。总之，margin 和 padding 属性能够起到排版的作用，某些场景下可以用于控制块元素在浏览器中的显示位置。

5.4.4　盒子模型的概念

所有的 HTML 块元素都具备内容（content）、填充（padding）、边框（border）、外边距（margin）这些属性。日常生活中，装东西的盒子也具有这些属性，因此块元素的显示模型被叫作“盒子模型”。内容就是盒子里装的东西，而填充是为了防止物品损坏而添加的泡沫或者其他保护物品的辅料，边框就是盒子本身的厚度，外边距则对应为方便拿取而在盒子之间留的空隙。在网页上，内容常指文字、图片等元素，还可以是小盒子，即盒子内再嵌套盒子。

盒子模型如图 5-9 所示。

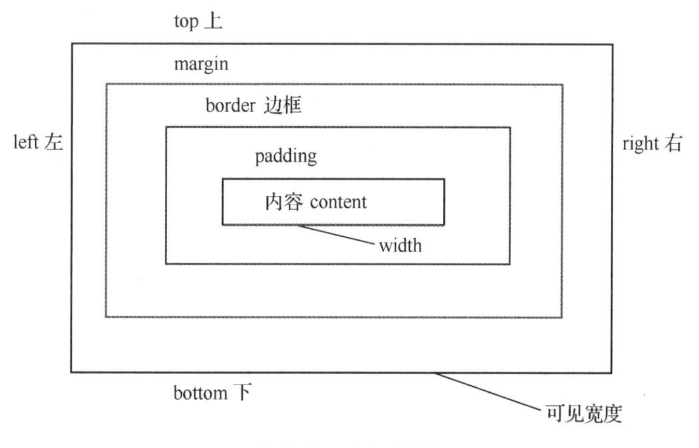

图 5-9　盒子模型

从图 5-9 所示的盒子模型可以看出，元素的可见宽度为：margin-left + border-left + padding-left + width + padding-right + border-right + margin-right。

元素的可见宽度是设置的 width 值与左右 margin 值、左右 padding 值及左右边框宽度的和。

元素的可见高度为：margin-top + border-top + padding-top + height + padding-bottom + border-bottom + margin-bottom。

元素的可见高度是设置的 heigth 值与上下 margin 值、上下 padding 值及上下边框宽度的和。

通常元素高度由内部内容决定，设计网页时，很少设置元素的高度。

5.4.5　消除浏览器的显示差异

不同的浏览器显示同一标记时，margin 和 padding 的属性值存在很大差异，特别是 ul、ol 这两个标记。ul 标记在不同浏览器中的显示差异如表 5-1 所示。

显然，ul 标记在 IE 6 浏览器中默认 margin-left 属性值是 30pt，margin-top、margin-right 和 margin-bottom 属性值都是 0；在 Firefox 95 浏览器中默认 margin-left、margin-right 和 margin-top 属性值都是 0，而

margin-bottom 属性值是 16px。ul 标记在 IE 6 浏览器中默认 padding 属性值是 0；在 Firefox 95 浏览器中默认 padding-left 属性值是 40px，而 padding-top、padding-right 和 padding-bottom 属性值都是 0。

表 5-1　ul 标记在不同浏览器中的显示差异

浏览器	margin				padding			
	上	右	下	左	上	右	下	左
IE 6 浏览器	0	0	0	30pt	0	0	0	0
IE 7、IE 8、IE 9 浏览器	0	0	0	40px	0	0	0	0
IE 10 浏览器	16px	0	16px	0	0	0	0	40px
早期 Firefox 浏览器	16px	0	16px	0	0	0	0	40px
Firefox 95 浏览器	0	0	16px	0	0	0	0	40px

通常的解决方案是：对于这些不同浏览器中 margin 属性值和 padding 属性值存在差别的标记，统一设置这两个属性值为 0，以保证代码在不同浏览器中的运行效果相同。对应代码如下：

```
ul, ol {
  margin: 0;
  padding: 0;}
```

此外，需要在网页模板文件的第一行（“<html>”开始标记前）加入以下代码：

```
<!DOCTYPE html>
```

对于兼容不同浏览器的方法，读者需要在实践中逐步积累相关经验。

5.5　设置表格样式

表格的相关 CSS 属性虽然不多，但是使用得当可以起到很好的美化页面的作用。

5.5.1　表格样式的 5 个属性

CSS 中提供了 5 个属性对表格样式进行调整。

1. border-collapse 属性

该属性用于设置表格的边框是被合并为一个单一的边框，还是像标准的 HTML 那样分开显示 table、tr 和 td 标记的边框。border-collapse 属性有以下两个属性值。

（1）separate：默认值，table、tr 和 td 标记的边框会被分开显示。

（2）collapse：如果可能，table、tr 和 td 标记的边框会被合并为一个单一的边框。

标准的 HTML 中，table、tr 和 td 标记的边框会分开显示，为了美化表格，需要修改 border-collapse 属性值为 collapse。

2. border-spacing 属性

该属性用于设置相邻单元格的边框间的距离。只有 border-collapse 属性被设置为 separate 时，border-spacing 属性才能生效。

border-spacing 属性如果只定义一个具体参数值，那么定义的是水平和垂直间距。如果定义了两个具体参数值，那么第一个参数表示水平间距，而第二个参数表示垂直间距。参数值由阿拉伯数字和长度单位（px、em 等）组成，但不能是负值。

3. caption-side

该属性用于设置 caption 标记定义的表格标题的位置。caption-side 属性有以下 4 个属性值。

（1）top：默认值，设置表格标题显示在表格之上。

（2）bottom：设置表格标题显示在表格之下。

（3）left：设置表格标题显示在表格的左边。

（4）right：设置表格标题显示在表格的右边。

4. empty-cells

该属性用于设置是否显示表格中的空单元格。只有 border-collapse 属性被设置为 separate 时，empty-cells 属性才能生效。empty-cells 属性有以下两个属性值。

（1）hide：默认值，不在空单元格周围绘制边框。

（2）show：在空单元格周围绘制边框。

5. table-layout

该属性用于设置显示单元格、行和列的方法。table-layout 属性有以下两个属性值。

（1）automatic：默认值，列宽度由单元格内容决定。

（2）fixed：列宽度由表格宽度和列宽度决定。

这 5 个属性中，最常用的就是 border-collapse 属性，需要把该属性从默认值 separate 修改为 collapse，防止浏览器分开绘制表格、行、单元格的边框。表格、行、单元格默认不会显示边框，需要合理设置 border 属性后才能合并边框。

5.5.2　表格隔行变色与当前行提示

当表格中有多行内容时，要使表格具有最优展示效果，需要设置以下两个效果。

（1）隔行变色。

（2）在鼠标指针移动时能够对鼠标指针所在行进行提示。

实现了这两个效果的表格，可以有效防止用户看错行。下面将用示例代码实现这两个效果。

考虑到兼容低版本 IE 浏览器，需要控制 IE 6 和 IE 7 浏览器工作在标准模式下，即在“<html>”前加入代码“<!DOCTYPE html>”。

隔行变色，即标题行、奇数行和偶数行的背景色有差异。忽略包含 th 标记的行，把包含 td 标记的行区分为偶数行和奇数行。为所有偶数行设置 class 属性为 even 后，HTML 部分代码如下：

```
<!DOCTYPE html>
<body>
<table>
    <tr>
        <th>主题</th>
        <th>发帖时间</th>
        <th>作者</th>
        <th>回复</th>
        <th>最新回复</th></tr>
    <tr>
        <td>请推荐 Java Web 的入门图书。</td>
        <td>16:40:13</td>
        <td>java</td>
        <td>1</td>
        <td>wwwwiii</td></tr>
    <tr class="even">
        <td>E-mail 不能下载附件怎么办？</td>
        <td>16:21:48</td>
        <td>dotnet</td>
```

```
            <td>0</td>
            <td>dotnet</td></tr>
        <!--限于篇幅，此处省略多行 tr-->
    </table></body>
```

限于篇幅，示例代码省略了 table 标记内多行 tr 标记及其内部嵌套的 td 标记。完整示例代码请参考本书源代码文件 5-5.html。

接下来，加入 CSS 代码。

对表格、行、单元格和 th 标记设置蓝色实线边框，代码如下：

```
table, tr, td, th {
    border:1px solid #0058A3;    /* 蓝色实线边框 */ }
```

表格、行、列的边框默认分开显示，需要设置 table 标记的样式来合并边框；控制表格内容的字号为 18 像素，并设置字体；同时设置表格背景色为最浅的蓝色。代码如下：

```
table {
    font-family:Arial;    font-size:18px;
    border-collapse:collapse;    /* 合并边框 */
    background-color:#EAF5FF;    /* 表格背景色为最浅的蓝色 */
}
```

通过继承，默认行会继承 table 标记的背景色，奇数行的背景色不做修改，就是 table 标记的背景色（最浅的蓝色）。

为了把偶数行与奇数行区分开，通过优先级控制偶数行的背景色为深一点的蓝色。由于偶数行的 tr 标记的 class 属性为 even，因此可通过类选择器修改偶数行背景色，代码如下：

```
tr.even { background-color:#C7E5FF!important; }
```

这样一来，奇数行与偶数行的背景色不同，实现了两者隔行变色的效果。

但是标题行与第一个包含 td 标记的行的背景色仍然相同。回顾“4.5.3 设置表格背景”部分提到过的 table 渲染次序，如果设置 th 标记的背景色，则会覆盖标题行的背景色。为此，加入如下 CSS 代码：

```
th {
    background-color:#4BACFF;    /* 标题行的背景色比奇数行、偶数行的蓝色更深 */
    color:#FFFFFF;               /* 标题行的文字颜色设置为白色 */
}
```

调整 th 标记所在行的背景色为更深的蓝色，出于对比度的考虑，把文字颜色设置为白色。

这样一来，标题行、奇数行和偶数行实现了隔行变色的效果。

最后，结合伪类“:hover”提示鼠标指针所在行，加入如下代码：

```
tr:hover {
    cursor:crosshair; background-color:
#9494FF!important;  /*提示鼠标指针所在行*/  }
```

鼠标指针放置到某行上时，改变鼠标指针的同时，设置当前行背景色为紫色，至此完成了对鼠标指针所在行提示的效果。完整示例代码在 Chrome 浏览器中的运行效果如图 5-10 所示。

主题	发帖时间	作者	回复	最新回复
请推荐java Web的入门图书。	16:40:13	java	1	wwwwiii
E-mail不能下载附件怎么办?	16:21:48	dotNet	0	dotNet
从哪儿下载Notepad2?	14:02:34	fake	9	mad
CSS好学吗?	13:53:24	boy	0	boy
前端开发需要学习哪些技术?	2021-10-27	htmlFailed	1	cssStarter
table 怎么排列?	2021-10-28	Jordan	2	kobe2000
浏览器到底起到了什么作用? 和网络协议有啥联系?	2021-10-27	Mao	1	sige
你们做用户登录时，会在页面端先加密密码吗?	2021-10-27	sige	9	wudi
请教 form的问题。	2021-10-27	builder	3	worker
如何用AJAX输出调试信息?	2021-10-26	iverson76	0	iverson76
自己动手做的网络爬虫，请指教。	2021-10-24	lins05	1	zhuxf
CMS定制开发的 3 种模式。	2021-10-2	zhuzailin	6	dhcn
有没有好的搭网站的系统?	2021-10-25	chgsnake	0	chgsnake
有没有比较灵活的权限模型?	2021-10-25	JTR	0	JTR
有没有比较好的JS框架?	2021-10-21	xiaob	4	dhcn

图 5-10　表格隔行变色及提示当前行的示例代码的运行效果

如果漏掉了代码“<!DOCTYPE html>”，在 IE 6 和 IE 7 浏览器中将无法看到当前行的提示。完整示例代码请参考本书源代码文件 5-5.html 和 5-5.css（CSS 单独定义在 5-5.css 文件中）。

小提示

理解了浏览器的渲染次序，就能找到鼠标指针放置到标题行时没有提示当前选中行背景色的原因。

5.6 设置元素定位

CSS 中有 5 个常用的元素定位属性的设置，包括外边距设置、垂直方向的对齐方式设置、元素堆叠顺序设置、元素定位类型设置、溢出处理的设置。

5.6.1 设置外边距

left、right、top 和 bottom 4 个属性分别用于设置元素左外边距、右外边距、上外边距和下外边距与其父元素左外边距、右外边距、上外边距和下外边距的偏移量。

left、right、top 和 bottom 的属性值有以下 3 种形式。

（1）auto：默认属性值，浏览器会自动计算出元素实际的偏移量。

（2）百分比数字：基于其直接父元素的高度进行设置。

（3）由浮点数和单位标识符组成的长度。

如 div#title {top:26px; }，表示设置 div 标记的上外边距比所在父元素上外边距向下偏移 26 像素。如果属性值为正值，外边距基于对应父元素外边距向内偏移；若为负值，则向外偏移。

5.6.2 设置垂直方向的对齐方式

vertical-align 属性用于设置元素在垂直方向的对齐方式，其属性值有以下 8 个。

（1）baseline：默认值，把元素放置在父元素的基线上。

（2）sub：垂直对齐文本的下标。

（3）super：垂直对齐文本的上标。

（4）top：把元素的顶端与行中最高元素的顶端对齐。

（5）text-top：把元素的顶端与父元素字体的顶端对齐。

（6）middle：把元素放置在父元素的中部。

（7）bottom：把元素的顶端与行中最低的元素的顶端对齐。

（8）text-bottom：把元素的底端与父元素字体的底端对齐。

同一段落内要想展示不同的垂直方向对齐效果，需要控制同一段落内文字的字号不同，为此需要通过 span 标记分割文字内容。标记部分的代码如下：

```
<div>Small<span>Big</span></div>
<div class="tp">Small<span>Big</span></div>
<div class="btm">Small<span>Big</span></div>
```

之所以为后两个 div 标记设置 class 属性，是为了通过类选择器控制这两个 div 标记垂直方向 top 对齐和 bottom 对齐。

加入设置字号的代码，如下：

```
div{font-size: 18px;}
div span {font-size: 36px;}
```

这样一来，3 个 div 标记内的文字字号默认为 18px，而 div 标记内部嵌套的 span 标记对应文字的字号为 36px。

由于 vertical-align 默认属性值为 baseline，因此对第一个 div 标记不做修改。加入 CSS 代码，控制第二、三个段落的垂直方向对齐方式，对应代码如下：

```
.tp {vertical-align: top;}
.btm {vertical-align: bottom;}
```

但是，在浏览器中测试时会发现 3 个段落仍然是基准线对齐效果。通过开发人员工具可以找到问题所在，如图 5-11 所示。

显然，第二行 span 标记无法继承在 div 标记中定义的 vertical-align 属性。所以，需要控制第二、三个段落的垂直方向对齐方式。

有两种方法可以控制第二、三个段落的垂直方向对齐方式。

第一种方法，在包含选择器中加入如下控制代码：

```
.tp  span {vertical-align: top;}
.btm  span {vertical-align: bottom;}
```

完整示例代码请参考本书源代码文件 5-6.html。示例代码在 Chrome 浏览器中的运行效果如图 5-12 所示。

图 5-11　通过开发人员工具查看垂直方向对齐错误的图示　　图 5-12　垂直方向对齐方式示例代码的运行效果

第二种方法，通过 inherit 关键字对包含选择器做如下调整：

```
div span {font-size: 36px;vertical-align:inherit;}
```

inherit 的用法请参考“4.1.8 CSS 属性的继承”部分。

简单来说，英文书写在四线格上，当文字大小不一时，四线格高度不同。此时控制文字在垂直方向上实现 top、baseline 和 bottom 对齐，效果分别是不同高度四线格第一线、第三线和第四线对齐。

与位置有关的属性，如 width、height、margin、padding、border 和 vertical-align，子标记无法从父标记中继承这些属性。

5.6.3　设置元素堆叠顺序

z-index 属性用于设置元素的堆叠顺序。只有设置了元素的 position 属性为 absolute（参考下一小节）后，拥有更高堆叠顺序的元素才会处于堆叠顺序较低的元素的前面。z-index 的属性值有以下两种形式。

（1）auto：默认值，此时元素的堆叠顺序与父元素相同。

（2）具体数值：设置元素的堆叠顺序为指定值，该值可以是负值。

5.6.4　设置元素定位类型

position 属性用于设置元素布局所用的定位类型，其属性值有 4 个：static、relative、absolute 和 fixed。为了展示这 4 个属性值的区别，本书将通过 4 段示例代码对这 4 个属性值分别进行演示，4 段示例代码的 body 标记部分完全相同，代码如下：

```
<body>
<div id="container">
   <div>div 1</div>
   <div>div 2</div>
   <div class="exception">div 3</div>
   <div>div 4</div>
   <div>div 5</div>
   <div>div 6</div>
</div></body>
```

4 段示例代码都是在 body 标记内加入了 id 属性值为 container 的容器 div，该 div 标记内嵌套了 6 个 div 标记，第三个 div 标记的 class 属性设置为 exception，用于控制定位类型。

id 属性值为 container 的容器 div，设置其宽度为 450px，同时添加蓝色实线边框：

```
#container { width:450px; border: 3px solid blue;}
```

对于内部的 6 个 div 标记，通过包含选择器设置样式，代码如下：

```
#container div{ height:40px; width:300px; border: 3px solid red;}
```

以上代码把内部 6 个 div 标记的默认宽度和高度分别设置为 300px 和 40px，有红色实线边框。

接下来分别设置内部 6 个 div 标记的 position 属性。

（1）static：默认值，position 属性设置为 static 的元素始终处于流布局位置，即行内元素水平排列，块元素垂直排列。div 标记会垂直排列。position 属性设置为 static 的元素会忽略其 top、bottom、left 及 right 属性。

示例代码中，调整内部 6 个 div 标记的定位属性如下：

```
#container div{ height:40px; width:300px; border: 3px solid red; position:static;}
```

由于元素的 position 属性默认为 static，因此该步骤也可以省略。

这样一来，内部 6 个 div 标记全部采用默认的 static 布局，宽度为 300px、高度为 40px，有红色实线边框。内部 6 个 div 标记全部是块元素，默认占据整行。因此，这 6 个 div 标记会自上而下依次排列。示例代码在 Chrome 浏览器中的运行效果如图 5-13 所示。

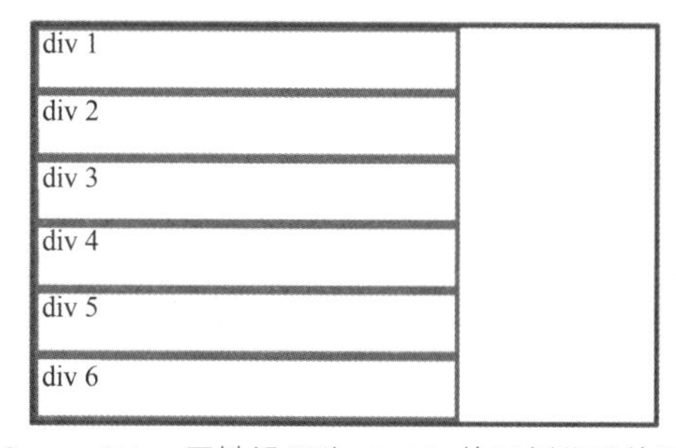

图 5-13　position 属性设置为 static 的示例代码的运行效果

position 属性设置为 static 的完整示例代码请参考本书源代码文件 5-7-static.html。

（2）relative：设置元素的 position 属性为 relative 后，可设置该元素左外边距、右外边距、上外边距和下外边距与其父元素左外边距、右外边距、上外边距和下外边距的偏移量。如果偏移量为正值，则外边距基于对应父元素外边距向内偏移；如果偏移量为负值，则外边距向外偏移。

“left:20px”表示将元素向右移动 20px，如果 left 的属性值为负值则将元素向左移动。

如果元素的 position 属性被设置为 relative，那么该元素原来占用的位置保留，其后面的元素按原文档流仍然保持原来的位置。

如果同时设置 top 和 bottom 属性，那么只有 top 属性起作用；如果同时设置 left 和 right 属性，那么只有 left 属性起作用。

示例代码中，对于内部的 6 个 div 标记，通过包含选择器设置样式，代码如下：

```
#container div{ height:40px; width:300px; border: 3px solid red; position:static;}
```

这样一来，6 个 div 标记的定位类型均为 static，即元素始终处于流布局位置，从上到下排列 6 行。接下来，通过类选择器选择第三行 div 并确保其优先级，加入如下代码：

```
.exception {position:relative!important;top:50px;left:50px;}
```

通过以上代码控制第三行 div 标记的定位类型为 relative，即元素将移至其原位置下方 50px、右侧 50px 处。

修改后的示例代码在 Safari 浏览器中的运行效果如图 5-14 所示。

从图 5-14 可以看出，存放在 id 属性值为 container 的容器 div 中的这 6 个 div 标记，第三个 div 标记的空间被保留下来，其显示位置比保留下来的位置分别向右、向下偏移了 50px。position 属性设置为 relative 的完整示例代码请参考本书源代码文件 5-8-relative.html。

（3）absolute：position 属性设置为 absolute 的元素，可定位于相对于包含它的父元素的指定坐标；元素的位置可通过 top、bottom、left 及 right 属性来设置。

如果元素的 position 属性设置为 absolute，那么元素将从文档流中抽取出来，该元素原来占用的位置将被后面的元素占用。

如果同时设置 top 和 bottom 属性，那么只有 top 属性起作用；如果同时设置 left 和 right 属性，那么只有 left 属性起作用。

示例代码中，对于内部的 6 个 div 标记，CSS 代码如下：

```
#container div{ height:40px; width:300px; border: 3px solid red;position:static; }
```

这样一来，内部 6 个 div 标记的宽度和高度分别为 300px 和 40px，有红色实线边框，按照 static 定位方法从上到下排列 6 行。

接下来，通过类选择器选择第三行 div 并确保其优先级，加入如下代码：

```
.exception { position:absolute!important; top:5px; left:60px; }
```

第三行 div 标记类名为 exception，position 属性为 absolute，top 和 left 的属性值分别为 5px、60px。示例代码在 Chrome 浏览器中的运行效果如图 5-15 所示。

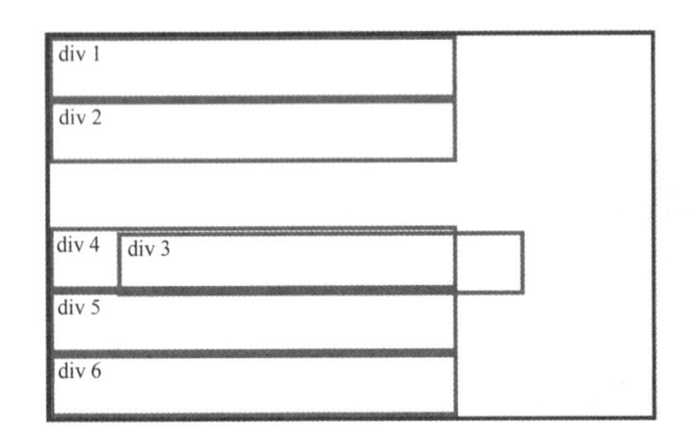

图 5-14　position 属性设置为 relative 的示例代码的运行效果

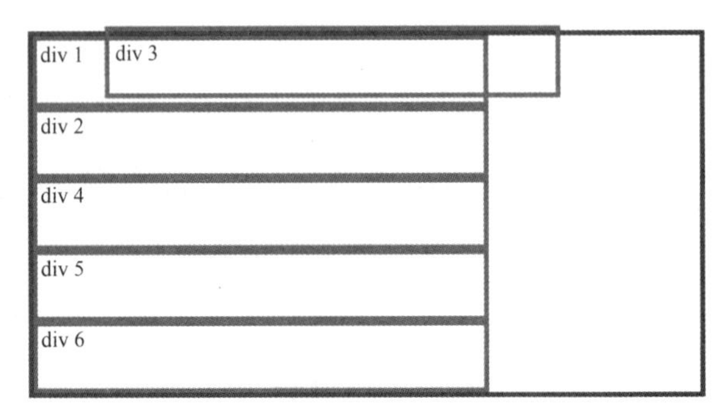

图 5-15　position 属性设置为 absolute 的示例代码的运行效果

那么第三个 div 标记为什么显示在 id 属性值为 container 的容器 div 边框范围之外呢？

原来，设置某元素的 position 属性为 absolute 时，如果有一级父元素（无论是直接父元素还是祖父元素）的 position 属性为 relative，该元素将会相对于 position 属性为 relative 的父元素进行定位，这有助于精确定位。由于 id 属性值为 container 的容器 div 没有设置 position 属性，使用了默认的 static，因此，第三个 div 标记只能相对于 body 标记进行定位。

把 id 属性值为 container 的容器 div 的 position 属性设置为 relative，代码如下：

```
#container { position:relative; width:450px;border:
3px solid blue;}
```

修改 CSS 代码后，示例代码在 Firefox 和 IE 7 浏览器中的运行效果如图 5-16 所示。

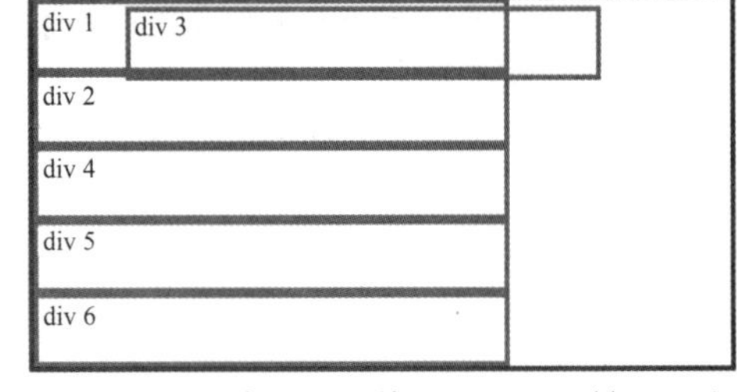

图 5-16　把容器 div 的 position 属性设置为 relative 的示例代码的运行效果

此时，第三个 div 标记才会显示在 id 属性值为 container 的容器 div 边框范围之内。position 属性设置为 absolute 的完整示例代码请参考本书源代码文件 5-9-absolute.html。

组合应用 absolute 和 fixed 属性值，可以实现“6.1.15 第三次迭代上部横向菜单”部分的二级菜单。

（4）fixed：position 属性设置为 fixed 的元素，可定位于相对于浏览器窗口的指定坐标；元素的位置可通过 top、bottom、left 或 right 属性进行定义，设置后不论窗口滚动与否，元素都会留在那个位置。

如果元素的 position 属性设置为 fixed，那么元素将从文档流中抽取出来，该元素原来占用的位置将被后面的元素占用。

示例代码中，对于内部的 6 个 div 标记，CSS 代码如下：

```
#container div{ height:40px; width:300px; border: 3px solid red;position:static; }
```

这样一来，内部 6 个 div 标记的宽度和高度分别为 300px 和 40px，有红色实线边框，按照 static 定位方法从上到下排列 6 行。

接下来，通过类选择器选择第三行 div 并确保其优先级，加入如下代码：

```
.exception { position:fixed!important;right:10px;bottom:10px; }
```

第三行 div 标记类名为 exception，position 属性为 fixed，top 和 left 的属性值同为 10px。

调整 CSS 代码后，示例代码在 Safari 浏览器中的运行效果如图 5-17 所示。

position 属性设置为 fixed 的完整示例代码请参考本书源代码文件 5-10-fixed.html。

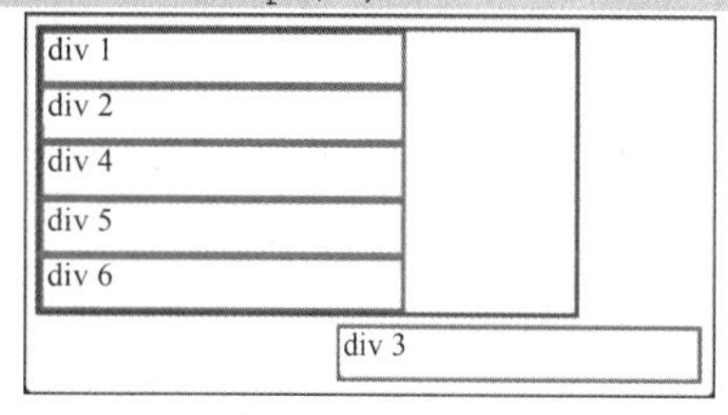

图 5-17 position 属性设置为 fixed 的示例代码的运行效果

许多新闻网站都设计了一个功能：当推送最新的新闻时，会在底部正中位置显示实时新闻。其原理与 fixed 属性值示例布局基本相同。

5.6.5 设置溢出处理

overflow 属性用于设置当元素的内容溢出其区域时浏览器的处理动作，其属性值如下。

（1）visible：默认值，内容不会被修剪，会呈现在元素之外。

（2）hidden：内容会被修剪，浏览器不会显示供查看内容的滚动条。

（3）scroll：内容会被修剪，但是浏览器会显示滚动条以便查看其余的内容。

（4）auto：如果内容被修剪，则浏览器会显示滚动条以便查看其余的内容。

设置块元素的尺寸后，当内部图片或者文字内容超出了块元素的尺寸时，如果不修改 overflow 的默认属性值 visible，超出块元素的内容会与后续内容产生叠加效果，导致用户无法看清重叠显示的文字。内容叠加后的效果如图 5-18 所示。

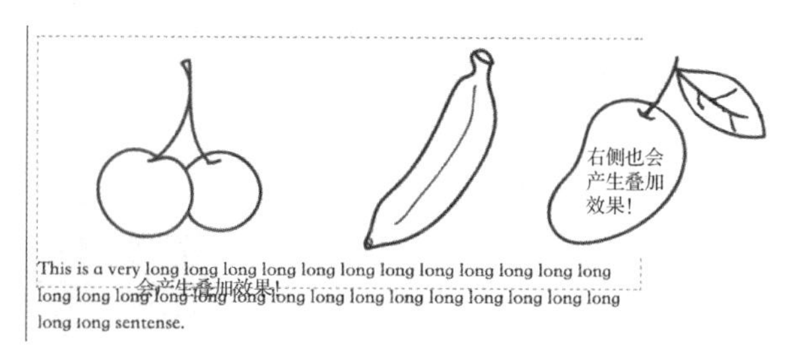

图 5-18 内容叠加效果

在图 5-18 中，虚线边框对应的 div 标记的 overflow 属性值为 visible，该 div 标记内的图片宽度超出了 div 标记设置的宽度，导致右侧有溢出的图片，图片与右侧的文字产生了叠加。同时 div 标记设置了高度，英文段落也超出了下方的边框，与下方的中文段落产生了叠加效果。代码中使用了 float 和 clear 属性，详细示例代码请参考本书源代码文件 5-11-overflow.html。

因此，通常不要设定块元素的高度，浏览器会根据块元素内部包含的内容自动计算出块元素的高度，从而避免产生溢出的问题。此外，注意适当裁剪图片，避免图片尺寸超出所在块元素的尺寸。

5.7 实训案例

本节将通过两个实训案例帮助读者掌握 CSS 布局属性的定义次序。

5.7.1 模拟论坛页面

许多论坛允许用户给发布的帖子点赞和评论，本案例将模拟该功能。

（1）新建网页，加入“4.1.5 在网页模板文件中添加 CSS”部分介绍的模板文件源代码。

（2）修改 title 标记内的页面标题名称。

（3）在 body 标记内加入 3 个标记：h1 标记定义帖子标题，p 标记定义帖子内容，div 标记定义点赞信息。

（4）在 style 标记内加入如下 CSS 代码：

```
<style>
    div {margin-left:2em; border: 1px solid black;}
</style >
```

（5）保存修改后的源代码，在浏览器中测试网页效果，如图 5-19 所示。

标 题:2023年，需要给孩子们点赞!

发布时间:今天 09:29:57

有3位用户评价了这篇文章:
[点赞]oldman:孩子们真努力！(23-01-06 11:16)
[点赞]vobert:赞同。(23-01-06 11:22)
[点赞]huanf:继续努力！(23-01-06 12:32)

图 5-19　模拟论坛页面的效果

从图 5-19 中可以看出，借助布局属性，可以很容易地把点赞、评论内容与主题内容区分开来。

5.7.2 制作个人简历页面

利用浮动属性，可以制作个人简历。制作过程如下。

（1）搜集照片，将其缩放至合适尺寸后放置到根目录的 images 目录下。

（2）通过网页模板文件制作新网页，修改 title 标记内的页面标题名称。

（3）在 body 标记内通过 img 标记加入图片，通过 h1 标记加入标题，最后通过 p 标记加入个人介绍详情。此时 img、h1 和 p 标记属于同级标记，不存在嵌套关系。

（4）加入如下 CSS 代码：

```
<style>
  img {display: block; float: left; width: 200px;}
  h1 {background-color: black; color: red; }
</style >
```

（5）保存修改后的源代码，在浏览器中测试网页，效果如图 5-20 所示。

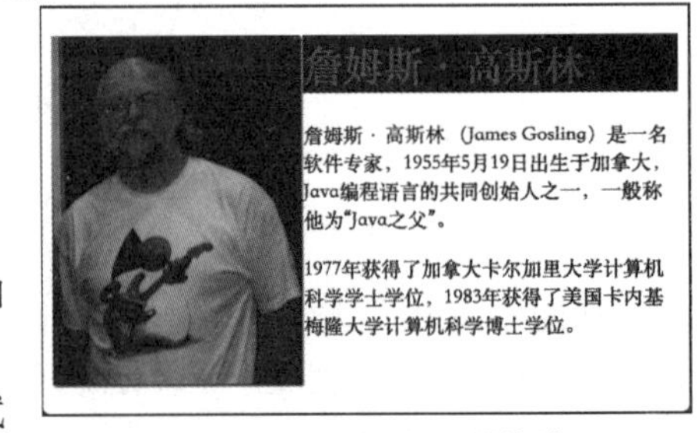

图 5-20　个人简介页面的效果

通过以上两个案例，读者可以了解添加 CSS 布局属性代码的详细步骤和方法。

思考与练习

一、单项选择题

1. margin 属性可同时设置 4 个方向的外边距，次序为_______。

   A. 上、下、左、右　　　　B. 左、右、上、下

   C. 上、右、下、左　　　　D. 上、左、下、右

2. 以下关于块元素类型元素的描述，不正确的是________。

A. 可以设置宽度　B. 可以设置高度　C. 默认占据整行　D. 默认水平排版

3. 以下标记中，属于块元素类型的是________。

A. b　B. span　C. img　D. div

4. 以下标记中，属于行内块元素类型的是________。

A. b　B. span　C. img　D. div

5. 以下标记中，属于行内元素类型的是________。

A. input　B. span　C. img　D. div

6. 以下 CSS 代码中，无法隐藏元素的是________。

A. {display:none;}　B. {visibility:hidden;}

C. {width:0;}　D. {clear:both;}

7. 以下选项中，不是 float 属性值的是________。

A. none　B. left　C. right　D. both

二、填空题

1. 设置元素浮动，float 属性的属性值有____________、____________和____________。

2. 设置清除浮动元素，clear 属性的属性值有____________、____________、____________和____________。

3. 请写出 3 个默认块元素类型的标记：____________、____________和____________。

4. 请写出 3 个默认行内元素类型的标记：____________、____________和____________。

5. 请写出两个默认行内块元素类型的标记：____________和____________。

6. 由于无法控制自己的起始位置，________________不能设置宽度和高度，把元素设置为块元素，才能调整其宽度和高度。

7. 开发人员可以调整块元素的____________；但是元素的____________通常是浏览器自动计算的。

8. 在使用 JavaScript 设置元素为不可见时，通常把____________属性设置为 none 即可，而不会设置 visibility 属性。

9. ____________属性需要与“:before”和“:after”两个伪元素配合使用，用于添加显示内容。

三、判断题

1. 段落标记 div 和 p 属于块元素，显示默认占据整行。(　　)

2. 浏览器不能明确行内元素的起始位置在行首、行中还是行末。(　　)

3. 行内元素的宽度就是由标记包含的文字内容决定的。(　　)

4. img 标记属于行内元素。(　　)

5. input 标记能够设置宽度，属于块元素。(　　)

6. 块元素浮动后，后续块元素默认会挤占前一个元素因浮动而腾出的空间。(　　)

7. “float:left;clear:left;”可以保证该元素位于所在容器的最左侧。(　　)

8. 设置段落两端对齐后，该段落所有的行都会两端对齐。(　　)

9. HTML 默认分别显示 table、tr 和 td 标记的边框。(　　)

10. 显示表格时，“:hover”伪类可以用来提示鼠标指针所在行。(　　)

四、简答题

1. 行内元素、块元素和行内块元素有什么区别？浏览器如何渲染这 3 种类型的元素？

2. b 标记和 p 标记分别属于行内元素和块元素，组织文字时如何嵌套使用这两个标记？浏览器在显示这两个标记时如何渲染页面？类似的标记有哪些？

3. 如何把 p 和 div 标记的默认显示效果进行互换？

4. 元素的 float 和 clear 属性如何组合使用？有什么效果？

5. 设置“div#test{width:400px;margin:0 4px 4px;border:0 none;padding:4px 0}”后，该div标记的实际宽度是多少？给出计算公式。

6. 元素的margin和padding属性有什么区别？

上机实验

1. 在网页中使用p标记定义多个段落，通过伪元素在每一个段落后自动追加文本“版权所有@me”。

提示：使用“:after”实现。

2. 设计自己的个人介绍页面，并加入自己的照片，设置照片浮动在页面右侧。

提示：使用p标记加入个人介绍，通过img标记定义照片，通过CSS设置图片浮动及图片尺寸。

3. 在body标记中嵌入3个以上的段落标记p，通过CSS设置段落间不显示空行，显示段落边框。

提示：需要设置p标记的margin和border属性。

4. 通过开发人员工具查看p和div标记的盒子模型相关属性值，并观察调整文字字号后，两个标记的盒子模型相关属性值是否发生变化。

5. 在body标记中嵌入3个以上的div标记，通过CSS设置div标记上下各显示一个空行。

提示：需要设置div标记的margin属性。

6. 设计一个多行多列表格，实现隔行变色及鼠标指针所在行、鼠标指针所在单元格提示效果。

提示：需使用“:hover”伪类，注意表格的渲染次序。

7. 在页面右上方显示链接，页面内容需要超出浏览器窗口的高度，控制右上方链接固定不动。

提示：将position属性设置为fixed。

第6章 设计复杂的布局

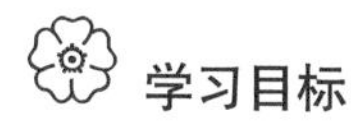

学习目标

- 理解并掌握迭代的概念，学会分解任务；
- 掌握使用 CSS 浮动技术完成三行三列桌面浏览器布局的方法；
- 掌握使用 flex 布局技术完成三行三列桌面浏览器布局的方法；
- 掌握兼容桌面浏览器和移动端浏览器的响应式网页的设计方法。

浏览器按照设备类型可以分为两种：移动端浏览器和桌面浏览器。手机、平板电脑这类移动设备上的浏览器属于移动端浏览器，而个人计算机、笔记本电脑上的浏览器属于桌面浏览器。进入移动互联网时代后，移动端浏览器的比例在逐步提升。

本章将介绍迭代方法，并使用迭代方法完成可以自适应移动端浏览器和桌面浏览器的响应式网页。

6.1 设计桌面浏览器布局

本节内容针对个人计算机、笔记本电脑这类设备上安装的桌面浏览器，不适用于手机和平板电脑等移动设备上的浏览器。

在实现桌面浏览器布局之前，首先需要理解迭代的开发方法。

6.1.1 迭代技术

数学中，迭代是重复反馈过程的活动，其目的通常是逼近目标或结果。每一次对过程的重复称为一次“迭代”，而每一次迭代得到的结果会作为下一次迭代的初始值。

迭代技术的核心有两点：分解任务、及时测试。分解任务就是把一个大任务分解为若干阶段的任务；完成一个阶段的任务后需要及时测试，确认结果无误后方可进行下一阶段的任务。

生活中也会用到迭代，我们一生都在用筷子吃饭，每个人用筷子的方法有很大的差异。如何学习使用筷子呢？使用筷子的任务分解图示如图 6-1 所示。

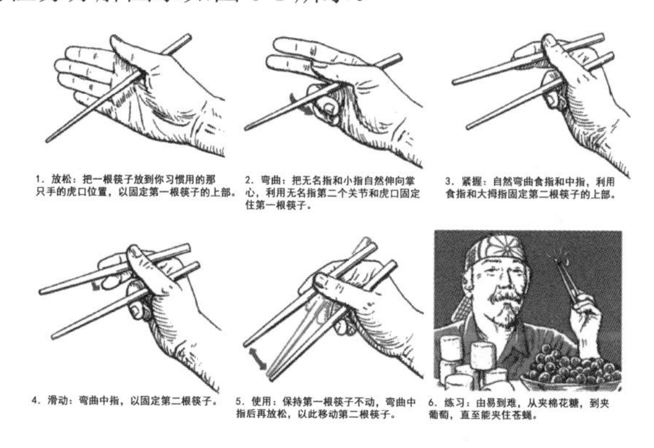

图 6-1　使用筷子的任务分解图示

学习使用筷子的任务可以分解为以下步骤。

（1）把一根筷子放到你习惯用的那只手的虎口位置，以固定第一根筷子的上部。

（2）把无名指和小指自然向掌心弯曲，利用无名指第二个关节和虎口固定住第一根筷子。

（3）自然弯曲食指和中指，利用大拇指指甲根部对应的内侧和食指靠近手掌的位置固定第二根筷子的上部。

（4）弯曲中指，利用中指第二个关节位置固定第二根筷子的中上部，至此第二根筷子固定完毕。

（5）保持第一根筷子不动，弯曲中指后再放松，以此移动第二根筷子。

（6）多做练习。

除此之外，初学者不要让两根筷子交叉，固定位置尽量靠上。

迭代的方法同样适用于体育训练。短跑训练进行任务分解后就是步幅、步频、摆臂几个阶段的任务；初学者学习游泳，也是先进行腿部练习、手部练习、呼吸练习，最后综合运用。可以说，几乎所有体育训练都是迭代式训练。

迭代的方法在软件开发过程中得到了广泛的应用。任何应用系统早期都只具备简单功能，然后逐步升级、多次改进，最终变成一个完备的系统。以手机 App 为例，App 每更新一个版本就是一次迭代。没有十全十美的软件系统，只有不断迭代更新的软件系统。

微信的开发也是一个迭代的过程：微信早期主要用于聊天，后期加入了朋友圈，再往后集成了支付功能，并把支付功能扩展到了理财方面，群收款、拍一拍和小程序都是后期添加的功能。

要设计布局复杂的网页，同样需要迭代。

素养课堂

扫一扫

6.1.2 引入占位 div

在设计复杂布局时，一定要使用 div 来对布局进行拆分。将 div 的 margin 和 padding 属性都设为 0 时，多个 div 可以无缝拼接，更容易把页面化整为零。

使用 div 设计复杂布局时，一定要使用占位 div。如果把普通 div 理解为箱子，那么占位 div 作为容器，可以看成更大的箱子，用于管理其内部的多个 div。

如果控制占位 div 居中对齐显示，那么其内部所有的 div 都会随之移动，方便控制整体布局。

要想实现占位 div 居中对齐，网页部分代码如下：

```
<!DOCTYPE html>
<html>
<head>
   <meta http-equiv="Content-Type" content="text/html; charset=UTF-8">
   <meta http-equiv="Content-Language" content="zh-cn">
   <title>占位 div 居中</title>
   <style></style>
</head>
<body>
   <div></div>
</body>
</html>
```

加入代码行“<!DOCTYPE html>”的目的是让 IE 6、IE 7、IE 8 浏览器工作在标准模式下。本章所有代码都需在“<html>”前加入代码“<!DOCTYPE html>”，后续不再赘述。

通常页面中还需要加入其他 div，每个 div 的位置信息都不相同，4 类 CSS 选择器中，HTML 标记、自定义类和伪类都不适合作为 div 的选择器，因此自定义 id 无疑是最佳选择，示例代码如下：

```
<div  id="root"></div>
```

接下来，加入占位 div 的 CSS 代码：

```
#root {width:800px; margin:0 auto;}
```

通过 id 选择器设定 id 属性值为 root 的占位 div 的显示宽度为 800 像素。通常桌面浏览器的宽度大于 1000 像素，为了适应分辨率较小的计算机，这里向下兼容到了 800 像素，这样一来，能确保绝大多数桌面浏览器正常显示占位 div。

控制占位 div 的上下 margin 的属性值为 0，左右 margin 的属性值为 auto。如果浏览器宽度为 1000 像素，除去占位 div 的 800 像素，左右 margin 的属性值自动计算为（1000-800）÷2=100 像素，占位 div 实现了居中显示。

修改后，使用浏览器进行测试，发现只能看到空白页面。使用开发人员工具查找原因，可以看到占位 div 的高度为 0。通常，需要使用以下两个步骤来测试迭代效果。

（1）设定 div 的高度。

（2）为 div 添加背景色或者为 div 设置边框。

因此，修改占位 div 的 CSS 代码，加入测试迭代效果后的代码如下：

```
#root {
  margin:0 auto;width:800px;
  height:200px;border:1px solid red;
}
```

这样一来，占位 div 就可以实现居中显示的效果了。后期适时删除为测试迭代效果而做的修改。完整示例代码请参考本书源代码文件 6-1-divCenter.html。

通常只需设定 div 的宽度，div 的高度需要浏览器根据 div 包含内容自动计算。使用迭代方法开发页面时，为了查看每次迭代的效果，可以考虑对 div 设定高度，同时加入边框或者添加背景色，以快速查看迭代效果。

6.1.3　设计三行一列桌面浏览器布局

接下来把占位 div（id 属性值为 root 的 div）分解为 3 行。把 body 标记内的代码修改为如下代码：

```
<div  id="root">
    <div id="header"></div>
    <div id="content"></div>
    <div id="copyright"></div>
</div>
```

占位 div 内部加入了 3 个 div。此时务必要保证这 4 个 div 的层次关系正确。3 个 id 属性值分别为 header、content 和 copyright 的 div，如果前两个 div 中任何一个缺少结束标记，都会导致层次关系出错，无法达到预期效果。

在此，建议读者使用以下 3 种方法确保标记的层次关系正确无误。

（1）及时补齐结束标记：编写代码时写完开始标记，就立刻补齐对应结束标记，防止遗漏。

（2）代码缩进：id 属性值为 header、content 和 copyright 的 3 个 div 嵌套在占位 div 中，把占位 div 内部的 3 个 div 的代码缩进两个或者 3 个空格（文本编辑器中通过 Tab 键实现代码缩进），根据缩进量表示 div 间的包含关系。

（3）开发人员工具：此方法的详细操作步骤请扫描“2.3.3 标记间的包含关系”部分的微课二维码查看。

占位 div 已经居中显示，宽度为 800 像素，高度为 200 像素，同时设定了边框。在确保 div 的层次关系正确后，采用迭代方法逐步修改CSS。

至此，占位div已经不需要边框和高度，在设定内部div的高度后，占位div的高度可以自动计算为内部3行div高度的和。为此，修改占位div的样式，代码如下：

```
#root {
  margin:0 auto;width:800px;
  height:200px;border:1px solid red;  }
```

删除以上示例代码中删除线部分的代码。

接下来，确保第一行单独占整行。为了立即测试代码效果，可以设置高度并加入背景色，代码如下：

```
#header {
    width: 100%;clear:both;
    height:100px;background-color: gray;}
```

“5.3.4 清除浮动元素”部分介绍过将clear属性设置为both，可以确保块元素两侧不会有浮动元素，即保证div单独占一行。同时将宽度设置为100%，即等于占位div的宽度800像素。同理，加入第二、第三行div的CSS代码：

```
#content {
    width: 100%;clear:both;
    height:200px;background-color: black;}
#copyright {
    width: 100%;clear:both;
    height:100px;background-color: gray;}
```

这样一来，第二、第三行div都是单独占整行，宽度为100%。为了立即测试网页效果，设置了第二、第三行div的高度并加入了背景色。修改后的示例代码在Chrome浏览器中的运行效果如图6-2所示。

图6-2 三行一列布局示例代码的运行效果

至此，通过迭代方法设计并实现了居中显示的三行一列桌面浏览器布局。完整示例代码请参考本书源代码文件6-2-1col3rows.html。

小提示

掌握了三行一列布局，其实就掌握了多行一列布局。读者留意一下商业网站的网页，不难发现页面整体上就是多行布局，只是某些行被再次拆分成了多列。

6.1.4 设计一行三列桌面浏览器布局

在占位div中加入3个横向排列的div，这就是一行三列桌面浏览器布局。

首先，添加body标记内的代码，对应代码如下：

```
<div id="row">
    <div id="left"></div>
    <div id="middle"></div>
    <div id="right"></div>
</div>
```

这4个div的位置各不相同，适合用id选择器控制其样式。同时，务必确保div间的层次关系正确无误。

接着，设置id属性值为row的占位div的样式，CSS代码如下：

```
#row { margin:0 auto;width:800px; }
```

id属性值为row的占位div将居中显示，宽度为800像素，本次迭代无须再次测试居中对齐效果。

接下来，加入左侧div的CSS代码：

```
#left { width: 200px; float:left; clear:left;
    height:200px; border: 1px solid black;}
```

左侧 div 的宽度为 200 像素，满足浮动的 3 个条件（具体要求参考“5.3.3 设置元素浮动”部分的内容），并通过设置 clear 属性为 left，确保该 div 浮动在最左侧。为了测试迭代效果，设置左侧 div 的高度并显示边框。

限于篇幅，这里没有添加左侧 div 的迭代效果图。但是读者务必完成此任务，以防止后期代码出错时无法定位出错位置。而使用迭代方法可以有效避免不能定位出错代码的问题，因为每次代码出错几乎都是在新修改的代码位置。

至于中间 div，添加如下 CSS 代码：

```
#middle {
    width: 400px; float:left;
    height:200px; border: 1px solid red;}
```

中间 div 的宽度为 400 像素，满足浮动的 3 个条件，继续浮动在左侧，clear 属性使用默认值 none，即占用左侧 div 因浮动而腾出的空间，从而显示在左侧 div 的右侧（占位 div 的中间位置）。为了测试迭代效果，设置中间 div 的高度并显示边框。

修改代码后，务必再次测试迭代效果，防止代码出错。

最后，加入右侧 div 的 CSS 代码：

```
#right { width: 200px; float:left; clear:right;
    height:200px; border: 1px solid blue; }
```

右侧 div 的宽度为 200 像素，需要满足浮动的 3 个条件：float 属性可以设置为 left（控制右侧 div 继续向左浮动）；也可以设置为 right，即浮动在最右侧。并通过设置 clear 属性为 right，确保该 div 一定浮动显示在最右侧。为了测试迭代效果，设置右侧 div 的高度并显示边框。迭代后的代码的运行效果如图 6-3 所示。

左侧 div 和中间 div 显示在同一行，但是应该浮动在右侧的 div 却显示在下一行。这显然不是我们期望的结果。

其实通过开发人员工具就可以找到问题：查看每个 div 的可见宽度，从左到右分别是 202 像素、402 像素和 202 像素，3 个 div 总宽度为 806 像素，超过了占位 div 宽度（800 像素）的限制。占位 div 肯定无法放下 3 个 div，第三个 div 自然显示在了第二行。因此，调整中间 div 的 CSS 代码如下：

```
#middle {
width: 394px; float:left; clear:right;
    height:200px; border: 1px solid red;}
```

修改后，3 个 div 的可见宽度的和与占位 div 的宽度相同，成功显示在同一行。示例代码在 Chrome 浏览器中的运行效果如图 6-4 所示。

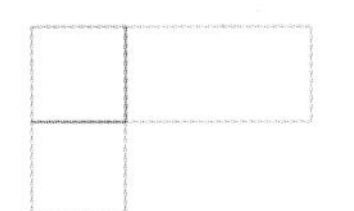

图 6-3 迭代后的代码的运行效果

图 6-4 一行三列布局效果

通过盒子模型计算后修改 div 的宽度，完美地实现了一行 div 中横向放置 3 个 div。完整示例代码请参考本书源代码文件 6-3-1row3cols-v1.html。

6.1.5 第二次迭代一行三列桌面浏览器布局

分析图 6-4 所示的一行三列布局，占位 div 内部的 3 个 div 都设置了边框、宽度和高度。本小节将把该示例调整为只显示左侧 div 的右边框和右侧 div 的左边框，外层占位 div 显示 4 个方位的边框。body 标记内的代码保持不变，对应代码如下：

```
<!DOCTYPE html>
<!--此处省略结构标记 html、head、title 和 meta，请参考网页模板文件补齐-->
<div id="row">
```

```
        <div id="left"></div>
        <div id="middle"></div>
        <div id="right"></div>
    </div>
```

修改占位 div 的 CSS 代码，代码如下：

```
#row {
margin:0 auto;width:800px;
  border: 1px solid red;}
```

以上代码控制占位 div 的宽度为 800 像素，4 个方位都显示 1 像素宽的红色实线边框，并且该占位 div 居中显示。

对于占位 div 内部嵌套的 3 个 div，先把左侧 div 的 CSS 代码调整为如下代码：

```
#left {
    width: 200px; float:left; clear:left;
    height:200px; border-right: 1px solid red; }
```

以上代码控制左侧 div 浮动在最左侧，其宽度和高度都是 200 像素，该 div 右侧显示 1 像素宽的红色实线边框。

调整中间 div 的 CSS 代码，代码如下：

```
#middle {
    width: 398px; float:left; height:200px;  }
```

以上代码控制中间 div 继续向左浮动，其宽度为 398 像素（因为占位 div 的宽度为 800 像素，左右 div 的宽度都是 200 像素，还有两个 1 像素宽的边框，所以中间 div 的宽度=800-200-1-200-1=398 像素），高度为 200 像素，不显示边框。

调整右侧 div 的 CSS 代码，代码如下：

```
#right {
    width: 200px; float:left;clear:right;
    height:200px; border-left: 1px solid red;  }
```

以上代码控制右侧 div 浮动在最右侧，宽度和高度都是 200 像素，div 的左侧显示 1 像素宽的红色实线边框。设置完毕后，示例代码在 Chrome、Firefox 浏览器中的运行效果如图 6-5 所示。

通过浏览器自带的开发人员工具查看占位 div 的高度，发现其为 0。究其原因，当占位 div 内部只有浮动的 div，且这些 div 内部没有内容时，浏览器会把外层 div 的高度显示为 0。

解决方案有两个：一个是在内部 div 中添加文字；另一个是在占位 div 中加入第四个 div，控制其单独占一行，并设置高度为 0。调整标记部分的代码，代码如下：

```
<div id="row">
    <div id="left"></div>
    <div id="middle"></div>
    <div id="right"></div>
    <div class="zero"></div>
</div>
```

加入新增 div 的 CSS 代码，代码如下：

```
.zero{clear:both;height:0;line-height:0px;}
```

这样一来，一行三列布局第二次迭代完毕，完整示例代码请参考本书源代码文件 6-4-1row3cols-v2.html。示例代码在 Firefox 浏览器中的运行效果如图 6-6 所示。

图 6-5　示例代码的运行效果

图 6-6　第二次迭代的一行三列布局效果

小提示

合理利用浏览器自带的开发人员工具，有助于发现代码的问题。

6.1.6　第三次迭代一行三列桌面浏览器布局

通过第二次迭代一行三列桌面浏览器布局页面，占位 div 显示 1 像素宽的红色实线边框，宽度为 800 像素，占位 div 内部横向排列了 3 个 div，左侧 div 只显示右边框，右侧 div 只显示左边框，并加入了第四个 div 防止占位 div 的高度自动计算为 0。

在横向排列的 3 个 div 内部加入文本内容，将 body 标记内的代码修改为如下代码：

```
<!DOCTYPE html>
<!--此处省略结构标记 html、head、title 和 meta，请参考网页模板文件补齐-->
<div id="row">
    <div id="left">
        left<br>left<br>left<br>left<br>
    </div>
    <div id="middle">
        mdl<br>mdl<br>mdl<br>mdl<br>mdl<br>
    </div>
    <div id="right">
        rght<br>rght<br>rght<br>
    </div>
    <div class="zero"></div>
</div>
```

本次迭代，div 的层次关系不变，但是在横向排列的 3 个 div 内添加了数量不一的文本内容。

首先，保持占位 div 的 CSS 代码不变：

```
#row {
  margin:0 auto;width:800px;
  border: 1px solid red; }
```

占位 div 作为容器，仍然居中显示，宽度为 800 像素，同时显示 4 个方位的红色边框，边框宽度为 1 像素。

其次，调整左侧 div 的 CSS 代码，代码如下：

```
#left { height:200px;
    width: 200px; float:left;clear:left;
    border-right: 1px solid red; }
```

左侧 div 浮动在最左侧，宽度仍然是 200 像素，并显示像素宽的红色实线右边框，由于该 div 内部加入了多行文本，因此将其高度调整为自动计算，即删除 height 属性的相关 CSS 代码。

同时，调整中间 div 的 CSS 代码，代码如下：

```
#middle { width: 398px; float:left; height:200px; }
```

中间 div 继续向左浮动，宽度为 398 像素（计算方法请参考上一小节），同样，由于中间 div 内部加入了多行文本，因此将其高度调整为自动计算（去掉 height 属性的相关代码）。此外，该 div 不显示 4 个方位的边框。

右侧 div 的代码也随之进行调整，调整后的代码如下：

```
#right { height:200px;
    width: 200px; float:left;clear:right;
    border-left: 1px solid red;  }
```

右侧 div 浮动在最右侧，宽度仍然是 200 像素，并显示 1 像素宽的红色实线左边框。同样，由于右侧 div 内部加入了多行文本，因此将其高度调整为自动计算（去掉 height 属性的相关代码）。修改后的示例代码在 Firefox 浏览器中的运行效果如图 6-7 所示。

left	mdl	rght
left	mdl	rght
left	mdl	rght
left	mdl	
	mdl	

图 6-7　第三次迭代一行三列布局的效果

显然，由于横向 3 个 div 自动计算的高度不同，导致图 6-7 所示的 3 个 div 边框的高度出现差异。因此，需要设置横向 3 个 div 自动等高。

要控制内部 div 自动等高显示，需要完成以下两个步骤。

（1）控制占位 div（包含自动等高 div 的直接父 div）的溢出内容隐藏，代码如下：

```
#row {
  margin:0 auto;width:800px;
  border: 1px solid red;
  overflow: hidden; }
```

（2）对横向排列的 3 个 div，加入如下 CSS 代码：

```
#left, #middle, #right {
   padding-bottom: 32767px;
   margin-bottom: -32767px; }
```

需要等高显示的 3 个 div，通过设置 padding-bottom 属性为 32767 像素将 div 扩展到足够长，再通过设置 margin-bottom 属性为-32767 像素使 div 回到底部开始的位置。隐藏占位 div 的溢出部分，巧妙地实现了 3 个同行 div 自适应高度。

完整示例代码请参考本书源代码文件 6-5-1row3cols-v3.html。经过第三次迭代，一行三列布局示例代码在 Chrome 浏览器中的运行效果如图 6-8 所示。

left	mdl	rght
left	mdl	rght
left	mdl	rght
left	mdl	
	mdl	

图 6-8　一行三列布局等高效果

小提示

16 位有符号整数的存储范围是-32768 到 32767，浏览器使用两个字节存储 CSS 中的整数属性值。

6.1.7　设计三行三列桌面浏览器布局

前面通过几次迭代，完成了三行一列布局和一行三列布局。如果把一行三列布局整合为三行一列布局的第二行，就可以完成三行三列布局。下面合并 body 标记内的代码，整合 div 标记后的代码如下：

```
<body>
<div id="root">
    <div id="header"><!--上部 div，横向菜单--></div>
    <div id="row">
        <div id="left"><!--左侧 div，竖向菜单--></div>
        <div id="middle"><!--中间 div，内容部分--></div>
        <div id="right"><!--右侧 div，竖向菜单--></div>
        <div class="zero"></div>
    </div>
    <div id="copyright"></div>
</div></body>
```

按照迭代的方法，就可以完成三行三列布局代码，进而掌握多行三列布局。

对于三列中的任何一列，还可以再次迭代分解，这样可以实现多行三列布局、多行多列布局。完整示例代码请参考本书源代码文件 6-6-3row3cols.html。

商业网站的布局其实就是以三行三列布局为基础，扩展到多行多列布局。掌握了迭代方法和三行三列布局技术，等同于掌握了传统桌面浏览器布局的设计与编码方法。

小提示　有了迭代，复杂的代码就会变得简单。读者在学习时，不要跳过三行一列布局和一行三列布局去直接设计三行三列布局，否则很容易出错。

6.1.8 完善上部横向菜单

三行三列布局、多行三列布局、多行多列布局，整体上都属于行布局。通常行布局的第一行 div 用于定义导航菜单，即上部横向菜单。下面将设计并实现上部横向菜单。

在 id 属性值为 header 的 div 内部加入 ul-li 标记，代码如下：

```
<div id="header">
    <ul>
        <li><a href="#">首页</a></li>
        <li><a href="#">博客</a></li>
        <li><a href="#">设计</a></li>
        <li><a href="#">相册</a></li>
        <li><a href="#">论坛</a></li>
        <li><a href="#">关于</a></li>
    </ul>
</div>
```

通过 CSS 代码可以控制 ul-li 标记显示为横向菜单。示例没有给出链接具体的 href 属性值，读者可以自行补充。

下面加入 CSS 代码。

为 id 属性值为 header 的上部 div 设置背景图像，代码如下：

```
#header {
    width: 100%;clear:both; height:100px;background-color: gray;
    background-image: URL('6-7-bg.gif'); background-repeat: no-repeat;
height: 64px; min-height: 64px;}
```

示例代码中，添加删除线的代码为本次迭代需要删除的代码，后续有相同情形，不再赘述。

设置上部第一行 div 的宽度为 100%，即等于占位 div 的宽度（800 像素）。设置背景图像的 URL 并控制该图像在水平和垂直方向上都不重复。背景图像的大小是 800 像素×64 像素，所以修改图像的高度为 64 像素，也可以设置 min-height 属性以确保完全显示背景图像。

修改代码后，务必立即对迭代效果进行测试，查看是否能够看到背景图像。

去掉列表项符号，并设置 ul 元素浮动在右侧，而 ul 内部的 li 元素浮动在左侧：

```
#header ul {float: right; list-style-type: none;}
#header li {float: left;}
```

ul 和 li 标记一旦设置为浮动在左侧或者右侧，其宽度值将变成 auto，即根据内部包含的文本自动计算宽度。控制 ul 菜单整体居右，而 li 菜单项横向向左浮动，实现横向显示多个菜单项。横向菜单示例代码在 Chrome 浏览器中的运行效果如图 6-9 所示。

经测试，示例代码在多个浏览器下的运行效果基本相同，取得了不错的跨平台效果。

小提示　借助 float 属性，ul-li 标记可以展现为横向菜单。

图 6-9　横向菜单效果

6.1.9　第二次迭代上部横向菜单

上一小节的示例代码通过设置 ul 标记和 li 标记的 float 属性，完成了上部横向菜单的设计。下面讲解如何控制横向菜单的整体位置和各菜单项的间隔。

首先，整个菜单需要整体下移至第二行红色边框之上，且与右侧边界间应该有适当空隙。哪个 CSS 属性可以胜任这一工作呢？

答案是 margin 属性，读者可以参考“5.4.1 设置外边距”部分及图 5-8，了解 margin 属性的原理。ul 位于 div 内部，设置 ul 的 margin 属性即可控制 ul 与容器 div 的距离。经测试，最佳效果对应的 CSS 代码如下：

```
#header ul {float: right;list-style-type: none;
    margin-top: 32px;margin-right: 8px;margin-bottom: 4px; }
```

修改后的示例代码在 Chrome 浏览器中的运行效果如图 6-10 所示。

图 6-10　调整上部菜单位置的效果

由图 6-10 可知，示例代码中通过 margin 属性合理控制了 ul 与 div 上部和右侧的距离。至此横向菜单的整体位置调整到位。

需要注意的是，Chrome 浏览器中 ul 标记的 margin-bottom 属性默认为 16 像素，导致 ul 下方与第二行 div 上边框有 16 像素的间距，因此务必修改 margin-bottom 的属性值。

其次，调整各菜单项的间距。同理，设置 li 标记的 margin 属性即可。

```
#header li {float: left; margin:0 4px;}
```

这样一来，菜单项左右有 4 像素的外边距，两个菜单项间就有 8 像素的间距。

最后，加入设置鼠标指针放置到链接上的样式，新增 CSS 代码如下：

```
#header a:link, #header a:visited {
    text-decoration: none;}
#header a:hover {
    font-weight:bold;}
```

经过第二次迭代，上部横向菜单示例代码在 Chrome 浏览器中的运行效果如图 6-11 所示。

示例代码通过 ul 控制横向菜单的整体位置，再通过 li 调整菜单项的间距，通过伪类去掉了链接的下画线，并控制鼠标指针放置到菜单项上时，菜单项显示为粗体。完整示例代码请参考本书源代码文件 6-7-upperMenu.html。

图 6-11 第二次迭代后的上部菜单效果

margin 属性和 padding 属性可以起到排版的作用，适用于微调元素的显示位置。

6.1.10 迭代左侧竖向菜单

左侧 div 的 id 属性值为 left，通常用于设计竖向菜单。仍然使用 ul-li 标记组织链接，再通过 CSS 控制其显示为竖向菜单。标记部分的代码如下：

```
<div id="left">
<ul>
    <li><a href="#">远古</a></li>
    <li><a href="#">昨日重现</a></li>
    <li><a href="#">今夜时分</a></li>
    <li><a href="#">明天</a></li>
    <li><a href="#">不远的将来</a></li>
</ul></div>
```

下面加入 CSS 代码。

首先，控制 ul 标记不显示列表项符号，同时考虑到 ul 标记在不同浏览器中 margin 和 padding 属性值的差异，为了修改 ul 的 margin 和 padding 属性值，加入如下 CSS 代码：

```
#left  ul{  list-style-type:none; margin:0;padding:0; }
```

由于上部 ul 和左侧 ul 的显示样式不同，因此使用包含选择器为不同位置的 ul 设置不同的显示样式。左侧 ul 标记的 margin 和 padding 属性值都设置为 0，且隐藏列表项符号。

其次，加入 li 标记的样式表，如下所示 CSS 代码：

```
#left  li { border-bottom:1px solid #ED9F9F; }
```

通过包含选择器控制左侧 div 内的 li 标记显示下边框，即将每个菜单项的下边框作为竖向菜单中各菜单项的分界线。

为 li 标记内嵌套的 a 标记加入如下 CSS 代码：

```
#left  li  a{
  display:block;  padding:5px 5px 5px 0.5em;
  text-decoration:none;
  border-left:12px solid #711515;     /* 左边的粗红色边框 */
  border-right:1px solid #711515;     /* 右侧阴影 */    }
```

以上代码修改 a 标记为块元素，控制 a 标记占据整行，左侧显示粗红色边框；右侧边框显示阴影效果。同时取消链接的下画线，通过 padding 属性微调链接提示文字的显示位置。

最后，通过包含选择器和伪类控制链接样式及鼠标指针放置到链接上时链接的显示样式，代码如下：

```
#left  li  a:link, #left  li  a:visited{
  background-color:#C11136;  color:#FFFFFF;
}
```

```
#left  li  a:hover{
  background-color:#990020; color:#FFFF00;
}
```

经过本次迭代，示例代码在 Safari 浏览器中的运行效果如图 6-12 所示。

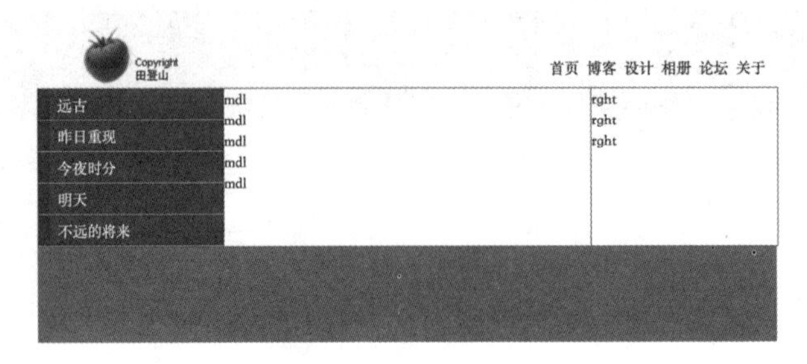

图 6-12　左侧竖向菜单示例代码的运行效果

横向 3 个 div 能够自动计算高度并等高显示，即使把中间的 div 的内容增加一倍，3 个 div 的高度也不需要调整。中间 div 加入内容后的效果如图 6-13 所示。

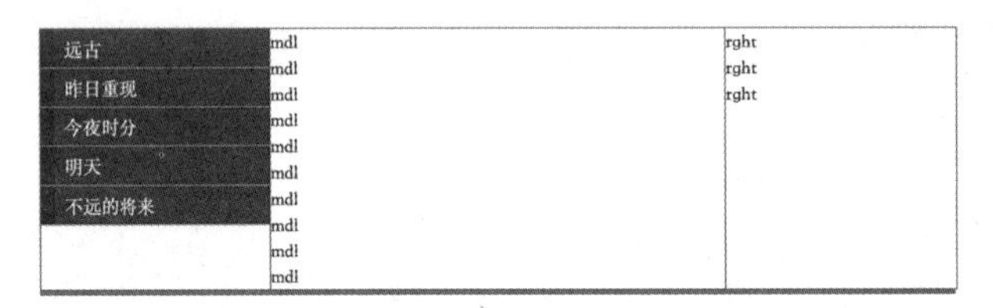

图 6-13　左侧菜单的效果

从图 6-13 可以看出，左侧菜单的高度小于右侧两个 div 的高度时，左侧 div 下方会显示白色背景。为此，对左侧 div 加入如下 CSS 代码，调整其背景色：

```
#left { width: 200px; float:left;clear:left; border-right: 1px solid red;
      background-color:#C11136;  }
```

再次对代码进行测试，示例代码在 Safari 浏览器中的运行效果如图 6-14 所示。

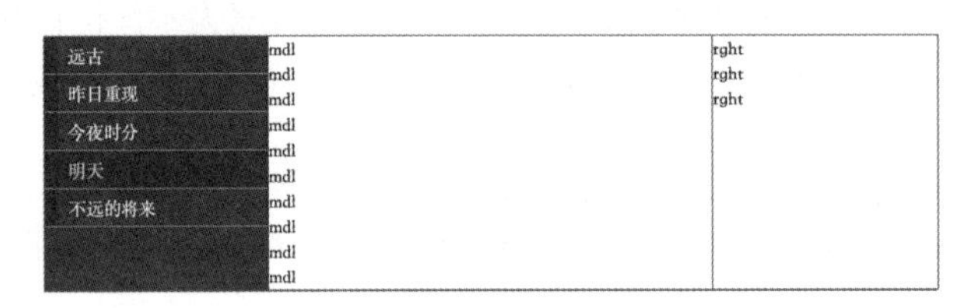

图 6-14　加入背景色后的左侧竖向菜单效果

至此，左侧竖向菜单迭代完成。完整示例代码请参考本书源代码文件 6-8-leftMenu.html。

本例中，不同位置的 ul-li 标记，显示样式完全不同，上部为横向菜单，左侧为竖向菜单。借助于包含选择器，可以非常方便地控制两个位置的 ul-li 标记的显示样式。

6.1.11　迭代下方版权信息

加入版权信息，代码如下：

```
<div id="copyright">
    Copyright 2022<br>Tian Dengshan
</div>
```

为了使界面风格统一，控制下方 div 的背景色与左侧 div 的背景色一致，同时控制文字居中，代码如下：

```
#copyright {
    width: 100%;clear:both;
    height:100px;background-color: gray;
    background-color:#C11136; text-align: center; color:white;
}
```

此前为了测试迭代效果，设置了下方 div 的高度为 100 像素，背景为灰色。添加文字内容后，本次迭代需要去除高度设置，同时设置新的背景色。下方 div 由浏览器根据内部文字自动计算高度，并设置文字居中显示。红色背景下，文字调整为白色。示例代码的运行效果如图 6-15 所示。

完整示例代码请参考本书源代码文件 6-9-copyRight.html。

页面整体色调需要保持一致，否则可能会让用户产生已经离开网站的错觉。

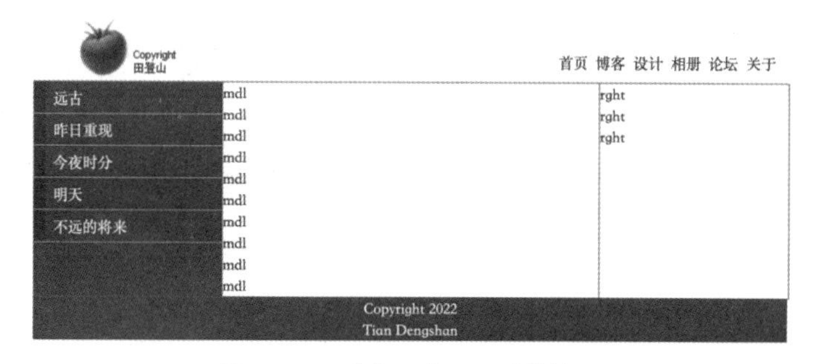

图 6-15 迭代下方 div 后的效果

6.1.12 迭代中间内容

在中间 div 中加入诗词摘录内容，代码如下：

```
<div id="middle">
及时当勉励，岁月不待人。<br>
——陶渊明《杂诗·人生无根蒂》<br>
...
</div>
```

为了控制诗词摘录与左侧竖向菜单的间距，对 id 属性值为 middle 的 div 加入如下代码：

```
#middle {width: 398 390px; float:left; padding-left: 8px;}
```

因为设置 padding-left 为 8 像素，所以该 div 的宽度必须从 398 像素减小到 390 像素，否则右侧 div 会显示在下一行。经 Safari 浏览器测试，效果如图 6-16 所示。

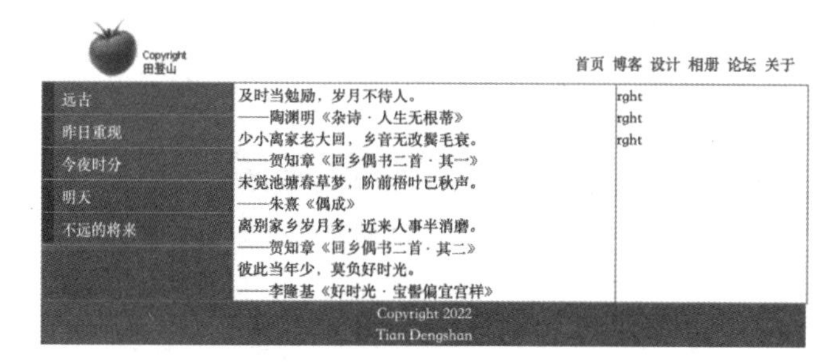

图 6-16 加入中间内容后的布局效果

完整示例代码请参考本书源代码文件 6-10-midContent.html。

一行多列布局中，一旦修改了水平方向的 margin、padding 和 border 的属性值，就需要同时修改 width 的属性值，否则会导致最后一列 div 错位显示。

6.1.13　迭代右侧友情链接

在右侧 div 中加入如下友情链接标记代码：

```
<div id="right">
    <h4>友情链接</h4>
<div>
    <a href="?">央视新闻</a><br>
    ... <!--此处省略两个链接和<br>-->
    <a href="?">教育局</a>
</div>
<marquee direction="up" onmouseover="this.stop()" onmouseout="this.start()" >
    <a href="?">今日头条</a><br>
    ... <!--此处省略两个链接和<br>-->
    <a href="?">微信下载页面</a><br>
</marquee>
</div>
```

div 内同时加入了四级标题、固定的链接区和滚动的链接区。marquee 标记控制内容向上滚动。为了方便用户操作，通过 onmouseover 和 onmouseout 属性控制鼠标指针放置到滚动区域时停止滚动，鼠标指针移出后继续滚动。

为了便于读者阅读，代码中并没有加入链接真实的 URL，暂时使用问号替代链接的 URL，读者可以自行查找并加入对应的链接。

友情链接和标题都需要居中显示，CSS 代码如下：

```
#right {text-align: center;}
```

h4 标记默认上下 margin 属性值是 1em，该标记内有四级标题文字，控制其背景色和文字颜色，并修改 margin 和 padding 属性值为 0，代码如下：

```
#right  h4{background-color: #711515;color:white;margin: 0;padding: 0;}
```

滚动链接部分比较简单，只需要设置 marquee 标记的高度即可，代码如下：

```
#right marquee { height: 90px; text-align: center;}
```

完整示例代码请参考本书源代码文件 6-11-rightLink.html。示例代码在 Safari 浏览器中的运行效果如图 6-17 所示。

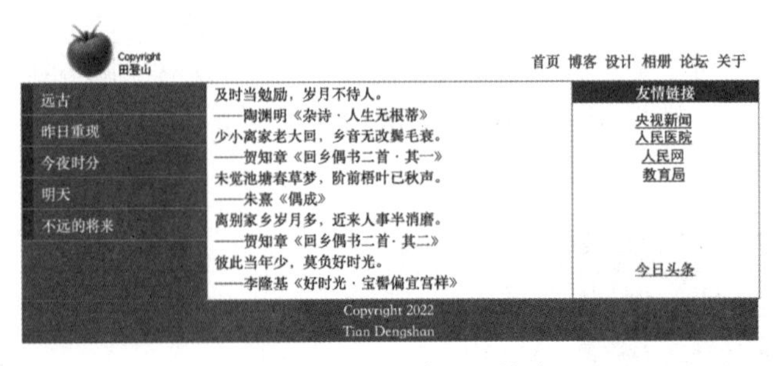

图 6-17　右侧友情链接的效果

marquee 标记的详细介绍请参考“3.3.5 marquee 标记”部分。

6.1.14 第二次迭代三行三列桌面浏览器布局

在三行三列布局中，中间 div 显示 1 像素宽的边框，与整体布局不符，需要再次进行修改。

目前，div 标记的层次关系如下：

```
<body>
<div id="root">
    <div id="header"><!--上部 div，横向菜单--></div>
    <div id="row">
        <div id="left"><!--左侧 div，竖向菜单--></div>
        <div id="middle"><!--中间 div，内容部分--></div>
        <div id="right"><!--右侧 div，竖向菜单--></div>
        <div class="zero"></div>
    </div>
    <div id="copyright">Copyright 2022<br>Tian Dengshan</div>
</div></body>
```

此前，为了测试迭代效果，对 id 属性值为 row 的第二行 div 及其内部左侧和右侧两个 div 设置为显示边框，本次迭代需要去除这些边框效果。

去除第二行 div 原有边框，改为宽度为 12 像素的上边框，边框颜色与下方版权信息 div 的背景色相同，CSS 代码调整后如下：

```
#row {
  margin:0 auto; width:800px; overflow: hidden;
  border: 1px solid red; border-top: 12px solid #C11136;   }
```

同时，对左侧 div、右侧 div 都去掉边框，对中间 div 调整 padding-left 属性，以确保 3 个 div 可见宽度的和为 800 像素，即刚好等于占位 div 的宽度，代码如下：

```
#left {
    width: 200px; float:left;clear:left;
    background-color:#C11136;border-right: 1px solid red; }
#middle { width: 390px;float:left;padding-left: 8px10px;}
#right { width: 200px;float:left;clear:right;border-left: 1px solid red;}
```

完整示例代码请参考本书源代码文件 6-12-3rows3cols-2.html。经过本次迭代后，示例代码在 Firefox 浏览器中的运行效果如图 6-18 所示。

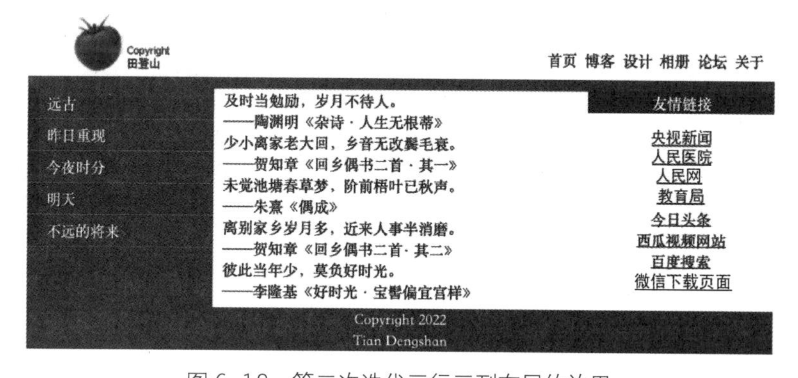

图 6-18 第二次迭代三行三列布局的效果

在迭代式开发过程中，为了及时测试每个阶段的任务完成情况，通常会设置元素高度并且设置边框或者背景色，后期需要去除这些临时性 CSS 代码。

6.1.15 第三次迭代上部横向菜单

许多网站要求把横向菜单设计为二级菜单，即鼠标指针放置到一级菜单项上时，显示二级菜单。为此，需要调整 ul-li 标记部分的代码，修改后的标记部分代码如下：

```
<div id="header">
    <ul>
        <li><a href="#">首页</a></li>
        <li>博客
          <ul> <!--二级菜单-->
            <li><a href="">个人</a></li><!--二级菜单项-->
            <li><a href="">企业</a></li><!--二级菜单项-->
            <li><a href="">其他</a></li><!--二级菜单项-->
          </ul>
        </li>
        <li><a href="#">设计</a></li>
        <li><a href="#">相册</a></li>
        <li><a href="#">论坛</a></li>
        <li><a href="#">关于</a></li>
    </ul>
</div>
```

本次迭代，示例代码中删除了菜单项“博客”对应的链接，链接“博客”被调整为一级菜单项，其所在的 li 标记内嵌套了一组 ul-li 标记，即 3 个二级菜单项：“个人”“企业”“其他”。

下面在上一次迭代的基础上，对二级菜单进行设置。

首先，调整二级菜单为默认整体不可见，代码如下：

```
#header ul li ul { display:none; }
```

按照包含关系，二级菜单 ul 包含在一级菜单项 li 内，设置二级菜单 ul 默认不可见。此处必须使用 display 属性，不能使用 visibility 属性控制二级菜单 ul 不可见。

其次，二级菜单 ul 位于一级菜单项 li 内部，且需要显示在一级菜单项 li 下方，因此需要设置一级菜单项 li 的定位属性，代码如下：

```
#header >ul > li {float: left;margin:0 4px;position:relative;}
```

通过子选择器设置一级菜单项 li 的 position 属性为 relative，是为了控制二级菜单对应的 ul 显示在一级菜单项 li 下方。

最后，设置当鼠标指针放置在一级菜单项上时显示二级菜单，代码如下：

```
#header ul li:hover ul { /*鼠标指针放置于一级菜单项上时，显示二级菜单*/
  background:#AAAAAA;display:block; width:45px;
  position:absolute; z-index:3; top:0; left:0;
  padding-left:0px;padding-right:0px;
}
```

当鼠标指针放置在一级菜单项上时，通过将 display 属性设置为 block，控制二级菜单整体可见。设置二级菜单宽度为 45 像素；为了区分一级菜单与二级菜单，设置二级菜单背景色为灰色#AAAAAA；设置二级菜单的 z-index 属性值高于其他 div（默认为 0），才能保证二级菜单项显示在其他 div 的前面，起到遮盖显示的效果；同时，在一级菜单项下方显示二级菜单需要通过绝对定位来实现，因此将 position 属性设置为 absolute；设置 top 和 left 为 0，控制二级菜单显示在 position 属性值为 relative 的一级菜单项（li 标记）下方。

完整示例代码请参考本书源代码文件 6-13-upperMenuV3.html。迭代后的二级菜单示例代码在 Safari 浏览器中的运行效果如图 6-19 所示。

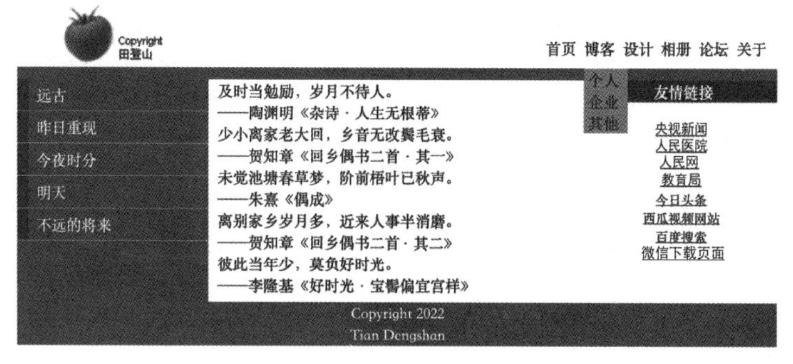

图 6-19 迭代后的二级菜单效果

关于绝对定位的相关知识点，请参考“5.6.4 设置元素定位类型”部分。

6.1.16 选择网站色调

在不同颜色的物体上笼罩着某一种颜色，使不同颜色的物体都带有同一颜色倾向，这样的颜色现象就是色调。

色调分为暖色调与冷色调。

（1）暖色调以红色、橙色、黄色等温暖的颜色为主要倾向。红色、橙色、黄色能给人温暖的视觉感受。暖色调与大自然有一定的关系，如太阳、火焰能给人温暖，它们是暖色调的。暖色调有助于强化热烈、兴奋、欢快、活泼等视觉感受。网页应用暖色调，可以营造出温馨、热情的氛围。

（2）冷色调以各种蓝色（纯蓝色、紫蓝色、蓝青色、青蓝色）为主要倾向。冷色调有助于表现恬静、深沉、神秘、寒冷等效果。网页应用冷色调，可以营造出宁静、清凉、高雅的氛围。冷色调之所以能给人寒冷的感觉，与夜色、森林、大海、蓝天等自然现象有关。

红色、黄色、蓝色、绿色这 4 种基本颜色属于最常见的颜色，网页中应用这些基本颜色时需要注意以下事项。

1. 红色

红色色感温暖，是一种对人刺激性很强的颜色。红色容易引起人的注意，也容易使人兴奋、激动、紧张、冲动。红色在各种媒体中被广泛运用，用来传达具有活力、积极、热忱、温暖及前进等含义与精神。另外，红色也常被用作警告、危险、禁止、防火等标识色。

在网页颜色的应用中，以红色为主色调的网站较少。红色多用作辅助色、点睛色，以达到陪衬、醒目的效果。

红色与少量黄色搭配，会使画面热烈强盛，趋于躁动、张扬，极富动感。红色与黑色的搭配在商业设计中被誉为商业成功色，在网页设计中也比较常见，常用于较前卫、时尚、个性的娱乐休闲网页中。

红色与灰色、黑色等暗色搭配使用，可以给人以现代、激进的感觉。粉红色是红色系中的冷色系，这类颜色多用于女性主题的物品，如化妆品、服装等，容易营造出温柔、甜蜜、纯真等氛围。

2. 黄色

黄色可以给人留下明亮、灿烂、愉快、高贵和柔和的印象，同时在味觉方面，可以给人以甜美和香酥感。黄色有希望与成功等象征意义，还代表着土地，象征着权力。黄色是明亮的，是能给人甜蜜和幸福感的颜色。在网页中，黄色还可以用来表现喜庆的氛围和华丽的商品。

黄色是网页配色中使用最为广泛的颜色之一，代表快乐、希望、智慧和轻快。活泼跳跃、色彩绚丽的配色方案中常用到黄色。高亮度的黄色与黑色结合可以得到清晰、整洁的效果，这种配色在网页设计中经常见到。在配色时，黄色与绿色搭配显得很有朝气和活力。商品网站中通常使用黄色搭配红色来渲染热闹的氛围。淡黄色几乎能与所有的颜色搭配，但如果要达到醒目的效果，就不能将淡黄色放在其他的浅色上，尤其是白色。深黄色一般不与深红色及深紫色搭配。

3. 蓝色

蓝色给人以沉稳的感觉，且具有深远、永恒、沉静、博大、理智、诚实和寒冷的意象。同时，蓝色还能够营造出和平、淡雅、洁净及可靠等氛围。在商业设计中强调科技、商务的企业形象时，大多选用蓝色当标准色。蓝色是网站设计中运用最多的颜色之一，会使人自然联想起大海和天空，产生一种爽朗、开阔和清凉的感觉。

浅蓝色具有淡雅、清新、浪漫和高贵的特性，常用在化妆品、女性服装等网站的设计中。浅蓝色和绿色、白色的搭配在网页中是比较常见的，能达到干净、清澈的效果，能营造出柔顺、淡雅和浪漫的氛围。

蓝色是冷色系中的典型代表，而黄色、红色是暖色系中典型的代表，冷暖色系对比度大，搭配使用时，效果较为明快，很容易感染、带动浏览者的情绪，具有很强的视觉冲击力。深蓝色是沉稳且较常用的颜色，能给人以沉稳、冷静、严谨和成熟的感觉，它主要用于营造安稳、可靠及略带神秘感的氛围，一般用于企业宣传类的网站设计中。

4. 绿色

在网页设计中，绿色传递的是清爽、理想、希望和生长的意象，较符合服务业、卫生保健业、教育行业、农业类网页设计的要求。绿色通常与环保有关，也经常使人联想到有关健康的事物。绿色与自然息息相关，是自然之色，代表生命与希望，也充满青春与活力。它能带给人特定的与自然、健康相关的感受，所以经常被用在与自然、健康相关的网站中。此外，绿色还经常用在一些公司的儿童站点或教育站点中。绿色具有黄色和蓝色两种成分，是一种柔顺、恬静及优美的颜色。

绿色在黄色和蓝色之间，属于较中庸的颜色，是和平色，偏向自然美，宁静、生机勃勃、宽容，可以与多种颜色搭配实现和谐的效果，也是网页中应用最为广泛的颜色之一。绿色与红色、蓝色与黄色两组对比色搭配，虽然听起来颜色很杂，但是只要协调得当，就能产生意想不到的效果。适当运用不同纯度的深绿色和浅绿色并不刺目，反而可使页面看起来很有朝气和活力。

总之，通过颜色的合理搭配，可以突出网站主题，给用户以美好的视觉感受。推荐读者搜索色调搭配方案，选择合理的颜色搭配组合，从而更好地展现网站主题和内容。

6.2 HTML5与CSS3

W3C一直在调整HTML标准，桌面浏览器也随之不断更新。本节将介绍浏览器内核分类、HTML5和CSS3。

6.2.1 浏览器内核

浏览器内核也就是浏览器采用的渲染引擎，它负责解析网页源代码，并渲染页面内容。同一网页在不同内核浏览器里的渲染效果可能不同，因此开发人员需要针对多个不同内核的浏览器测试网页显示效果。常见的浏览器内核有以下5种。

1. Trident内核

Windows操作系统自带的IE浏览器使用的是Trident内核，又称IE内核。Trident内核只能运行在Windows操作系统上，不具备跨平台特征。

使用Trident内核的浏览器有IE浏览器、360安全浏览器、猎豹极轻浏览器等。

Windows操作系统的垄断特性使得Trident内核曾经长期一家独大，微软公司很长时间都没有更新Trident内核，这导致2005年前Trident内核几乎与W3C标准脱节。一些致力于开源的开发人员和学者公开质疑 IE 浏览器的安全，导致许多用户转为使用其他浏览器。

2. Gecko 内核

Gecko 内核又称 Firefox 内核。Netscape 从版本 6 开始采用 Gecko 内核，Firefox 浏览器也采用了 Gecko 内核。Gecko 的特点是代码完全开源，具备跨平台特征，可以在 Windows、BSD、Linux 和 macOS 中使用。

使用 Gecko 内核的浏览器有 Mozilla Firefox、Mozilla SeaMonkey、Waterfox（Firefox 64 位开源版）、Iceweasel、Epiphany 的早期版本、K-Meleon 等。

3. Presto 内核

Presto 内核是 Opera 7 到 Opera 12.17 使用的内核，Presto 内核对渲染速度的优化达到了极致。

Presto 内核是商业引擎，使用 Presto 内核的除 Opera 浏览器以外，还有 NDS 浏览器、Wii Internet Channel、Nokia 770 等少量浏览器，这在很大程度上限制了 Presto 内核的发展。

随着 Opera 浏览器改用 Blink 内核，Presto 内核的使用比例逐步下降。

4. Webkit 内核

Webkit 内核是苹果公司主导开发的内核，也是 Safari 浏览器使用的内核。Webkit 内核也是自由软件，其源代码开源。

除了 Safari 浏览器，Chrome 浏览器的早期版本、傲游浏览器 3、360 极速浏览器和搜狗高速浏览器高速模式也使用 Webkit 作为内核。许多手机，如 Gphone、Symbian 和 iPhone 等品牌手机自带的浏览器都使用 WebKit 内核。2012 年年底，Webkit 内核占总浏览器市场份额约 40%。

5. Blink 内核

2013 年 4 月开始，Google 公司主导基于 Webkit 内核开发 Blink 内核。Google 公司的 Chrome 浏览器从版本 28 开始使用 Blink 内核。Blink 内核问世后，Opera（版本 15 及以后版本）、Yandex 浏览器及国内许多浏览器开始使用 Blink 内核。自 2018 年 12 月起，微软公司的 Edge 浏览器开始使用 Blink 内核。

目前，市场上使用最多的浏览器内核是 Blink 内核。

6. 双内核

国内的浏览器一般会采用双核模式，要用到两个浏览器内核：其中一个是 Trident 内核，然后再整合另一个内核。Trident 内核提供“兼容浏览模式”，其他内核提供“高速浏览模式”，供用户切换。

360 极速浏览器在 7.5 版本之前使用 Trident 和 Webkit 双内核，从 7.5 版本开始使用 Trident 和 Blink 双内核；猎豹安全浏览器的 1.0 版本到 4.2 版本使用 Trident 和 Webkit 双内核，4.3 版本及以后版本使用 Trident 和 Blink 双内核；世界之窗浏览器最初使用 Trident 内核，从 2013 年开始使用 Chrome 和 Trident 双内核；搜狗高速浏览器最初使用 Trident 内核，2.0 版本及以后版本使用 Trident 和 Webkit 双内核；UC 浏览器使用 Webkit 和 Trident 双内核。

微软公司的 Windows 操作系统集成了 IE 浏览器，后期改为 Edge 浏览器；Linux 操作系统集成了 Firefox 浏览器；苹果公司的 macOS 和 iOS 集成了 Safari 浏览器；目前用户数最多的是 Chrome 浏览器。

6.2.2 初步了解 HTML5

HTML5 是 HyperText Markup Language 5 的缩写。HTML5 技术结合 HTML 4.01 的相关标准进行了革新，符合现代网络发展要求，HTML5 于 2008 年正式发布，其语法特征更加明显。HTML5 在 2012 年已形成了稳定的版本。

HTML5 将 Web 带入一个成熟的应用平台，对视频、音频、图像、动画及与设备的交互都进行了规范。

以表单为例，HTML5 中的输入控件类型和属性的多样性极大地丰富了 HTML 表单样式，再加上新增的一些表单标记，使得原本需要 JavaScript 来实现的控件，可以直接使用 HTML5 的表单来实现；一些功能如内容提示、焦点处理、数据验证等，可以直接通过 HTML5 的智能表单属性标记来完成。

HTML5 的最大特色之一就是支持音频、视频，只需要使用 audio、video 这两个标记，而无须用到第三方插件（如 Flash）就可以实现音频、视频的播放。HTML5 对音频、视频文件的支持使得浏览器摆脱了对插件的依赖，加快了页面的加载速度，扩展了互联网多媒体技术的发展空间。

6.2.3 引入 HTML5 后的网页模板

按照 HTML5 规范调整网页模板文件，代码如下：

```
<!DOCTYPE html>
<html lang="zh">
<head>
  <meta charset="UTF-8">
  <title>html5 module</title>
  <style></style>
</head>
<body>
</body>
</html>
```

其中<html lang="zh">用于告知搜索引擎该页面使用的是 HTML，并且是中文语言的网站，通过 meta 标记设置浏览器解析网页时按照 UTF-8 编码进行加载。

HTML5 规范中，W3C 明确规定，标记必须用小写格式。所以此模板文件中所有标记均采用小写格式书写。完整示例代码请参考本书源代码文件 6-14-html5Module.html。

只需要在网页代码的第一行加入代码“<!DOCTYPE html>”，浏览器就会使用 HTML5 标准渲染网页效果。

6.2.4 CSS1 到 CSS3

HTML 标准常推陈出新，浏览器在不断更新，CSS 也在不断演变。

（1）CSS1：在 CSS 1.0 和 CSS 1.2 中，提供了有关字体、颜色、位置和文本等基本属性，CSS1 中需要使用 table 标记控制页面布局。

（2）CSS2：W3C 在 1998 年 5 月发布了 CSS 2.0，该标准侧重于把内容和显示效果分离。CSS2 中，只需要使用 div 标记和 ul-li 标记，通过样式表就能设计出复杂布局页面。

CSS2 引入了盒子模型，CSS 2.1 中新增的选择器有：*、E > F、E:first-child、E:hover、E:focus、E + F、E[attr]、E[attr="name"]、E[attr~="name"]、E:before 和 E:after。

“5.2.3 伪元素”部分讲解过选择器“:before”和“:after”，这两个选择器属于 CSS2 新增的选择器。

（3）CSS3：CSS3 的目标是模块化，其新增功能包括定义圆角矩形、设置背景颜色渐变、控制背景图片大小和定义多个背景图片等。Firefox 4.0 以上版本、Chrome 11.0 浏览器均支持 CSS3，但是 IE 9 浏览器未能全面支持 CSS3。

CSS3 中新增的选择器有：E ~ F、E[attr^="name"]、E[attr$="name"]、E[attr*="name"]、E[attr|="name"]、E:root、E:nth-of-type、E:nth-last-of-type、E:first-of-type、E:last-of-type、E:only-of-type、E:only-child、E:last-child、E:nth-child、E:nth-last-child、E:empty、E:target、E:checked、E:selection、E:enabled、E:disabled、E:not(s)。

除非 IE 9.0 及以下版本的浏览器完全退出历史舞台，否则开发人员对完全使用 CSS3 开发网页需要保持谨慎态度。开发人员不能要求用户升级浏览器或者更换浏览器，毕竟有的用户只使用系统却不会维护系统。

6.2.5 定义圆角矩形

CSS3 中新增了 border-radius 属性，用于控制元素显示圆角边框。该属性可以给出 1～4 个值，分别按照次序控制左上角、右上角、右下角、左下角的圆角半径。如果给出 4 个半径值，则会依次控制左上角、右上角、右下角、左下角的圆角半径。如果只给出 1 个半径值，则 4 个角使用相同的半径值。如果给出 2 或 3 个半径值，则省略的值与对角的半径值相同。设置该属性时可以使用相对单位，如 50%；也可以使用绝对单位，如 1px。

需要注意的是，IE 8 及以下版本浏览器不支持该属性。同时，为了兼容早期版本的 Firefox 浏览器和早期的 Webkit 内核浏览器，需要同时设定-moz-border-radius 和-Webkit-border-radius 属性，以确保代码的兼容性。下面将定义一个圆角矩形，标记部分代码如下：

```
<div>这是圆角矩形</div>
```

div 中包含文字提示，设置圆角矩形的 CSS 代码如下：

```
div {
    border:1px solid black;width:120px;height:30px;
    border-radius:10px;
    -moz-border-radius:10px;
    -Webkit-border-radius:10px; }
```

对 div 设置其宽度和高度分别为 120 像素和 30 像素，显示 1 像素宽的黑色实线边框，同时控制圆角半径为 10 像素，示例代码的运行效果如图 6-20 所示。

显然，还需要控制 div 内部的文字在水平方向、垂直方向居中对齐。水平方向比较简单，设置 text-align 属性为 center 即可实现。垂直方向该如何实现呢？

即使设置 vertical-align 属性为 middle，也无法实现垂直方向上居中对齐的效果。原因在于文本属于行内元素，浏览器在垂直方向上根据 margin 和 padding 及 line-height 属性控制显示位置。而 div 的 margin 和 padding 属性默认都是 0，此处只有一行文本，所以需要调整 line-height 属性为 div 的高度，即文字行高与 div 高度相同，代码如下：

```
div {
border:1px solid black;width:120px;height:30px;
text-align: center;line-height: 30px;
border-radius:10px;
-moz-border-radius:10px;  -Webkit-border-radius:10px; }
```

完整示例代码请参考本书源代码文件 6-15-roundRect.html。再次测试代码，其在 Chrome 浏览器中的运行效果如图 6-21 所示。

这是圆角矩形

图 6-20 圆角矩形效果

这是圆角矩形

图 6-21 水平方向和垂直方向居中对齐的圆角矩形效果

如果 div 内包含多行文本，不要设置 div 的高度，否则无法实现垂直方向居中对齐。

6.2.6 浅谈圆角矩形实现算法

浏览器如何渲染圆角矩形效果？简单起见，这里以简单的圆形圆弧为例，为此需要设置 div 的宽度和高度相同。

同时设定 div 的宽度和高度都为 100 像素，左上、右上、右下和左下 4 个角的顶点坐标依次为(0,0)、(100,0)、(100,100)和(0,100)，坐标单位为像素。假设左上、右上、右下、左下 4 个角的圆弧半径为 10 像素、20 像素、30 像素、50 像素，浏览器如何渲染该图形呢？

div 初始为正方形，以左上角为例，圆弧半径为 10 像素，即横向和纵向有 10 像素需要替换为圆弧，计算后圆心坐标为(10,10)，以该圆心画四分之一圆弧，并用该圆弧替换原来 10 像素宽和高的左上方直角，即可实现左上角从直角变为圆弧。其他 3 个角的实现算法相同。

如果要定义椭圆形、圆角矩形，即 div 的宽度和高度不同，圆形圆弧算法需要替换为椭圆曲线算法，如 Bezier 曲线算法等，其实现机制较为复杂，有兴趣的读者请自行查阅相关资料。

了解算法原理后，下面完成显示圆形、上下两个半圆形和直角扇形效果。

首先，在 body 中加入 4 个 div，代码如下：

```
<body>
<div class="circle"></div>
<div class="semicircle"></div>
<div class="semicircle2"></div>
<div class="sector"></div></body>
```

body 内嵌套了 4 个 div，用于显示圆形、上下两个半圆形和直角扇形。

其次，加入 4 个 div 的相同样式定义，4 个 div 必须是正方形，即设置相同的宽度和高度。为了能够把多个 div 显示在同一行，调整 div 的 display 属性为 inline-block，代码如下：

```
div {width: 150px;height: 150px;display: inline-block;background: gray; }
```

接下来分别控制 4 个 div 的样式。

圆形的 CSS 代码如下：

```
.circle{border-radius: 50%; }
```

根据实现算法，只需要设置 4 个角的半径为边长的一半即可显示圆形。

半圆形 div 的高度需要调整为原来的一半，即 75 像素，宽度仍然是 150 像素。上半圆设置左上角和右上角的圆角半径为 75 像素，其他两个角的圆角半径为 0；下半圆设置左下角和右下角的圆角半径为 75 像素，其他两个角的圆角半径为 0。对应 CSS 代码如下：

```
.semicircle{border-radius: 75px 75px 0 0;height: 75px;}
.semicircle2{border-radius:0 0 75px 75px ;height: 75px;}
```

最后，加入直角扇形的 CSS 代码，该 div 的宽度和高度都是 150 像素，只需要控制左上角的圆角半径为 150 像素，其他 3 个角的圆角半径为 0，即可显示直角扇形，对应 CSS 代码如下：

```
.sector { border-radius:150px 0 0 0 ;}
```

示例代码在 Safari 浏览器中的运行效果如图 6-22 所示。

了解了圆角矩形的原理，就学会了如何绘制圆形、半圆形和扇形。完整示例代码请参考本书源代码文件 6-16-shape.html。

图 6-22　圆角矩形示例代码的运行效果

6.2.7　CSS3 盒子模型

在 CSS1 和 CSS2 中，元素的可见宽度和可见高度通过“5.4.4 盒子模型的概念”部分讲解的计算公式进行计算。在迭代一行三列布局时，每调整一次边框，就需要对内部盒子的 width 属性（也可以是 margin 或 padding 属性）进行调整。这无形之中增加了开发人员的工作量。

为此，CSS3 中新增了一个属性 box-sizing，供开发人员对元素的可见宽度和可见高度的计算方法进行选择。

box-sizing 属性的默认值为 content-box，即遵循“5.4.4 盒子模型的概念”部分介绍的计算公式，调整元素的 width 属性并不会影响该元素的 margin、padding 和 border 属性。

如果将 box-sizing 属性设置为 border-box，此时设置的 width 值会包含元素的 padding 值和 border

值，但是不包含 margin 值。

示例代码如下：

```
p{width:90px;box-sizing:border-box;margin:5px;padding:3px;border:1px solid red;}
```

示例代码中，p 标记设置 box-sizing 属性为 border-box 后，段落的可见宽度为 100 像素，内容实际显示宽度为 82 像素。计算过程如下。

可见宽度=width+左右 margin=90+5+5=100 像素。

实际内容宽度=width−左右 padding−左右 border=90−3−3−1−1=82 像素。

这样一来，修改元素的 padding 和 border 属性就不会再影响该元素的可见宽度了，开发人员可以大幅减少设置盒子模型有关属性的操作。

为了兼容早期的 Firefox 浏览器和早期的 Webkit 内核浏览器，需要同时设置 -moz-box-sizing 和-Webkit-box-sizing 属性值与 border-box 属性值相同。

6.2.8 HTML5 新增的标记

为了更好地语义化，便于搜索引擎搜索，HTML5 新增了结构性语义标记，如 header、nav、article、aside、section、footer、main。这些标记有什么作用，又该如何使用？下面分别介绍。

1. header 标记

header 标记是一种具有导航作用的结构标记，该标记可以包含所有放在页面头部的内容。header 标记通常用来定义整个页面或页面内的一个内容区块的标题，也可以包含网站 Logo、搜索表单或者其他相关内容。

一个网页中可以有多个 header 标记，也可以为每一个内容区块添加 header 标记。

2. nav 标记

nav 标记用于定义导航链接，它可以将具有导航性质的链接归纳在一个区域中，使页面标记的语义更加明确。

nav 标记通常用于定义传统导航条、侧边栏导航、页内导航、翻页链接。

3. article 标记

article 标记用于定义文档、页面或者应用程序中与上下文不相关的独立部分，如定义一篇日志、一条新闻或用户评论等。一个页面中 article 标记可以出现多次。

4. aside 标记

aside 标记用于定义当前页面或者文章的附属信息部分。它可以包含与当前页面或主要内容相关的引用、侧边栏、广告、导航条等有别于主要内容的部分。

aside 标记主要的用法有以下两种。

（1）被包含在 article 标记内，定义主要内容的附属信息。

（2）在 article 标记之外使用，定义页面或者站点全局的附属信息部分。最常用的形式之一是侧边栏，其中的内容可以是友情链接、广告单元等。

5. section 标记

section 标记用于对网站或应用程序中页面上的内容进行分块。一个 section 标记通常由内容和标题组成。在使用 section 标记时，需要注意以下 3 点。

（1）不要将 section 标记用作设置样式的页面容器，那是 div 的特性。

（2）如果 article、aside 或 nav 标记更符合使用条件，就不要使用 section 标记。

（3）没有标题的内容区块不要使用 section 标记定义。

在 HTML5 中，article 标记可以看作一种特殊的 section 标记，它比 section 标记更具独立性，即 section

标记强调分段或分块，而 article 标记强调独立性。如果一块内容相对来说比较独立、完整，应该使用 article 标记定义；但是如果想要将一块内容分成多段，应该使用 section 标记。

article 标记内可以通过多个 section 标记划分出多个段落。

6. footer 标记

footer 标记用于定义一个页面或者区域的底部，它可以包含通常放在页面底部的内容。与 header 标记相同，一个页面中可以包含多个 footer 标记。同时，也可以在 article 标记或者 section 标记中添加 footer 标记。

7. main 标记

main 标记用于标注文档的主要内容，它在每个网页中只能使用一次。如果在一个网页文档中加入多个 main 标记，那么 W3C 校验器会报错。

同时，W3C 要求 main 标记不能作为 article、header、aside、footer、nav 标记的子标记。

总之，HTML5 的语义标记是为了表明其中内容的含义。语义化的好处是方便工具（如爬虫等）分析，其主要目的是便于网负被搜索引擎正确地收录。

语义标记需要嵌套在 body 标记内。header 标记部分可以加入 Logo 或者链接，nav 标记通常用于设计菜单，main 标记定义主体内容部分，footer 标记通常用于放置版权信息，header、nav、main 和 footer 标记需要嵌套在 body 标记内部。

菜单标记 nav 可以直接嵌套在 body 标记内部，也可以根据需要嵌套在 header 标记内部。nav 标记内部通过 ul-li 标记设计菜单；然后把 a 标记嵌套于 li 标记内部，设计菜单项。

main 标记内可以加入多个文章标记 article，通常通过一个 aside 标记加入竖向菜单。每个 article 标记内可以包含多个 section 标记，在 section 标记内部嵌套段落标记 p 和标题标记 hn 等结构标记。

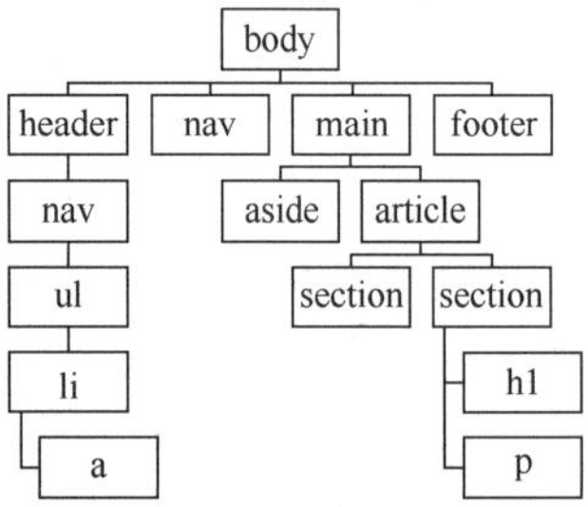

图 6-23　语义标记的层次关系

语义标记的层次关系如图 6-23 所示。

在图 6-23 中，nav 标记既可作为上部菜单，又可以用于设计左侧菜单，这取决于页面原型。

HTML5 还增加了视频标记 video 和音频标记 audio，专门用于播放视频和音频文件。

6.3　flex 布局基础

在 CSS1 中，需要通过 table 标记对页面布局进行控制。在 CSS2 中，通过 div 标记构建页面复杂布局，该方法基于盒子模型，通过设置 display 属性、position 属性和 float 属性实现复杂布局。这种方法虽然把页面和内容分离开了，但是工作量较大，不易模块化，且难以实现垂直居中等功能。为此，CSS3 中引入了模块化解决方法：flex 布局。

flex 布局在 2009 年被 W3C 提出，是一种简便、完整的响应式网页布局。flex 布局能够自动弹性伸缩，以适配不同大小的屏幕。支持 flex 布局的浏览器版本如表 6-1 所示。

表 6-1　　支持 flex 布局的浏览器版本

浏览器	Chrome	Opera	Firefox	Safari	IE
支持版本	21+	12.1+	22+	6.1+	10+

目前国内许多用户还在使用 IE 9 甚至更低版本的 IE 浏览器，由于 IE 浏览器直到版本 10 才支持 flex 布局，所以需要慎重使用 flex 布局。

6.3.1　flex 容器

采用 flex 布局的元素称为 flex 容器。flex 容器内的所有子元素自动成为容器成员，称为 flex 项目。flex 容器的具体介绍如下。

1. 设置元素为 flex 容器

通过 display 属性可以设置元素为 flex 容器。为了兼容早期版本的 Webkit 内核浏览器和早期版本的 Firefox 浏览器，在 CSS 中需要加入以下代码：

```
div#root {
    display: flex;
    display: -Webkit-flex;
    display: -moz-flex;}
```

这样一来，id 属性值为 root 的 div 变成了 flex 容器，浏览器就可以按照 flex 布局对 flex 容器的内部元素进行渲染了。

2. 设置主轴方向

flex 容器默认存在两条轴：水平方向的主轴（Main Axis）和垂直方向的交叉轴（Cross Axis）。主轴的方向默认为水平方向，可以通过 flex-direction 属性修改主轴方向。

flex-direction 属性有 4 个属性值：默认为 row，即从左向右排列元素；还可以设置为 row-reverse、column 和 column-reverse，分别控制从右往左、从上往下和从下往上排列元素。前两个属性值控制主轴方向为水平方向，后两个属性值控制主轴方向为垂直方向。

如果在 flex 容器 div 内放置 3 个 div，网页标记部分的示例代码如下：

```
<div id="root">
    <div>栏目一</div>
    <div>栏目二</div>
    <div>栏目三</div>
</div>
```

接着，加入控制 flex 容器 div 的 CSS 代码，代码如下：

```
div#root {
  border: 1px solid black; padding: 5px;
  width: 300px; height: 50px;  flex-direction:row-reverse;
  display: flex;display: -Webkit-flex;display: -moz-flex;}
```

通过 display 属性设置 id 属性值为 root 的 div 为 flex 容器，将 flex-direction 属性设置为 row-reverse，即主轴方向为水平方向，从右到左依次渲染内部 flex 项目。flex 容器显示 1 像素宽的黑色实线边框，同时设置宽度和高度分别为 300 像素和 50 像素，设置内部填充为 5 像素。

内部 3 个 div 的样式相同，其 CSS 代码如下：

```
#root > div {border: 3px solid purple;padding:5px;margin-left: 10px;}
```

通过 CSS 的子选择器，控制 flex 容器内部包含的 3 个 div 标记显示 3 像素宽的紫色实线边框，并控制内部留白宽度为 5 像素，左外边距为 10 像素。示例代码在 Firefox 浏览器中的运行效果如图 6-24 所示。

如果将 flex-direction 调整为默认值 row，将从左边框开始依次渲染栏目一、栏目二和栏目三。

接下来，把示例代码中 flex 容器的 flex-direction 属性调整为 column-reverse，代码如下：

```
div#root {
  border: 1px solid black;padding: 5px;
  width: 300px; height: 100px;flex-direction:column-reverse;
  display: flex;display: -Webkit-flex;display: -moz-flex;}
```

示例代码在 Firefox 浏览器中的运行效果如图 6-25 所示。

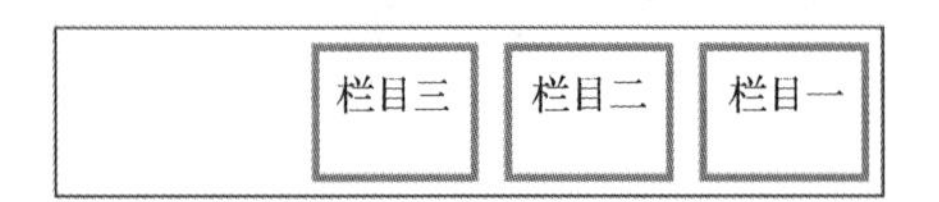

图 6-24　flex 项目从右向左排列的效果

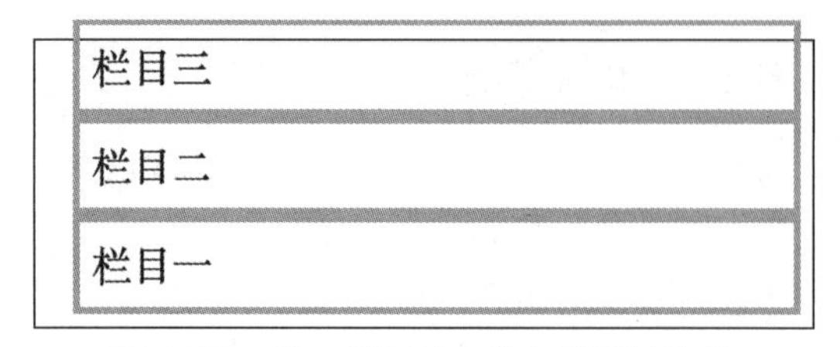

图 6-25　flex 项目从下往上排列的效果

把 flex 容器高度调整到 100 像素是为了在垂直方向有足够空间显示 3 个 div。flex 容器会从下方开始，自下而上依次显示 3 个 div，如图 6-25 所示。完整示例代码请参考本书源代码文件 6-17-flex-direction.html。

3. 压缩 flex 容器内的 flex 项目

当在主轴排列 flex 项目时，如果项目的总宽度超出了 flex 容器的宽度，可以采用 flex-wrap 属性控制是否压缩 flex 项目。flex-wrap 属性有以下 3 个属性值。

（1）nowrap：默认值，当 flex 容器空间不足时也不换行，自动压缩 flex 项目的宽度。

（2）wrap：当 flex 容器空间不足时，自动换行，无法在同一行显示的 flex 项目将显示在下一行。

（3）wrap-reverse：当 flex 容器空间不足时，自动换行，无法在同一行显示的 flex 项目将显示在上一行；也就是整体从下到上逐行进行渲染，同一行从左到右进行渲染。

flex-wrap 的 3 个属性值的显示效果如图 6-26 所示。

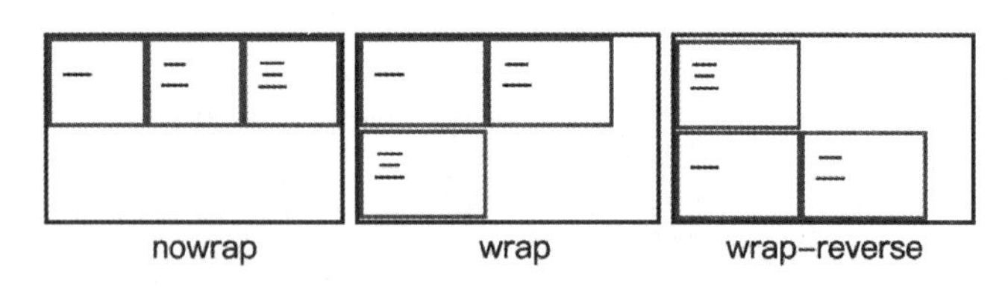

图 6-26　flex-warp 的 3 个属性值的显示效果

在图 6-26 所示的效果图中，文字“一”“二”“三”对应的 div，它们的宽度为 50 像素，高度为 30 像素。作为 flex 项目的 3 个 div 放置在 flex 容器中。3 个 flex 容器的宽度和高度相同，分别是 140 像素和 90 像素。

由于 3 个 flex 项目宽度的和是 150 像素，超过了所在 flex 容器的宽度（140 像素），因此无法同时显示在同一行。

左侧的 flex 容器的 flex-wrap 属性为 nowrap，会对 3 个 flex 项目进行压缩，保证 3 个 flex 项目能够放置在同一行。

中间的 flex 容器的 flex-wrap 属性为 wrap，此时不会对 3 个 flex 项目进行压缩，文字“一”“二”“三”对应的 div 会从上到下进行渲染，主轴方向仍然是从左到右。

右侧的 flex 容器的 flex-wrap 属性为 wrap-reverse，此时不会对 3 个 flex 项目进行压缩，文字“一”“二”“三”对应的 div 会从下到上进行渲染，主轴方向仍然是从左到右。完整示例代码请参考本书源代码文件 6-18-flex-wrap.html。

4. 基于主轴的对齐方式

justify-content 属性可以控制 flex 项目在主轴的对齐方式，其属性值如下。

（1）flex-start：默认值，从行首开始排列。

（2）center：居中排列。

（3）flex-end：从行尾开始排列。

（4）space-between：均匀排列每个 flex 项目，第一个项目放置于起点，最后一个项目放置于终点，即默认第一个项目和最后一个项目与边框之间无间隔。

（5）space-evenly：均匀排列每个项目，每个项目的间隔相等；第一个项目与边框的间隔、最后一个项目与边框的间隔及项目的间隔完全相同。

（6）space-around：均匀排列每个项目，每个项目两侧的间隔相同；但是，项目的间隔比项目与边框的间隔大一倍。

justify-content 属性的 6 个属性值的显示效果如图 6-27 所示。

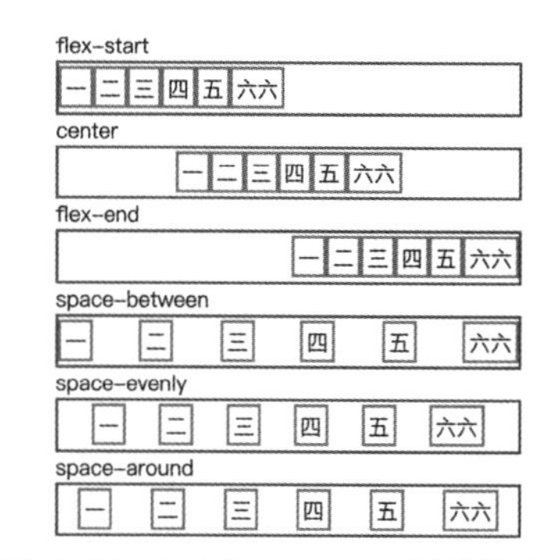

图 6-27　justify-content 属性的 6 个属性值的显示效果

从图 6-27 可以看出，justify-content 属性可以控制主轴方向内部 flex 项目的对齐方式。完整示例代码请参考本书源代码文件 6-19-justify-content.html。

5. 基于交叉轴的对齐方式

align-items 属性可以控制 flex 项目在交叉轴的对齐方式，其属性值如下。

（1）stretch：默认值，flex 项目被拉伸以适应容器；如果项目未设置高度或将高度设为 auto，将占满整个容器的高度；但同时会遵照最小、最大宽度和高度属性的限制。

（2）flex-start：项目位于容器交叉轴的开头。

（3）center：项目位于容器交叉轴的中心。

（4）flex-end：项目位于容器交叉轴的结尾。

（5）baseline：项目的第一行文字的基准线对齐。

align-items 属性的 5 个属性值的效果如图 6-28 所示。

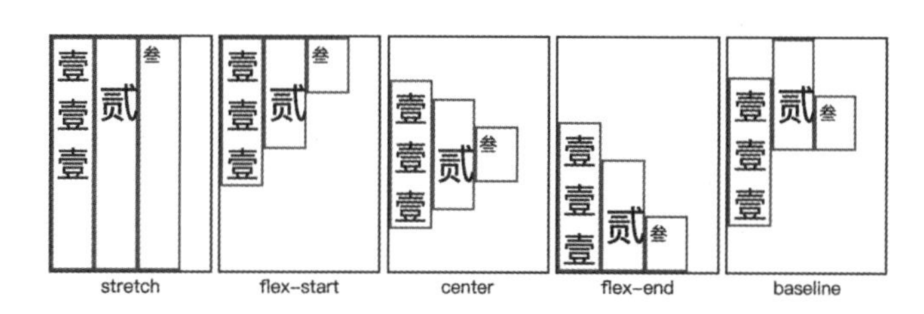

图 6-28　align-items 属性的 5 个属性值的效果

完整示例代码请参考本书源代码文件 6-20-align-items.html。

将 align-items 属性设置为 stretch 时，无须设置项目的高度，否则项目可能无法拉伸占满容器的高度。baseline 对齐效果显示为按照项目内第一行文字的基准线进行对齐。

6.3.2　flex 项目

采用 flex 布局后，flex 容器内部的 flex 项目可以进行以下设置。

1. 设置项目的排列顺序

order 属性用于定义项目的排列顺序。数值越小，排列越靠前，order 属性的默认值为 0。

2. 设置项目的放大比例

flex-grow 属性用于定义 flex 项目的放大比例。flex-grow 属性的默认值为 0，此时，即使 flex 容器内存在剩余空间，也不会放大 flex 项目的显示比例。

当 flex 项目无法占满 flex 容器时，通过 flex-grow 属性拉伸各项目，从而占满 flex 容器。拉伸项目后，flex 项目宽度的计算公式如下：

宽度+(容器宽度-所有 flex 项目宽度和)×该项目放大比例÷所有 flex 项目的放大比例和

假设 flex 容器宽度为 600 像素，容器内有 3 个宽度都是 80 像素的 flex 项目，3 个项目的放大比例依次为 1、2 和 3。通过计算后，3 个 flex 项目的宽度为 140 像素、200 像素和 260 像素。

其中计算第三个 flex 项目宽度的过程如下：

80+(600−80×3)×3÷(1+2+3)=80+360×3÷6=80+180=260 像素

3. 设置项目的缩小比例

flex-shrink 属性用于定义项目的缩小比例，默认值为 1，即如果空间不足，该项目将缩小。

如果所有项目的 flex-shrink 属性都为 1，当空间不足时，所有项目都将等比例缩小。如果一个项目的 flex-shrink 属性为 0，其他项目都为 1，则空间不足时，flex-shrink 属性为 0 的项目不缩小。

设置缩小比例后，flex 项目宽度的计算公式如下：

宽度−(所有 flex 项目宽度和−容器宽度)×该项目缩小比例÷所有 flex 项目的缩小比例和

假设 flex 容器宽度为 600 像素，容器内有 3 个宽度都是 300 像素的 flex 项目，3 个项目的缩小比例依次为 1、2 和 3。通过计算后，3 个 flex 项目的宽度为 250 像素、200 像素和 150 像素。

其中计算第三个 flex 项目宽度的过程如下：

300− (300×3−600)×3÷(1+2+3)=300−300×3÷6=300−150=150 像素。

4. 设置项目的基准宽度

flex-basis 属性用于设置项目的基准宽度，该属性需要和 flex-grow、flex-shrink 两个属性一起使用。示例代码如下：

```
div#col {flex-basis:300px;flex-grow:0;flex-shrink:0}
```

以上代码会控制 id 属性值为 col 的 div 的固定宽度为 300 像素。

5. 同时设置基准宽度和缩放比例

flex 属性是 flex-grow、flex-shrink 和 flex-basis 的简写，默认值为 0、1、auto，后两个属性值可选。示例代码如下：

```
div#col {flex:0 0 300px;}
```

该行代码用于控制 id 属性值为 col 的 div 的固定宽度为 300 像素。

6. 设置单个 flex 项目的对齐方式

align-self 属性允许单个 flex 项目有与 flex 容器内其他 flex 项目不一样的对齐方式。align-self 属性的默认值为 auto，表示继承父元素的 align-items 属性，如果没有父元素，则等同于 stretch 属性值。

align-self 属性的属性值与 align-items 属性的相同，在此不做赘述。

6.4 flex 布局设计

了解 flex 项目的相关属性后，本节将继续通过迭代的方法，使用 flex 布局技术完成桌面浏览器的复杂布局。同时，示例代码将改用 HTML5 语义标记。

6.4.1 设计三行一列 flex 布局

使用 flex 布局技术设计三行一列布局时，用语义标记替换 div 标记。标记部分代码如下：

```
<!DOCTYPE html>
<html lang="zh">
<head>
   <meta charset="UTF-8">
   <title>三行一列布局</title></head>
<body>
   <header>头部</header>
   <main>第二行<br>第二行<br>第二行<br>第二行<br>
   </main>
   <footer>底部 footer</footer>
</body>></html>
```

该网页应用“6.2.3 引入 HTML5 后的网页模板”部分的 HTML5 网页模板文件的内容，在 body 标记内加入了 3 个语义标记：header、main 和 footer。并且在 3 个语义标记中加入了文字内容，这样一来，在迭代过程中，无需再对 3 个语义标记 header、main 和 footer 设置高度。

直接设置 body 标记为 flex 容器，代码如下：

```
body {display: flex;display: -Webkit-flex;display: -moz-flex;
   flex-direction:column;width: 100%;margin: 0;padding: 0; }
```

通过 display 属性控制 body 标记为 flex 容器，并确保兼容早期 Mozilla 和 Webkit 内核浏览器。不同浏览器渲染 body 标记时，margin 和 padding 属性有所不同，需要统一调整为 0，确保不同浏览器显示相同的效果。此外，通过 flex-direction 属性控制主轴方向为 column，控制 flex 容器内的 flex 项目在垂直方向从上到下排列。

由于 3 个 flex 项目 header、main 和 footer 的宽度都是 100%，且 3 个语义标记都是 body 标记的直接子标记，可以通过子选择器进行控制，代码如下：

```
body > * {width: 100%;}
```

出于迭代过程中测试效果的需要，添加如下代码，显示这 3 个 flex 项目的边框：

```
header {border: 3px solid red;}
main {border: 3px solid purple;}
footer {border: 3px solid red;}
```

由于 3 个标记内都包含文字，浏览器会自动计算高度，因此此次迭代无须设置 flex 项目的高度。迭代后的示例代码在 Chrome 浏览器中的运行效果如图 6-29 所示。

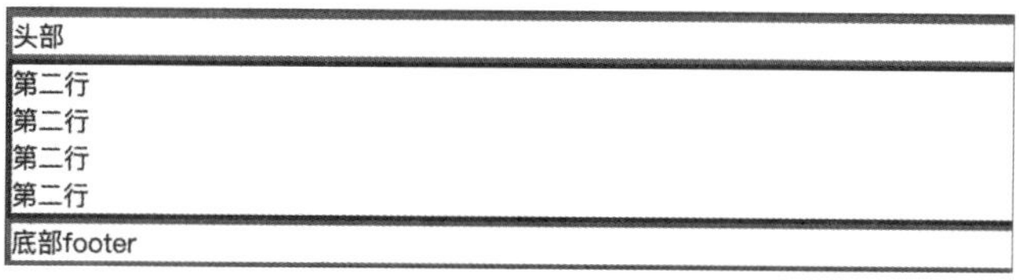

头部
第二行
第二行
第二行
第二行
底部footer

图 6-29　三行一列 flex 布局效果

细心的读者会发现，虽然 3 行的宽度都是 100%，但却无法查看右侧的边框。原因在于盒子模型。3 个 flex 项目的 margin 和 padding 属性都是 0，flex 项目的实际可见宽度为 width 的值加上左右边框共 6 像素，所以看不到右侧的边框。为此，调整代码如下：

```
body > * {width: 100%;box-sizing: border-box;
          -moz-box-sizing: border-box;-Webkit-box-sizing: border-box;}
```

通过“6.2.7 CSS3 盒子模型”部分讲解的 box-sizing 属性设置 width 的值包含 flex 项目的边框和 padding，调整代码后，示例代码在 Chrome 浏览器中的运行效果如图 6-30 所示。

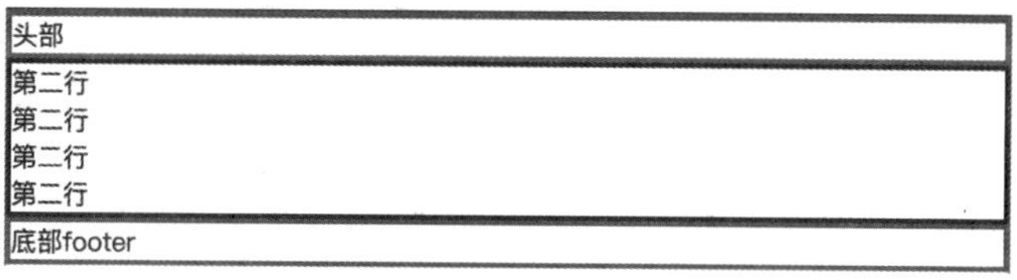

头部
第二行
第二行
第二行
第二行
底部footer

图 6-30　调整后的三行一列 flex 布局效果

至此，通过迭代方法完成了三行一列的 flex 布局。完整示例代码请参考本书源代码文件 6-21-flex-1col3rows.html。

6.4.2 设计一行三列 flex 布局

使用 flex 布局技术设计一行三列 flex 布局时，同样使用语义标记替换 div 标记。标记部分代码如下：

```
<!DOCTYPE html>
<html lang="zh">
<head>
  <meta charset="UTF-8">
  <title>一行三列布局</title></head>
<body>
  <main>
    <nav>menu1<br>menu2<br>menu3</nav>
    <article>1<br>2<br>3<br>4<br>5</article>
    <aside>link1<br>link2<br>link3</aside>
</main>
</body></html>
```

该网页同样应用“6.2.3 引入 HTML5 后的网页模板”部分的 HTML5 网页模板文件的内容，在 body 标记内加入了 main 标记，而 main 标记内包含了 3 个语义标记：nav、article 和 aside。并且在 3 个语义标记中加入了文字内容，这样一来，在迭代过程中，不需要对 3 个语义标记 nav、article 和 aside 设置高度以测试迭代效果。

设置 body 标记为 flex 容器，代码如下：

```
body {display: flex;display: -Webkit-flex;display: -moz-flex;
  flex-direction:column;width: 100%;margin: 0;padding: 0;}
```

通过 display 属性控制 body 标记为 flex 容器，并确保兼容早期的 Mozilla 和 Webkit 内核浏览器。不同浏览器渲染 body 标记时，margin 和 padding 属性有所不同，需要统一调整为 0，确保不同浏览器显示相同的效果。

由于 body 标记作为容器，内部只有一个 flex 项目（main 标记），因此通过 flex-direction 属性控制主轴方向为 column，控制 flex 容器内的 flex 项目在垂直方向从上到下排列。

main 标记不仅是 body 标记的 flex 项目，还是 3 个语义标记 nav、article 和 aside 的 flex 容器，设置其 CSS 代码如下：

```
main{
  display: flex;display: -Webkit-flex;display: -moz-flex;
  flex-direction:row;width: 100%; }
```

设置 main 标记为 flex 容器，主轴方向为 row，内部 flex 项目在水平方向从左到右排列。

对于 main 标记的 3 个子标记 nav、article 和 aside，通过子选择器设置 flex 项目的 padding 属性和盒子模型，对应 CSS 代码如下：

```
main>* {
  padding:5px;box-sizing:border-box;
  -moz-box-sizing:border-box;-Webkit-box-sizing:border-box; }
```

这样一来，main 标记的 3 个子标记 nav、article 和 aside 在设置 width 属性时会包含 padding 和 border 两个属性。

对于左侧的 nav 标记，设置其宽度固定为 300 像素，显示灰色背景，代码如下：

```
nav {background-color: gray;flex:300px 0 0;}
```

右侧的 aside 标记，其宽度固定为 200 像素，显示灰色背景，代码如下：

```
aside {background-color: gray;flex:200px 0 0;}
```

中间的 article 标记的宽度占据剩余空间，并显示白色背景，代码如下：

```
article {background-color: white;flex-grow: 1;}
```

调整代码后，把 Chrome 浏览器窗口缩小，测试效果如图 6-31 所示。

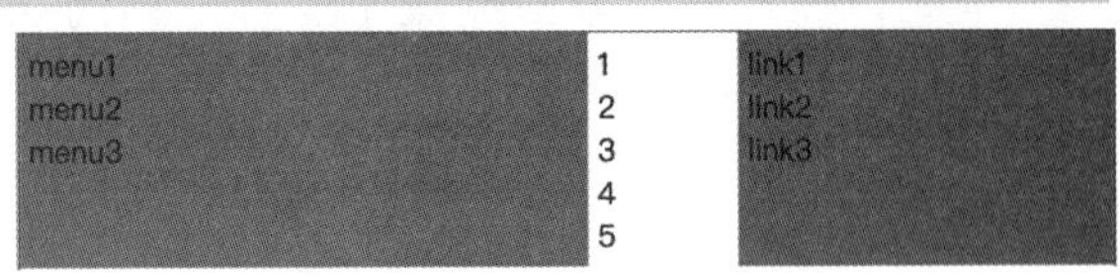

图 6-31　一行三列 flex 布局效果

显然，当浏览器窗口缩小后，中间 article 标记的宽度可以随意调整，如何避免 article 标记的宽度缩小到非常小呢？

作为 flex 项目，中间的 article 标记可以通过 min-width 属性控制其最小宽度，代码如下：

```
article {background-color: white;flex-grow: 1;min-width: 500px; }
```

完整示例代码请参考本书源代码文件 6-22-flex-1row3cols.html。

一行三列布局不适合人像模式的手机浏览器，手机浏览器人像模式的实现方法将在“6.5.3 制作响应式网页”部分讲解。

6.4.3 设计三行三列 flex 布局

完成三行一列 flex 布局和一行三列 flex 布局后，通过迭代方法，把一行三列 flex 布局的标记和 CSS 代码分别嵌入三行一列 flex 布局，即可完成三行三列 flex 布局。

整合标记部分代码，用一行三列 flex 布局示例代码中的 main 标记及其包含的标记替换掉三行一列 flex 布局示例代码中的 main 标记，修改后的代码如下：

```
<body>
   <header>头部</header>
   <main>
      <nav>menu1<br>menu2<br>menu3</nav>
      <article>1<br>2<br>3<br>4<br>5</article>
      <aside>link1<br>link2<br>link3</aside>
   </main>
   <footer>底部 footer</footer>
</body>
```

把一行三列 flex 布局示例代码中的 CSS 代码复制到三行一列 flex 布局示例代码的 style 标记内，整合后的 CSS 代码如下：

```
<style>
body {display: flex;display: -Webkit-flex;display: -moz-flex;
   flex-direction:column;width: 100%;
   margin: 0;padding: 0;}
body > * {width: 100%;box-sizing: border-box;
-moz-box-sizing: border-box;-Webkit-box-sizing: border-box;}
header {border: 3px solid red;}
footer {border: 3px solid red;}
main {border: 3px solid black;}
main{
   display: flex;display: -Webkit-flex;display: -moz-flex;
   flex-direction:row;width: 100%;
}
main>* {
   padding:5px;
   box-sizing:border-box;
   -moz-box-sizing:border-box;
   -Webkit-box-sizing:border-box;
}
main>nav {background-color: gray;flex:150px 0 0;}
article {background-color: white;flex-grow: 1;}
aside {background-color: gray;flex:120px 0 0;}
</style>
```

整合 CSS 代码时，注意删除线部分的代码，相当于用一行三列 flex 布局示例代码中的 main 选择器对应 CSS 代码替换掉三行一列 flex 布局示例代码中的 main 选择器对应 CSS 代码。

完整示例代码请参考本书源代码文件 6-23-flex-3rows3cols.html。使用 flex 布局技术完成的三行三列 flex 布局示例代码在 Chrome 浏览器中的运行效果如图 6-32 所示。

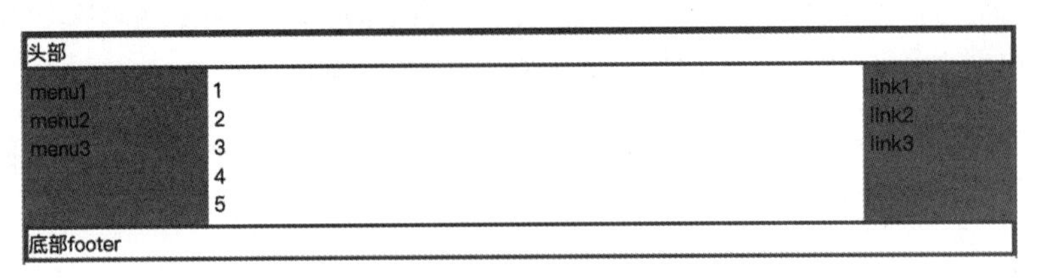

图 6-32　三行三列 flex 布局效果

至此，通过 flex 布局技术和迭代的方法顺利完成了三行三列 flex 布局。限于篇幅，本书不再分别对横向菜单、竖向菜单、内容、友情链接和版权信息各个部分进行迭代，读者可以参考“6.1 设计桌面浏览器布局”部分的迭代相关代码。

一行多列布局需要设置最小宽度，否则会产生错位问题，也可能造成某些列过窄而无法正常显示。

6.5　响应式网页布局

“6.1 设计桌面浏览器布局”部分和“6.4 flex 布局设计”部分讲解的两种三行三列布局方案，针对的都是桌面浏览器，即个人计算机、笔记本电脑这种设备上安装的桌面浏览器，而非手机和平板电脑等移动设备上安装的移动端浏览器。

移动端浏览器有一个特点：可以切换人像模式和风景模式，即可以切换横屏和竖屏。而且浏览器显示的网页宽度和高度通常和设备的分辨率有关，因此开发移动端网页需要适配不同尺寸的浏览器。为此，需要了解响应式网页设计的概念。

6.5.1　响应式网页

响应式网页的设计理念是：页面的设计与开发应当根据用户行为及设备环境（系统平台、屏幕尺寸、屏幕方向等）进行相应的响应和调整。无论用户正在使用笔记本电脑、手机还是平板电脑，网页都应该实现自动切换分辨率、图片尺寸及相关脚本功能等，以适应不同设备。换句话说，网页应该有能力自动响应用户的设备环境。

响应式网页是指能够兼容多个终端的网页。这样一来，开发人员就不必再为不断更新的硬件设备开发不同的网页了。

6.5.2　“@media”语法

CSS 提供了“@media”查询 ，供开发人员针对不同的屏幕尺寸设置不同的样式，“@media”查询是设计响应式网页的“利器”。

CSS 中有两种方式加入“@media”查询代码。

（1）在 style 标记中直接加入“@media”查询代码，代码如下：

```
@media mediatype and|not|only (media feature) {
   CSS-Code;
}
```

（2）通过 link 标记加入查询代码，代码如下：

```
<link rel="stylesheet" media="mediatype and|not|only (media feature)"
   href="mystylesheet.css">
```

引入“@media”查询后，可以针对不同屏幕尺寸应用不同的样式表。也就是保持选择器不变，根据不同屏幕尺寸选择不同的样式表。

使用“@media”查询时，其主要技术点如下。

（1）mediatype 用于区分媒体类型，媒体类型有以下 4 种。

① all：用于所有设备。

② print：用于打印机和打印预览。

③ screen：用于计算机屏幕、平板电脑屏幕、智能手机屏幕等。

④ speech：用于屏幕阅读器等发声设备。

小提示

响应式网页通常使用 screen 对屏幕尺寸加以识别。

（2）media feature 用于区分媒体功能，媒体功能的常用属性如下。

① max-width：判断输出设备中的页面最大可见区域宽度。

② min-width：判断输出设备中的页面最小可见区域宽度。

③ orientation：判断输出设备处于风景模式还是人像模式，即横屏还是竖屏。

④ device-aspect-ratio：判断输出设备的屏幕可见区域宽度与高度的比值。

⑤ max-aspect-ratio：判断输出设备的屏幕可见区域宽度与高度的最大比值。

⑥ min-aspect-ratio：判断输出设备的屏幕可见区域宽度与高度的最小比值。

以下示例代码分别对浏览器页面尺寸、竖屏还是横屏加以判断。

① (max-width:599px)：限定浏览器页面最大宽度为 599 像素。

② (min-width:600px)：限定浏览器页面最小宽度为 600 像素。

③ (orientation:portrait)：限定浏览器页面处于人像模式（竖屏）。

④ (orientation:landscape)：限定浏览器页面处于风景模式（横屏）。

（3）and、not、only。

① and：用于多个逻辑条件的判断，即同时满足多个条件。

② not：表示不满足某个条件。

③ only：要求只能符合某个类型。

这 3 个逻辑运算符中，最常用的一个是 and 运算符，示例代码如下：

```
@media screen and (max-width: 300px) {
    body { background-color:lightblue; }
}
```

以上示例代码控制浏览器页面的宽度小于等于 300 像素时，页面显示浅蓝色背景。

以下示例代码通过 and 运算符对多个条件同时进行限定：

```
@media screen and (min-width:960px) and (max-width:1200px){
    body{background:yellow;}
}
```

通过两个 and 运算符控制浏览器宽度大于等于 960 像素且小于等于 1200 像素时，页面显示黄色背景。

如果希望不同尺寸浏览器应用不同 CSS 代码，可以加入如下示例代码：

```
<link rel="stylesheet" href="big.css" media="screen and (min-width: 800px)">
```

以上代码控制浏览器尺寸大于等于 800 像素时，应用外部 CSS 文件 big.css。

6.5.3 制作响应式网页

了解了“@media”查询的技术要点，接下来就可以制作响应式网页了。

响应式网页的核心就是随着浏览器页面尺寸的变化，应用不同的样式。对于宽尺寸浏览器，网页使用三行三列布局；当浏览器宽度太小，网页无法同时在一行显示三列时，改为多行一列布局（示例代码中为五行一列布局）。

响应式网页示例需要根据浏览器的显示宽度适时从一行放置三列调整为同一行的这三列独立显示为三行，即从三行三列布局变为五行一列布局。因此，放置在同一行的三列 div 不再添加占位 div。

同时使用 HTML5 语义标记替换 div 标记，响应式网页的标记部分代码如下：

```
<!DOCTYPE html>
<html lang="zh">
<head><meta charset="UTF-8"></head>
<body>
    <header>长勺之战</header>
    <nav>添加左侧菜单</nav>
    <main>主题内容</main>
    <aside>相关介绍</aside>
    <footer>版权信息</footer>
</body>
</html>
```

简单地说，就是 body 标记中嵌套了 5 个语义标记：header、nav、main、aside 和 footer。

在宽尺寸浏览器情形下，通过 float 属性控制 body 标记的子标记 nav、main 和 aside 向左浮动在同一行，而 header 标记和 footer 标记设置宽度为 100%，即可保证单独占一整行，从而实现三行三列布局。在窄尺寸浏览器情形下，nav、main 和 aside 标记分别单独占一整行。

接下来，加入如下 CSS 代码：

```
<style type="text/css">
body > * {width: 100%;}
header {background-color: gray;}
@media screen and (min-width: 600px){
    nav {float:left;width: 20%;}
    main {float:left;width: 50%;}
    aside {float:left;width: 30%;}
}
footer {background-color: gray;} </style>
```

对于 body 标记的直接子标记，通过选择器“body > *”把 body 内的 5 个语义标记 header、nav、main、aside 和 footer 的宽度都设置为 100%。浏览器会默认把示例显示为五行一列布局。

通过“min-width: 600px”选择浏览器页面宽度大于等于 600 像素时，使用“@media”查询控制 nav、main 和 aside 标记的宽度分别为 20%、45%和 35%，且 3 个标记均向左浮动。为了防止设置 border、padding 属性后影响标记的可见宽度，直接同时设置 5 个语义标记的 box-sizing 属性为 border-box，代码如下：

```
body > * { width: 100%;box-sizing: border-box;
-moz-box-sizing: border-box;-Webkit-box-sizing: border-box;}
```

修改后，示例代码在 Chrome 浏览器窗口宽度大于 600 像素时的运行效果如图 6-33 所示。

长勺之战

添加左侧菜单　主题内容　相关介绍

版权信息

图 6-33　响应式网页三行三列布局的效果

而当 Chrome 浏览器窗口宽度小于 600 像素时示例代码的运行效果如图 6-34 所示。

长勺之战
添加左侧菜单
主题内容
相关介绍
版权信息

图 6-34 响应式网页多行一列布局的效果

在标记中加入内容，修改后的标记部分代码如下：

```
<body>
    <header><h1>长勺之战</h1></header>
    <nav>
        <div class="menuitem">开车路线</div>
        <div class="menuitem">徒步路线</div>
        <div class="menuitem">回程路线</div>
        <div class="menuitem">历史痕迹</div></nav>
    <main><h1>遗址位置</h1>
        <p>长勺之战遗址……</p>
        <img src="xssh.png" alt="长勺之战纪念碑" width="50%"></img>
    </main>
    <aside><h2>战役影响</h2>
        <p>长勺之战是……</p>
        <h2>历史沿革</h2>
        <p>长勺之战遗址……</p></aside>
    <footer><p>此网页仅供教学使用，未经许可请勿转载。</p></footer>
</body>
```

以上示例代码中，分别在 nav、main 和 aside 标记内加入了内容。

nav 标记内通过 div 标记添加竖向菜单。main 标记和 aside 标记都在内部嵌套了标题标记和 p 标记，分别用于显示标题和内容，限于篇幅，书中省略了内容部分。

调整样式后，加入如下 CSS 代码：

```
<style type="text/css"> /* 此处省略之前定义的 CSS 代码*/
    .menuitem{border-bottom:1px solid #e9e9e9;
            cursor:pointer;padding: 20px;}
    aside {background-color:#CDF0F6;margin-top: 8px;margin-bottom: 8px;}
    header h1 {text-align: center;}
    footer p {text-align: center;} </style>
```

nav 标记内通过 div 标记添加竖向菜单，以上 CSS 代码通过类选择器 menuitem 控制菜单项 div 显示下边框，以凸显菜单项的间隔。

同时，控制右侧的 aside 标记显示背景色，并控制 header 和 footer 标记内的一级标题居中显示。

示例代码在宽尺寸的 Chrome 浏览器中运行会显示三行三列布局的网页，效果如图 6-35 所示。

完整示例代码请参考本书源代码文件 6-24-Responsive.html。

如果还想迭代示例代码，可以考虑把 CSS 代码存储到外部 CSS 文件中，再通过 link 标记结合“@media”查询对不同宽度的浏览器页面导入不同 CSS 文件。同时，最好借助配色方案对页面颜色进行调整。

主流浏览器的开发人员工具都提供了类似“响应式设计模式”的菜单，用于控制个人计算机或者笔记本电脑的桌面浏览器直接切换到移动端浏览器模式进行测试。请读者自行搜索操作步骤进行测试。

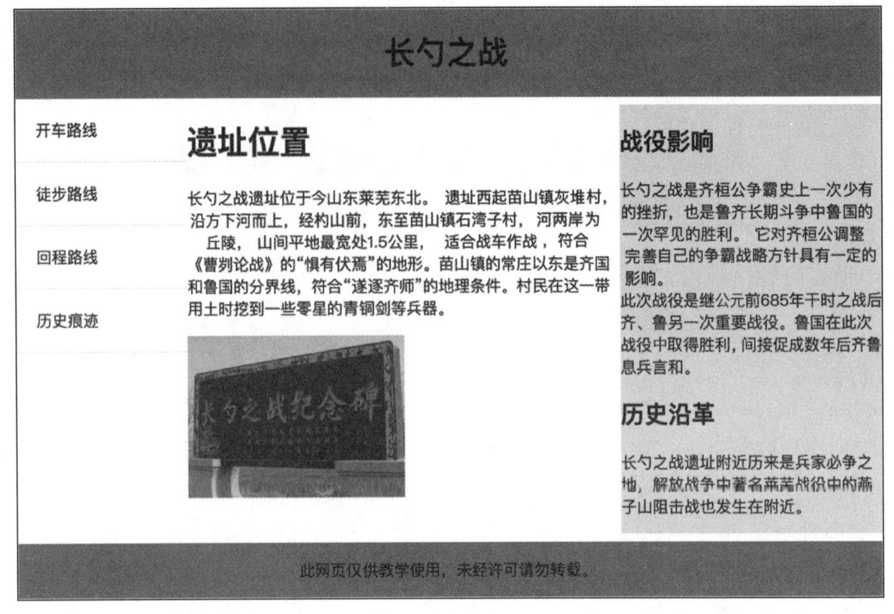

图 6-35　迭代后的响应式网页三行三列布局效果

6.6　实训案例

本节将通过两个实训案例分别对本章的两个案例快速做出调整，及时响应客户的需求变化。

6.6.1　整体布局的对齐方式

“6.1.2 引入占位 div”部分的占位 div 居中显示，借助于 CSS 的浮动技术，可以控制该占位 div 居左或者居右对齐。

网页的 HTML 代码部分如下：

```
<body><div id="root"></div></body>
```

对应的 CSS 代码调整为以下代码：

```
#root {clear:left;float:left;margin:0 auto;
       width:800px;height:200px;border:1px solid red;}
```

这样一来，就能控制整体布局居左对齐。

要想实现居右对齐效果，需要调整 CSS 代码为如下代码：

```
#root {clear:right;float:right;margin:0 auto;
       width:800px;height:200px;border:1px solid red;}
```

总之，有了占位 div，页面的整体布局易于调整，代码可维护性更强。

6.6.2　响应式网页菜单项提示

“6.5.3 制作响应式网页”部分的示例代码可以根据浏览器的显示宽度适时从一行放置三列调整为同一行的这三列独立显示为三行，即从三行三列布局变为五行一列布局。

但是，当将鼠标指针放置在 nav 标记内的菜单项上时，没有提示当前位于哪个菜单项之上，因此，加入如下 CSS 代码：

```
.menuitem:hover {
   background-color: #E9E9E9;
}
```

借助于 CSS 伪类，即可完成此项任务。当然，也可以根据客户要求加入更多的 CSS 特效。

总之，迭代方法完全可以解决客户需求发生变化的问题，即可对网页不断优化，甚至实现最佳显示效果。

思考与练习

一、单项选择题

1. 以下标记中，通常用于设计菜单的是________。

   A. div　　B. menu　　C. ul　　D. span

2. 设置“float:right”后，需要设置 clear 属性为________才能确保该元素位于最右侧。

   A. none　　B. left　　C. right　　D. both

3. 目前，市场占有率最高的浏览器内核是________。

   A. Gecko 内核　　B. Presto 内核　　C. Webkit 内核　　D. Blink 内核

4. 以下选项中，不属于 HTML5 新增的标记是________。

   A. audio　　B. flash　　C. nav　　D. video

5. 以下选项中，不属于 HTML5 新增的标记是________。

   A. article　　B. applet　　C. header　　D. aside

二、填空题

1. 迭代技术的核心有两点，分别是____________和____________。
2. “div{margin:________________________;}”可以控制块元素居中显示。
3. 16 位有符号整数的存储范围是____________到____________。
4. ____________和 padding 可以起到排版的作用，适用于微调元素的显示位置。
5. HTML5 还增加了视频标记__________和音频标记____________，专门用于播放视频和音频文件。
6. ____________查询是设计响应式网页的“利器”。
7. 色调分为____________和____________。

三、判断题

1. 国内的浏览器一般会采用双核模式，供用户切换。(　　)
2. 微软公司出品的 IE 和 Edge 浏览器，采用的是相同的浏览器内核。(　　)
3. HTML5 对音频、视频文件的支持使得浏览器摆脱了对插件的依赖，加快了页面的加载速度。(　　)
4. 在 CSS 1.0 和 CSS 1.2 中，只提供了有关字体、颜色、位置和文本等基本属性，需要使用 table 标记控制页面布局。(　　)
5. W3C 在 1998 年 5 月发布了 CSS 2.0，该标准侧重于把内容和显示效果分离开。(　　)
6. IE 9 已经能全面支持 CSS3。(　　)
7. CSS3 提供的 border-radius 属性可以用来绘制圆形、半圆形和扇形。(　　)
8. 在 CSS3 中，新增了一个属性 box-sizing，设置 box-sizing 属性为 border-box，元素的 width 值会包含该元素的 padding 值和 border 值，但是不包含 margin 值。(　　)
9. 页面整体色调需要保持一致，否则会让用户产生已经离开网站的错觉。(　　)
10. 在迭代式开发过程中，为了及时测试每个阶段的任务完成情况，通常会设置元素高度并且设置边框或者背景色，后期需要去除这些临时性 CSS 代码。(　　)

四、简答题

1. 找出生活中迭代的例子。
2. 什么是迭代式开发？请结合三行两列布局页面的制作和测试进行说明。
3. 简述 ul 标记的两个用途。
4. 简述 CSS3 盒子模型的好处。

上机实验

1. 设计一个网页，要求在body标记中嵌入id属性值为root的div作为容器，设置容器div的宽度为1000像素，高度为300像素，有黑色实线边框。如何保证该容器div居中显示？

2. 通过CSS控制div样式，编写代码完成整体居中的三行一列桌面浏览器布局。

3. 通过float和clear属性的组合，编写代码完成整体居中的一行三列桌面浏览器布局。

4. 通过迭代方法，整合题2和题3，编写代码完成三行三列桌面浏览器布局。

5. 对三行三列桌面浏览器布局进行迭代，尽可能完善页面内容和样式。

6. 通过flex布局技术，迭代编写代码依次实现三行一列桌面浏览器布局、一行三列桌面浏览器布局，再整合完成三行三列桌面浏览器布局。

7. 根据浏览器宽度调整页面背景，宽度大于1000像素、宽度为600～1000像素和宽度小于600像素时分别设置页面为红色、黑色和蓝色背景，并试着通过开发人员工具进入响应式网页布局模式进行测试。

8. 使用flex布局技术编写代码实现调整三行三列桌面浏览器布局为响应式网页布局，能够在手机浏览器中显示为多行一列布局。

9. 请把题8的响应式网页按照自己喜欢的色调进行调整。

第7章 JavaScript基础

学习目标

- 掌握 JavaScript 的基础语法和分隔符；
- 熟练使用表达式和运算符；
- 掌握常用流程控制语句。

JavaScript 的缩写是 JS，是一种由 Netscape 的 LiveScript 发展而来的客户端脚本语言，设计目的是解决服务器端语言（如 Perl）遗留的速度问题，为用户在浏览器提供更流畅的运行效果。用户在网页表单中输入的数据最初需要在服务器端进行验证，由于网络速度相当缓慢，验证步骤会耗费很多时间，因此 Netscape 的浏览器 Navigator 中加入了 JavaScript，提供了数据验证的基本功能。

本章将介绍 JavaScript 的语法基础、表达式、运算符及流程控制语句。

7.1 JavaScript 语法基础

JavaScript 是一种基于对象和事件驱动并具有相对安全性的客户端脚本语言，同时也是一种广泛用于客户端 Web 开发的脚本语言。JavaScript 通常用来给 HTML 网页添加动态功能，例如响应用户的各种操作。Netscape 公司为这种脚本语言取名为 LiveScript，在 Netscape 公司被 Sun 公司收购之后该语言改名为 JavaScript。JavaScript 最初受 Java 启发而开始设计，在语法上与 Java 有类似之处，一些名称和命名规范也借鉴了 Java。

JavaScript 具有以下特点。

1. 脚本语言

JavaScript 是一种解释型语言，其基本结构形式与 C 语言、C++、VB、Delphi 十分类似，但 JavaScript 代码不需要编译，而是在程序运行过程中被逐行解释运行。JavaScript 脚本与 HTML 标记结合使用，可以很方便地进行编程和测试。

2. 基于对象的语言

JavaScript 是一种基于对象的语言，使用 JavaScript 可以非常方便地创建和使用对象，从而可以提高网页的开发效率。

3. 简单

JavaScript 是一种基于基本语句和控制流程的简单而紧凑的设计，且变量类型采用弱类型，并未使用严格的数据类型。

4. 安全性

JavaScript 是一种安全性语言，不允许访问本地的硬盘，而且不能将数据存到服务器上，不允许直接对网络文档进行修改和删除，只能通过浏览器实现浏览信息或动态交互。

5. 动态性

JavaScript 是动态的，可以直接对用户的输入做出响应，无须触发 Web 服务程序。JavaScript 对用户的响应基于事件驱动方式。

在页面中执行了某种操作所产生的动作就称为事件（Event），如单击鼠标、移动窗口、选择菜单等都可以看作事件。当事件发生后，JavaScript 代码负责调度相应的事件响应单元。

6. 跨平台性

JavaScript 脚本运行于客户端浏览器中，对计算机的性能要求不高。使用 JavaScript 代码在客户端实现与用户的交互，如确认浏览者的身份、验证注册信息等，减轻了 Web 服务器的负担，节省了网络流量，还节省了用户的交互时间。

7.1.1 定义 JavaScript 代码

向 HTML 网页中添加 JavaScript 代码有以下两种方法。

（1）在开始标记“<script>”和结束标记“</script>”之间直接嵌入 JavaScript 代码，开发人员可以在 HTML 页面的任意地方插入 JavaScript 代码，甚至可以将其放置在“<html>”之前。示例代码如下：

```
<!DOCTYPE html>
<html lang="zh">
<head>
  <meta charset="UTF-8">
  <title>html5 module</title>
  <style></style>
  <script type="text/JavaScript">
    //...//此处添加 JavaScript 代码
  </script>
</head>
<body></body>
</html>
```

（2）把 JavaScript 代码保存在扩展名为.js 的文件中，注意 JS 文件中不能添加 script 标记。网页中通过 script 标记导入 JS 文件，示例代码如下：

```
<script src="common.js"></script>
```

JavaScript 代码可以嵌套在 head 标记内部，以确保在调用之前，JavaScript 代码已经被浏览器加载了；也可以嵌套在 body 标记内部，在显示页面内容时再加载 JavaScript 代码。

一个 HTML 文件中，可以多次添加 script 标记定义多段 JavaScript 代码。

7.1.2 数据类型

JavaScript 中定义了基本数据类型、表达式和算术运算符及程序的基本框架结构。JavaScript 提供了 6 种数据类型用来处理数字和文字等内容，而变量用于存储信息，表达式用于完成复杂的信息处理。

JavaScript 的数据类型非常简洁，只有以下 6 种。

（1）null：表示不存在，当对象赋值为 null 时，表示浏览器没有在内存中为对象分配空间。

（2）undefined：当定义了变量却没有初始化变量时该变量具有的值。

（3）number：数值。

（4）string：字符串。

（5）boolean：布尔值。

（6）object：对象。

任何类型的数据都可以使用 typeof 运算符获取其类型名称。

7.1.3 常量

根据数据类型，常量分为整数、浮点数、布尔类型和字符串 4 种类型。

1. 整数常量

JavaScript 中的整数常量有以下 3 种形式。

（1）十进制整数，如 123、-456、0。

（2）八进制整数，以 0 开头，如 0123 表示十进制整数 83，-011 表示十进制整数-9。

（3）十六进制整数，以 0x 或 0X 开头，如 0x123 表示十进制整数 291，-0X12 表示十进制整数-18。

2. 浮点数常量

JavaScript 中的浮点数常量有以下两种表示形式。

（1）十进制数形式：由数字和小数点组成，且必须有小数点，如 0.123、.123、123.和 123.0。

（2）科学记数法形式：如 1.23e12 或 123E3，其中 e 和 E 之前必须有数字，且 e 和 E 后面的指数必须为整数；字母 e 和 E 代表 10 的几次幂，如 1.23e12 代表 1.23×10^{12}。

3. 布尔类型常量

布尔类型常量只有 true 和 false，分别代表逻辑的真和假，用于表示满足和不满足某个条件。

4. 字符串常量

字符串是用英文单引号或双引号引起来的任意个字符，单引号或双引号内可以是 Unicode 字符、数字和各种符号。使用字符串常量需要注意以下 3 点。

（1）字符串应该在一行内进行编辑，不允许换行。

（2）如果要在字符串中添加特殊字符，则需要使用转义字符进行转义，如单引号、双引号等。JavaScript 中常用的转义字符及描述如表 7-1 所示。

表 7-1　JavaScript 的常用转义字符及描述

转义字符	描述
\'	单引号
\\	反斜杠
\r	回车
\n	换行
\f	走纸换页
\t	横向跳格，等同于 Tab 键
\b	退格

（3）字符串中每个字符都有特定的位置序号。首字符的序号为 0，第 2 个字符的序号为 1，以此类推。

素养课堂

扫一扫

7.1.4 变量

计算机需要在内存中开辟一段连续区域来存储数值，开发人员通过变量名或者常量名访问存储的数值。

变量的命名有一定的约束：变量名必须是由数字、字母及一些特殊符号（如“_”和“$”）组成的，但是不能以数字开头。如果标识符指向的内存块中存储的值在程序运行期间会变化，则该内存块存储的内容被称作变量；而程序运行期间内存块中存储的值不会发生改变的，被称作常量。

在 JavaScript 中，使用变量之前必须先定义变量，关键字 var 用于定义变量，示例代码如下：

```
var a;                  // 定义一个变量
var a, b, c;            // 定义多个变量
```

定义多个变量时，应使用逗号运算符分隔变量名。开发人员可以一次性定义多个变量，还可以在定义变量的同时通过等号“=”初始化变量。如果仅定义变量但未初始化变量，JavaScript 会自动初始化新定义的变量的值为 undefined（表示未初始化）。示例代码如下：

```
var a;                  // 声明变量但没有赋值
var b = 1;              // 声明并初始化变量
alert(a);               // 显示变量 a 的值，即 undefined
alert(b);               // 显示变量 b 的值，即 1
```

标识符名称必须由数字、字母及一些特殊符号（如“_”和“$”）组成，但不能以数字开头，例如 _instance12 这样的标识符就是合法的标识符。在 JavaScript 中，标识符不仅可以用于定义变量和常量的名称，还可以用于定义函数名、参数名。

JavaScript 规定，标识符区分大小写，如 a 和 A，它们是两个完全不同的标识符。

alert()是函数，可用于在网页中弹出对话框并输出提示信息。关于函数的详细介绍，请参考“7.4.3 函数”部分。

7.1.5 值传递

基本类型共有 4 种：整数类型、浮点数类型、布尔类型和字符串类型。这些类型的变量之间的赋值运算属于值传递，示例代码如下：

```
<script type="text/JavaScript">
    var  x = 5;//①
    var  y = x;//②
</script>
```

浏览器会解析以上代码并执行，当执行代码行①时，会在内存中开辟连续内存空间，并使用标识符 x 来访问新开辟的内存空间；代码行①把 x 初始化为整数 5，浏览器负责把十进制数转换为 4 个字节共 32 位的二进制数，用于初始化变量 x 指向的内存空间。

当执行代码行②时，会分配连续内存空间并通过标识符 y 来访问新分配的连续内存空间；然后把 x 指向的内存空间的每一位都复制到 y 指向的连续内存空间，完成变量 y 的初始化。示例代码的执行过程如图 7-1 所示。

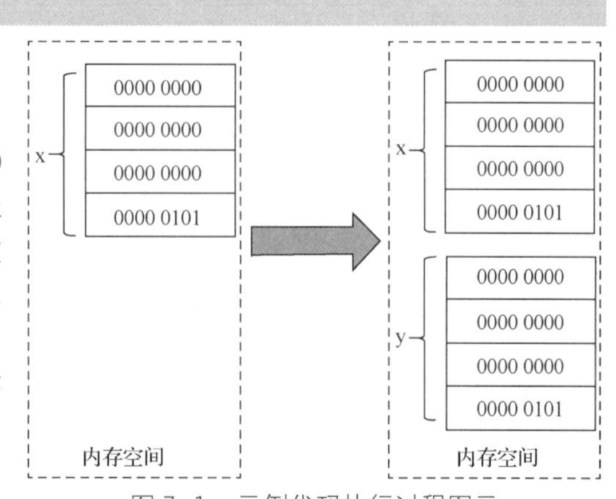

图 7-1　示例代码执行过程图示

从图 7-1 可以看出，虽然变量 y 的值由 x 赋值而来，但是两者属于独立的内存空间，相互没有联系。因此，改变 x 和 y 任意一个变量的值，都不会影响另一个变量的值。

完整示例代码请参考本书源代码文件 7-1.html。示例代码中，script 标记放置在 head 标记的结束标记之前，限于篇幅，代码只列出了 JavaScript 部分，省略了 HTML 结构标记。后续示例如有相同情形，不再赘述。

编写代码时要学会使用迭代的方法，即先完成 HTML 部分的标记，测试成功后，再添加 script 标记并加入 JavaScript 代码。测试成功后，最好制作一个包含 script 标记的网页模板文件，方便后期进行 JavaScript 编程。

7.1.6 关键字

在 JavaScript 中，部分单词已经被赋予特定的含义，如 var、new，这样的单词被称作关键字。

因为关键字已经被赋予特定的含义，所以在对标识符命名的时候，一定不能使用关键字作为标识符名称。

以下为 JavaScript 中的部分常用关键字。

break、delete、function、return、typeof、case、do、if、switch、var、catch、else、in、this、void、continue、false、instanceof、throw、while、debugger、finally、new、true、with、default、for、null、try。

7.2 分隔符

分隔符用来分隔 JavaScript 程序中的基本元素，使浏览器能够确认代码在何处分隔。分隔符有注释符、空白符和普通分隔符 3 种。

7.2.1 注释符

在 JavaScript 中，通过注释符，可以让浏览器忽略注释的部分。通常开发人员通过注释符添加文字说明，对代码功能进行标记，增强代码的可读性。注释符有以下两种。

1. 单行注释符“//”

单行注释符可以让浏览器忽略“//”后的部分至本行结束。

2. 块注释符“/*…*/”

块注释符可以让浏览器忽略“/*”与第一个“*/”之间的内容。

7.2.2 空白符

为了分隔程序中的各个元素，JavaScript 规定可以使用空格、回车符、换行符及制表符 4 种空白符对 JavaScript 源代码进行分隔。

例如代码“var x = 5;”，如果去掉空白符（空格），那么代码将变成“varx=5;”，显然计算机无法识别去掉空白符的语句。

7.2.3 普通分隔符

普通分隔符有以下 6 种类型。

（1）分号“; ”，即语句结束符。

（2）逗号“, ”，用于分隔变量声明中连续的标识符，或在 for 语句中分隔多条语句。

（3）冒号“: ”，用于条件表达式。

（4）大括号“{}”，用于将若干条语句组成一个程序代码块，或初始化数组。

（5）中括号“[]”，用于定义数组或者访问数组元素。

（6）小括号“()”，用于定义和调用方法，在表达式中增加小括号内部分的优先级。

7.3 表达式和运算符

表达式既可以是由变量、文字、运算符和操作数组成的语句，也可以是方法调用。通常表达式用于执行数学计算，表达式最好用分号“;”结尾。

任何语言都有自己的运算符，JavaScript 也不例外，如“+”“-”“*”“ / ”等都是运算符，运算符可与一定的操作数组成表达式来完成相应的运算。不同的数据类型有不同的运算符。

运算符用于指明对操作数进行的运算类型。运算符有以下几种类型。

（1）按操作数的数目进行分类，有一元运算符（如“++”“-”）、二元运算符（如“+”“-”）和三元运算符（如“?:”），分别对应一个、两个和三个操作数。对一元运算符来说，可以有前缀表达式（如++i）和后缀表达式（如 i++），二元运算符则采用中缀表达式（如 a+b）。

（2）按照运算符功能进行划分，基本的运算符有下面几种类型。

① 算术运算符（“+”“-”“*”“/”“%”“++”“—”）。

② 关系运算符（“>”“<”“>=”“<=”“==”“!=”）。

③ 逻辑运算符（“!”“&&”“||”）。

④ 位运算符（“>>”“<<”“>>>”“&”“|”“^”“~”）。

⑤ 赋值运算符（“=”及由其扩展的赋值运算符，如“+=”）。

⑥ 条件运算符“?:”。

⑦ 其他：如下标运算符“[]”，函数调用运算符“()”等。

本节主要讲解前 5 类运算符，本书将在“7.4.2 条件流程”部分介绍条件运算符，在“8.2.2 Array 类”部分介绍下标运算符，在“7.4.3 函数”部分介绍函数调用运算符。

7.3.1 算术运算符

算术运算符作用于整数类型或浮点数类型数据。根据算术运算符所需要的操作数的不同，算术运算符分为一元算术运算符、二元算术运算符。

常用的二元算术运算符及相关介绍如表 7-2 所示。

表 7-2　二元算术运算符及相关介绍

运算符	用法	描述
+	op1+op2	加
-	op1-op2	减
*	op1*op2	乘
/	op1/op2	除
%	op1%op2	取模（求余数）

在表 7-2 中，op1、op2 分别表示操作数，操作数可以是常量、变量，还可以是表达式。

常用的一元算术运算符及相关介绍如表 7-3 所示。

表 7-3　一元算术运算符及相关介绍

运算符	用法	描述
+	+op	正值
-	-op	负值
++	++op，op++	自加 1
-	--op，op--	自减 1

在表 7-3 中，op 为操作数，表示正负数时，op 通常是整数或者浮点数常量。

自加 1 与自减 1 操作符只能用于变量的操作，自加 1 与自减 1 操作符在操作数前与在操作数后的区别如下。

在前（前缀表达式）：先运算，后赋值；如“var m = ++x;”，等价于“x=x+1; m=x;”。

在后（后缀表达式）：先赋值，后运算；如“var m = x++;”，等价于“m=x; x=x+1;”。

完整示例代码请参考本书源代码文件 7-2.html。

为了便于后期阅读、维护代码，编写代码时可以把长表达式分解为多个表达式。

7.3.2 关系运算符

关系运算符用来比较两个值，返回布尔类型的值 true 或 false。关系运算符都是二元运算符。关系运算符及相关介绍如表 7-4 所示。

表 7-4 关系运算符及相关介绍

运算符	用法	返回 true 的情况
>、>=	op1＞op2 或 op1≥op2	op1 大于或大于等于 op2
<、<=	op1<op2 或 op1≤op2	op1 小于或小于等于 op2
==	op1==op2	op1 等于 op2
!=	op1!=op2	op1 不等于 op2

在表 7-4 中，op1 和 op2 都表示操作数。

JavaScript 中，关系运算的结果是 true 或 false，而不是 C 语言、C++中的 1 或 0。关系运算符常与逻辑运算符一起使用，作为流程控制语句的判断条件。

7.3.3 逻辑运算符

逻辑运算符用于对布尔值进行逻辑运算。其中，“&&”“ ‖ ”为二元运算符，实现逻辑与、逻辑或运算；“!”为一元运算符，实现逻辑非运算；“^”为二元运算符，实现逻辑的异或运算。

对于逻辑或运算，如果左边表达式的值为 true，则整个表达式的结果为 true，不必对运算符右边的表达式再进行运算；同样，对于逻辑与运算，如果左边表达式的值为 false，则不必对右边的表达式求值，整个表达式的结果为 false。

逻辑运算的示例代码如下：

```
<script type="text/JavaScript">
    var f = 7<6;//f 初始化为 false
    alert(f);//提示变量值为 false
    alert(7!=9);//提示变量值为 true
    alert(7<6 && 7!=9);//提示变量值为 false
    alert(7<6 || 7!=9);//提示变量值为 true
</script>
```

在示例代码中，通过关系运算得到布尔值 true 或 false，再对布尔值执行逻辑与、逻辑或运算，并通过 alert()函数输出计算得到的布尔值。

完整示例代码请参考本书源代码文件 7-3.html。

7.3.4 位运算符

JavaScript 使用补码来表示二进制数。在补码中，最高位为符号位，正数的符号位为 0，负数的符号位是 1。补码的规定如下。

对于正数，最高位为 0，其余各位代表数值本身（以二进制形式表示），如+42 的补码为 00101010。

对于负数，把该数绝对值的补码按位取反，然后对整个数加 1，即得到该数的补码。如-42 的补码为 11010110（将 42 的补码 00101010 按位取反后得到 11010101，再加 1 得到补码 11010110）。

0 的补码是唯一的，为 00000000。

把十进制整数转换为二进制数，代码如下：

```
<script type="text/JavaScript">
    var x = 42;
    var s = x.toString(2);
    alert(s);
</script>
```

示例代码中，toString()的参数 2 用于控制目标进制的值，表示把十进制整数转换为二进制数后存储到字符串中。

完整示例代码请参考本书源代码文件 7-4.html。在浏览器中运行示例代码，会输出十进制整数 42 的二进制值 101010；如果 x 为-42，则输出结果为-101010。

toString()属于面向对象的方法，本书将在“8.1.2 属性与方法”部分讲解对象和方法的概念，在“8.2.3 String 类”部分讲解 toString()的作用和用法。

JavaScript 提供了位运算符，专门用来对二进制位进行操作，位运算符及相关介绍如表 7-5 所示。

表 7-5 位运算符及相关介绍

运算符	用法	作用
~	~op1	按位取反运算
&	op1 & op2	按位与运算
|	op1 | op2	按位或运算
^	op1 ^ op2	按位异或运算
<<	op1 << op2	左移
>>	op1 >> op2	右移
>>>	op1 >>> op2	无符号右移，左边空出的位用 0 填充

位运算符中，除按位取反运算符以外，其余均为二元运算符。op1 和 op2 均为操作数，操作数只能是整数类型数据。

1. 按位取反运算符“~”

“～”是一元运算符，对数据的每个二进制位取反，即把 1 变为 0，把 0 变为 1。例如：0010101 取反后的结果为 1101010。

注意，“～”运算符与“-”运算符不同，～21≠-21。

2. 按位与运算符“&”

参与运算的两个值，如果两个相应位都为 1，则该位的结果为 1，否则结果为 0，即：0&0=0，0&1=0，1&0=0，1&1=1。

3. 按位或运算符“|”

参与运算的两个值，如果两个相应位都为 0，则该位的结果为 0，否则结果为 1，即：0|0=0，0|1=1，1|0=1，1|1=1。

4. 按位异或运算符“^”

参与运算的两个值，如果两个相应位相同（都为 1 或者都为 0），则该位的结果为 0，否则结果为 1，即：0^0=0，0^1=1，1^0=1，1^1=0。

按位异或运算符有如下性质：如果 a ^ b ^ c = d，则 b ^ c ^ d = a，c ^ d ^ a = b，d ^ a ^ b = c。

磁盘阵列技术 RAID3 正是基于该性质而开发的，利用 4 块容量相同的硬盘来存储数据，其中前 3 块硬盘存放数据，第 4 块硬盘存放前 3 块硬盘存放数据的异或结果。这样如果某块硬盘坏掉，可以直接通过另外 3 块硬盘计算出损坏硬盘中的数据。

5. 左移运算符“<<”

左移运算符“<<”使指定值的所有位都左移规定的次数，其用法为“操作数 << *n*”。

该左移运算符使得操作数的所有位都左移 *n* 位。每左移一位，最高位都被移出（并且被丢弃），并用 0 填充右边的空位。

例如：把二进制序列 00000011 左移一位，结果为 00000110，即把十进制数 3 的二进制序列全部左移一位，结果换算成十进制数是 6。也就是说，操作数每左移一位，结果是操作数的两倍。

6. 右移运算符“>>”

右移运算符“>>”使指定值的所有位都右移规定的次数，其用法为“操作数 >> *n*”。

该右移运算符使得操作数的所有位都右移 *n* 位。每右移一位，最低位都被移出（并且被丢弃），并用符号位填充左边的空位。

例如：把二进制序列 00001100 右移一位，结果为 00000110，即把十进制数 12 的二进制序列全部右移一位，结果换算成十进制数是 6。

如十进制数-16，其补码计算过程如下。

（1）求该数的绝对值 16 的二进制序列，为 00010000。

（2）对（1）的结果按位取反，结果为 11101111。

（3）对（2）的结果加 1，得到该数的补码，为 11110000。

把十进制数-16 右移一位，其结果的补码为 11111000，此时该补码对应的十进制结果是多少呢？

按照求负数的补码的相反过程，计算对应的十进制结果，过程如下。

（1）把补码减 1，结果为 11110111。

（2）把（1）的结果按位取反，结果为 00001000。

（3）二进制结果的绝对值对应的十进制数为 8，该数值最初符号位为 1，显然最终结果为-8。

可以看出，按照补码规则，操作数每右移一位，结果是操作数的一半。

7. 无符号右移运算符“>>>”

操作数每右移一次，“>>”运算符总是自动地用操作数的先前最高位的内容补齐它的最高位，这样做保留了原操作数的符号。在处理像素值或图形时，不存在符号位的问题，必须把左边的空位补为 0，这时就需要使用无符号右移运算符“>>>”。

小提示

编程时很少涉及位运算符，这些知识涉及计算机的底层实现，有助于读者掌握计算机系统的基础知识，读者只需要了解即可。

7.3.5 赋值运算符

赋值运算符“=”的用法如下：

```
变量名 = 表达式;
```

赋值运算符的执行顺序是自右向左，也就是先计算右边的表达式的值，再把它赋给左边的变量。赋值运算还有一些简写形式，详情请参阅表 7-6。

表 7-6 赋值运算的简写形式及其作用

赋值运算的简写形式	作用
x += y	x = x + y
x -= y	x = x - y
x *= y	x = x * y
x /= y	x = x / y

赋值运算的示例代码如下：

```
<script type="text/JavaScript">
    var x = 5, y = 10;//初始化 x 和 y
```

```
        y += x;//y= x+y，结果为 15
        alert(y);//输出变量 y 的值，结果为 15
    </script>
```

示例代码中，定义变量 x 和 y 的同时将它们初始化为整数 5 和 10，接着把 x 和 y 的值相加赋给变量 y，最后通过 alert()函数输出变量 y 的值。

完整示例代码请参考本书源代码文件 7-5.html。

7.3.6 运算符的优先级

计算数学表达式“$a+b\times c$”时，需要先求出 b 和 c 的乘积，再把乘积加上 a 的值，得到计算结果。在 JavaScript 中，运算符同样存在优先级。

通常，一元运算符的优先级要高于二元运算符，二元运算符的优先级要高于三元运算符。运算符的优先级如表 7-7 所示。

表 7-7 运算符的优先级

优先级	运算符
1	()、[]
2	!、+（正）、-（负）、~、++、-
3	*、/、%
4	+（加）、-（减）
5	<<、>>、>>>
6	<、<=、>、>=
7	==、!=
8	&（按位与）
9	^
10	|
11	&&（逻辑与）
12	||
13	?:
14	=、+=、-=、*=、/=、%=、&=、|=、^=、~=、<<=、>>=、>>>=

在表 7-7 中，需要注意以下两点。

（1）表 7-7 中的优先级按照从高到低的顺序书写，也就是说优先级为 1 的运算符的优先级最高，优先级为 14 的运算符的优先级最低。

（2）注意区分正负号和加减号，以及按位与和逻辑与的区别。

为了避免编写代码时纠结于运算符优先级的细节，建议采取以下方法。

（1）写表达式时，如果不确定运算符的优先级，可结合小括号强制改变优先级。

（2）如果表达式很长，可分为几个表达式来写。

（3）在一个表达式中不要连续使用两个运算符，例如 a+++b，这种写法会让计算机不好判断到底是执行 a+(++b)，还是执行(a++)+b。如果一定要连续使用两个运算符，则最好使用小括号进行分组或者用空格分隔。例如 a+ (++b)就可以消除歧义，此时先让变量 b 自加 1，再加上变量 a 的值，得到计算结果。

可读性、可维护性是程序源代码非常重要的两个指标。简单易懂、便于后期维护的代码，是开发人员编程时追求的目标之一。

7.4 流程控制

流程控制是编程语言基本的要素，也是代码的核心。开发人员结合顺序流程、条件流程、循环流程 3 种流程控制编写代码，实现复杂问题的逻辑处理。

7.4.1 顺序流程

顺序流程即逐行执行代码。每当遇到赋值表达式，则按从右向左的次序执行赋值操作。

顺序流程是 JavaScript 代码中最常见的流程之一。顺序流程的示例代码如下：

```
var x=1;        //定义整数类型变量 x，并初始化为 1
x++;            //x 自加 1
var y=10;       //定义整数类型变量 y，并初始化为 10
y--;            //y 自减 1
x += 6;         //x 加 6
alert('x:' + x + ', y:' + y);
```

以上顺序流程代码将从第一行执行到最后一行，最后分别输出变量 x 和 y 的值 8 和 9。完整示例代码请参考本书源代码文件 7-6.html。

7.4.2 条件流程

开发计算机应用程序的根本目的是把生活中的数据通过计算机进行存储、处理和计算，以此简化日常烦琐的事务处理过程，从而提高工作效率，降低出错率。

应用程序需要针对不同情形做出对应的处理。例如教务管理系统中，教师录入学生某一门课程的考试成绩，成绩只能是 0～100。如果教师输入的成绩含有非数字内容，系统应给出错误提示“输入非数字”；如果输入成绩小于 0 或者大于 100，系统要给出错误提示“输入成绩应为 0～100”；如果输入成绩为 0～100，系统直接把成绩保存到数据库中，最后提示教师成绩录入成功。

应用程序需要根据不同情形，采用不同方式进行处理时，可以通过条件流程实现条件业务逻辑。JavaScript 提供了两种类型的条件语句：if-else 语句和 switch 语句。

1. 满足条件时执行

if 语句的流程图如图 7-2 所示。

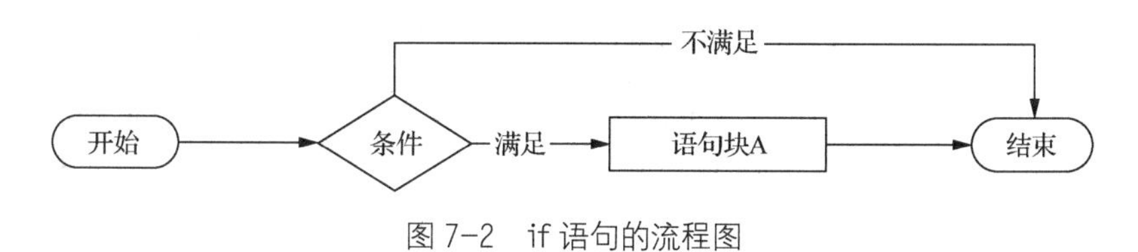

图 7-2 if 语句的流程图

从图 7-2 可以看出，if 语句只有满足某个条件的时候，才能执行语句块 A；否则将跳过语句块 A。if 语句对应的 JavaScript 语法如下：

```
if(condition) {
   语句块 A
}
```

condition 通常是包含条件关系运算符的表达式，结果为布尔值 true 或 false。只有 condition 部分结果为 true 时，才能执行语句块 A。如果语句块 A 只有一条语句，可以省略 if 语句的大括号。

开发应用程序时，在开发阶段和测试阶段，需要显示调试信息辅助定位错误代码行；程序开发完毕后，进入发布阶段，就无须提示调试信息。对应示例代码如下：

```
var debug = true;     //目前在开发阶段，发布时改为 false 即可
```

```
if(debug) {    //调试时输出下边的提示信息
   alert("调试信息1"); //输出“调试信息1”，此处使用了代码缩进
   alert ("调试信息2"); //输出“调试信息2”，此处使用了代码缩进
}
```

如果输出调试信息的语句块中只有一条语句，可以省略大括号，将其修改为如下代码：

```
if(debug)
   alert ("调试信息");//输出调试信息，此处使用了代码缩进
```

使用 if 语句编写代码时，务必养成使用代码缩进的习惯，以确保代码条理清晰。除 if 语句外，函数、循环语句（如 for、while、do-while）和条件语句（如 switch）内的代码都需要向内缩进，同级别的代码缩进相同。

完整示例代码请参考本书源代码文件 7-7.html。输出程序调试信息的最佳方法请参考“8.6.4 使用终端显示日志信息”部分。

在文本编辑器中可以通过 Tab 键实现一次性向内缩进 2～4 个字符，以此实现代码缩进。不同文本编辑器显示 Tab 键的空格间距不同，为了能够兼容各种文本编辑器，务必设置使用空格替换 Tab 键，即按下 Tab 键相当于输入两个或者 3 个空格，读者可根据自己使用的文本编辑器查找具体设置步骤。

2. 二选一

如果必须执行两种情形中的一种情形，则需要使用图 7-3 所示的 if-else 语句。

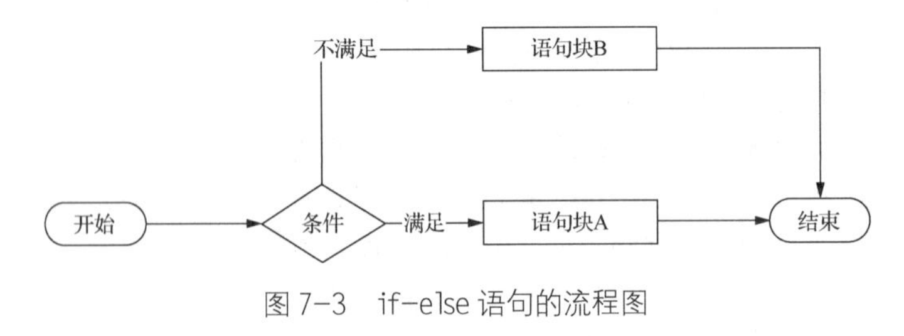

图 7-3 if-else 语句的流程图

如果满足条件，则执行语句块 A；否则执行语句块 B，即必须执行语句块 A 和语句块 B 中的一个。对应的 JavaScript 语法如下：

```
if(condition) {
    语句块A
} else {
    语句块B
}
```

如果语句块只有一条语句，可以省略该语句块对应的大括号。if-else 语句也需要控制代码缩进，以增强代码的可读性和可维护性。

下面将使用 if-else 语句求两个数的最大值。对于任意两个数 x 和 y，如果 x 比 y 大，则 x 是最大值，否则 y 是最大值（不包括 x 与 y 的值相等的情况）。if-else 语句的示例代码如下：

```
<script>
var x=5, y=6;      //读者可修改x和y的值
var max = 0;       //用于存储最大值
if(x > y)
   max = x;        //只有一条语句，省略了包含该语句的大括号
else
   max = y;
alert("最大值是: " + max); //输出最大值
</script>
```

示例代码通过 if-else 语句得到 x 和 y 两个变量中的最大值，并输出最大值。完整示例代码请参考本书源代码文件 7-8.html，示例代码在 Chrome 浏览器中的运行效果如图 7-4 所示。

最大值是：6

关闭

图 7-4　if-else 示例代码的运行效果

3. 条件运算符

较复杂的条件语句是三元运算符，即条件运算符，其语法如下：

```
布尔表达式?值1:值2
```

如果布尔表达式的值为 true，也就是条件成立，条件语句将返回结果“值 1”；反之，如果布尔表达式的值为 false，也就是条件不成立，条件语句将返回结果“值 2”。

对于求最大值的问题，通过条件运算符实现的代码如下：

```
var max = (x>y)?x:y;
```

完整示例代码请参考本书源代码文件 7-9.html。赋值表达式从右向左执行代码：先执行右边的表达式，再把结果赋给左边的变量。当 x 大于 y 时，返回值 x，否则返回值 y，最后把返回值赋给整数类型变量 max。其作用即求得 x 和 y 中的最大值并赋给变量 max。

4. 多选一

if-else if 语句用于处理多选一的情形，其流程图如图 7-5 所示。

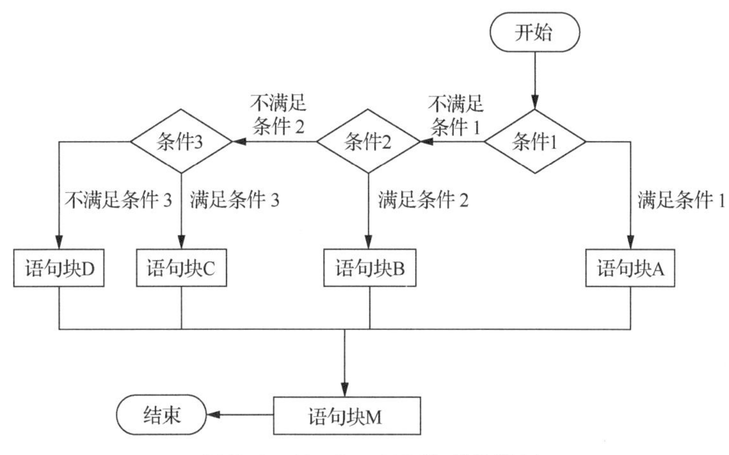

图 7-5　if-else if 语句的流程图

如果满足条件 1，则执行语句块 A；如果不满足条件 1 但满足条件 2，则执行语句块 B；如果条件 1 和条件 2 都不满足，但满足条件 3，则执行语句块 C；如果 3 个条件都不满足，则执行语句块 D。也就是说 A、B、C、D 这 4 个语句块必须执行其中的一个。if-else if 语句不仅仅局限于图 7-5 所示的 4 种情形，可以针对多种情形分别调用不同处理代码。

if-else if 语句的 JavaScript 语法如下：

```
if(condition 1) {
  语句块1
} else if(condition 2) {
  语句块2
} else if(condition 3) {
  …
} else if(condition n) {
  语句块n
} else {
  语句块X
}
```

if-else if 语句也需要控制代码缩进，以增强代码的可读性。

使用 if-else if 语句可以把百分制成绩转换为五分制成绩。百分制成绩的取值范围只考虑数值的情形，数值范围如图 7-6 中的数轴所示。

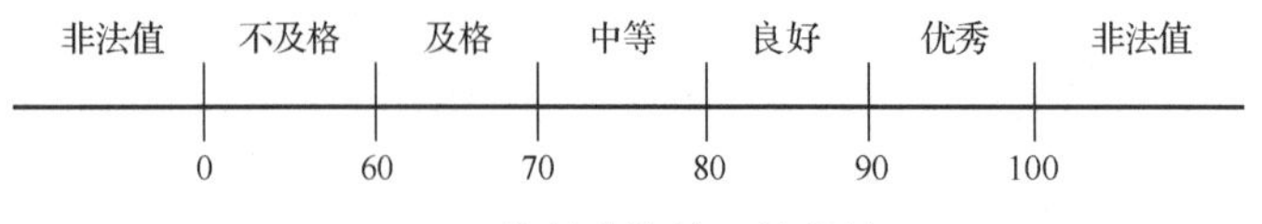

图 7-6 百分制成绩范围的数轴图示

输入成绩小于 0 或者大于 100 的时候，系统应该提示“非法百分制成绩!”，在 script 标记内添加如下代码：

```
if(x < 0 || x > 100) {
  alert("非法百分制成绩! ");
} else ①
```

显然，else①部分对应的百分制成绩的取值范围如图 7-7 所示。

在图 7-7 所示的百分制成绩取值范围内，如果输入成绩小于 60（0～60 但不包含 60），系统应该提示“不及格”。代码调整后如下：

```
if(x < 0 || x > 100) {
  alert("非法百分制成绩! ");
} else if(x < 60) {
  alert("不及格");
} else ②
```

新增的 else②部分对应的百分制成绩取值范围如图 7-8 所示。

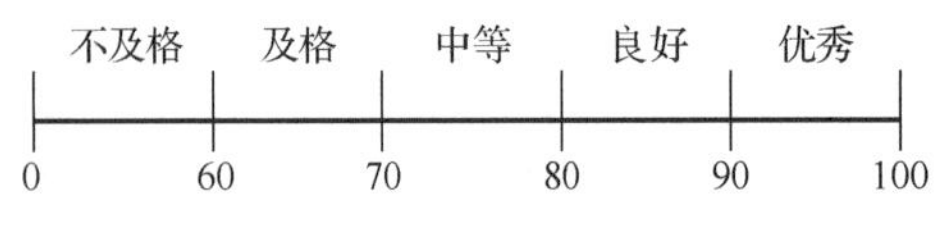

图 7-7 百分制成绩 0～100 的数轴图示

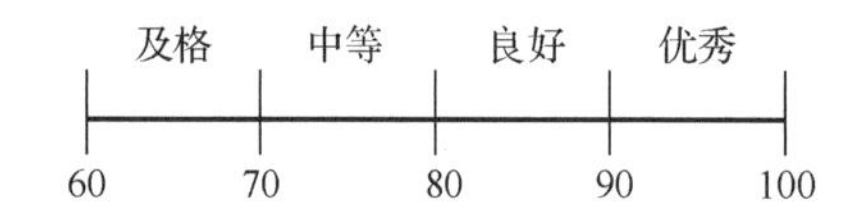

图 7-8 百分制成绩 60～100 的数轴图示

在图 7-8 所示的百分制成绩取值范围内，如果输入成绩小于 70（60～70 但不包含 70），系统应该提示“及格”。代码调整后如下：

```
if(x < 0 || x > 100) {
  alert("非法百分制成绩! ");
} else if(x < 60) {
  alert("不及格");
} else if(x < 70) {
  alert("及格");
} else ③
```

新增的 else③部分对应的百分制成绩取值范围如图 7-9 所示。

在图 7-9 所示的百分制成绩取值范围内，如果输入成绩小于 80（70～80 但不包含 80），系统应该提示“中等”。代码调整后如下：

```
if(x < 0 || x > 100) {
  alert("非法百分制成绩! ");
} else if(x < 60) {
  alert("不及格");
} else if(x < 70) {
  alert("及格");
} else if(x < 80) {
  alert("中等");
} else ④
```

新增的 else④部分对应的百分制成绩取值范围如图 7-10 所示。

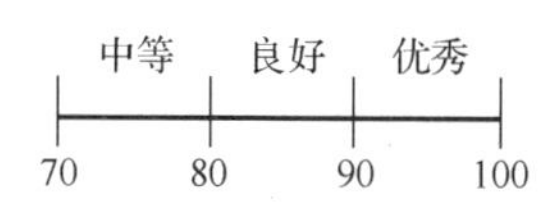

图 7-9 百分制成绩 70～100 的数轴图示

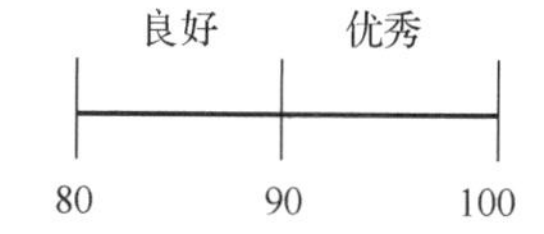

图 7-10 百分制成绩 80～100 的数轴图示

在图 7-10 所示的百分制成绩取值范围内，如果输入成绩小于 90（80～90 但不包含 90），系统应该提示“良好”。代码调整后如下：

```
if(x < 0 || x > 100) {
  alert("非法百分制成绩！");
} else if(x < 60) {
  alert("不及格");
} else if(x < 70) {
  alert("及格");
} else if(x < 80) {
  alert("中");
} else if(x < 90) {
  alert("良好");
} else ⑤
```

新增的 else⑤部分对应的百分制成绩取值范围如图 7-11 所示。

else⑤部分无须加入 if 语句，如果输入成绩大于等于 90，系统应该提示“优秀”。if-else if 语句的完整示例代码如下：

```
<script >
var x = 92;//读者可随机初始化成绩
if (x < 0 || x > 100) {
   alert("非法百分制成绩！");
} else if (x < 60) {
   alert("不及格");
} else if (x < 70) {
   alert("及格");
} else if (x < 80) {
   alert("中");
} else if (x < 90) {
   alert("良");
} else {
   alert("优秀");
}
</script>
```

百分制成绩转换五分制成绩的示例代码在 Safari 浏览器中的运行效果如图 7-12 所示。

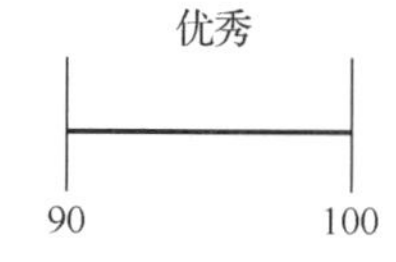

图 7-11 百分制成绩 90～100 的数轴图示

图 7-12 if-else if 语句示例代码的运行效果

完整示例代码请参考本书源代码文件 7-10.html。

初学者一定不要死记硬背，而应该按实际问题画出范围对应的数轴或者图形。在编写代码的同时，找到 else 语句对应于数轴或者图形上的范围，通过形象思维完成抽象问题。在学习初期读者需要画出数轴，随着代码量的增加，熟悉 JavaScript 后，编写代码就能一气呵成，达到“手中无数轴而心中有数轴”的境界。

5. switch 语句

使用 switch 语句同样可以实现多选一的情形。有的情况下，相较于 if-else if 语句，swtich 语句更加简单明了，更加容易理解。switch 语句的语法如下：

```
switch(变量名称或表达式) {
    case 数字常量或字符常量 1:
        语句 1;
        break;
    case 符合数字常量或字符常量 2:
        语句 2;
        break;
    case …
    default:
        语句 3;
 }
```

使用 switch 语句时，需要注意以下几点。

（1）对于 switch 后的小括号内的变量或者表达式，要求其运算结果必须为整数类型或者字符类型。

（2）case 后的值必须是和表达式类型相同的常量，而且各个值必须不同。

（3）default 部分可以省略。

（4）若表达式运算结果与某个 case 的值相等，则执行此 case 后面的语句。

（5）如果 case 语句中没有 break，则在执行完符合条件的第一个 case 后的语句后，不论是否匹配后续情形，都会继续执行其余 case 后的语句，直至遇到 break 后退出 switch 语句块。

（6）switch 语句也要使用代码缩进，以增强代码的可读性。

通过 switch 语句实现把百分制成绩转换为五分制成绩并进行条件判断的示例代码如下：

```
var grade = 87;//读者可随机初始化成绩
var res = Math.floor( grade / 10);//取整
switch (res) {//对 res 的值进行判断
   case 10:
   case 9:
      alert("优秀");
      break;
   case 8:
      alert("良好");
      break;
   case 7:
      alert("中等");
      break;
   case 6:
      alert("及格");
      break;
   case 5:
   case 4:
   case 3:
   case 2:
   case 1:
   case 0:
```

```
        alert("不及格");
        break;
    default:
        alert("成绩为非法值! ");
}
```

完整示例代码请参考本书源代码文件 7-11.html。示例代码在 IE 浏览器中的运行效果如图 7-13 所示。

图 7-13　switch 语句示例代码的运行效果

在示例代码中，先把百分制成绩除以 10，再使用函数 Math.floor()进行取整，这样百分制成绩舍弃了个位和小数点部分，只保留了十位和百位的值，然后结合 switch 语句转换得到五分制成绩。

如果 grade 为 95，则 res 为 9，执行“alert("优秀");”，输出“优秀”后退出 switch 语句；如果 grade 为 100，则 res 为 10，但是 case 为 10 的情形没有 break 语句，所以接着执行 case 为 9 的情形，同样输出“优秀”。读者自行分析 grade 为 40 的情形，判断程序的执行过程。

7.4.3　函数

某门课程有 10000 名学生选修，老师原本给出了百分制成绩。现在需要把所有成绩转换成五分制成绩，该如何编写代码实现呢？如果使用 switch 语句实现，则代码框架如下：

```
var x = 第 1 个学生的成绩 ;
switch(x/10) {
   … //11 种情形，此处省略 23 行代码，参见 swtich 语句示例代码
}
x = 第 2 个学生的成绩 ;
switch(x/10) {
   … //11 种情形，此处省略 23 行代码，参见 swtich 语句示例代码
}
…
x = 第 n 个学生的成绩 ;
switch(x/10) {
   …//11 种情形，此处省略 23 行代码，参见 swtich 语句示例代码
}
```

显然，代码量应该是 n×26 行（n 是学生数量，如果有 10000 个学生，代码量为 260000 行）代码。

首先，如果仔细查看代码，会发现有太多相似代码。从代码复用的角度来看，有没有好的办法可以避免编写如此多的相似代码？

其次，如果分制发生了变化，需要把百分制成绩转换成一百五十分制的成绩，那么除了获取学生成绩的语句和 switch 语句外，其余的代码都需要进行修改，如果有 10000 个学生的成绩需要转换，那么修改量将会是 23×n，即 230000 行代码，这种工作量对开发人员来说是一个噩梦。从代码可维护性的角度来看，有没有好的办法解决这个问题？

答案是肯定的，在 JavaScript 中，可以通过函数实现代码重用，在减少重复代码量的同时，增强代码的可维护性。

1.　函数简介

用黑盒子方法（所谓“黑盒子”，是指从用户的观点来看一个器件或产品时，并不关心其内部构造和原理，而只关心它的功能及如何使用这些功能）描述函数，如图 7-14 所示。

在图 7-14 中，函数具有 4 个组成要素：函数名、实现代码、输入值及输出值。

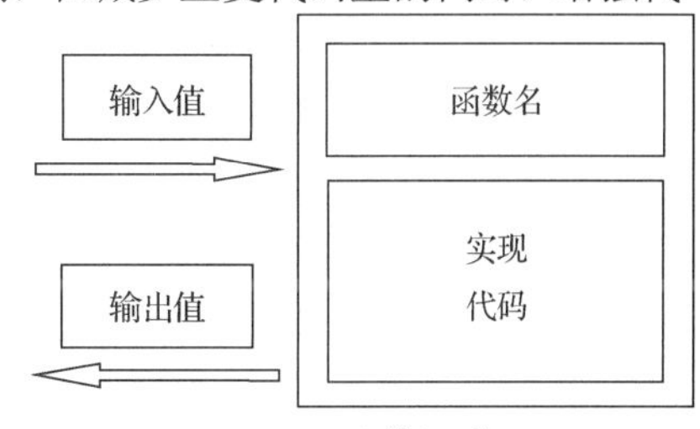

图 7-14　函数组成图示

函数是具有特定功能的代码组合体，用于实现某个功能，例如求两个数的最大值，转换目标分制的成绩，找出某门课程的最高分等。

函数名就是函数的名字，用于表明函数的作用；输入值就是需要传入的数据，输入值可以有多个，也可以没有；作为函数的处理结果，输出值最多只有一个，也可以没有；函数的实现代码用于加工输入值，最终返回输出值。

函数内部无法预测具体输入值，同时无法预测返回的输出值，因此函数在声明部分只能定义输入参数的顺序（称为形式参数）。当函数被调用的时候，传入具体的参数值（称为实际参数），通过实现代码部分进行处理，最后返回一个输出值（称为实际返回值）。

2. 函数定义

在 JavaScript 中，定义函数的语法如下：

```
function 函数名(形式参数列表) {
    声明部分
    语句
}
```

JavaScript 中对函数的定义有如下要求。

（1）返回值：函数可以返回结果，也可以不返回任何值。和其他编程语言不同，在 JavaScript 中无须定义返回值类型，直接用关键字 function 进行定义即可。

（2）函数名即函数的名字，函数名必须是合法的标识符，通常要求是英文单词，且第一个字母小写。函数名最好采用驼峰式命名规则来命名，如 showUserStatus()。函数名最好能够表达出该函数的作用，showUserStatus()顾名思义就是显示用户状态信息的函数。

（3）形式参数列表：简称形参列表，用于定义函数将输入几个参数，同时明确这几个参数的顺序。例如要通过函数计算 $x^m \div y^n$，其中 x 和 y 为浮点数，m 和 n 为整数，因此定义形参列表为：(x, m, y, n)。还要注意，形参一定要定义在小括号中，且声明形参时不能初始化形参的值。

如果没有形参，则小括号内为空，没有形参的函数被称作无参函数，如 show()函数。

至于函数内的实现代码，将在后面讲解。

如果要计算 $x^m \div y^n$，那么出于可维护性和可扩展性及模块化的需要，定义如下函数框架：

```
function  formula(x, m, y, n) {
... //此处加入函数的实现代码
}
```

JavaScript 中，调用函数的形式如下：

```
函数名(实际参数列表);
```

调用函数时，实际参数列表中的参数可以是常量、变量或表达式，还可以是函数调用语句，各实参之间使用逗号进行分隔。

因此，计算 $2.0^3 \div 1.5^5$ 时，函数调用代码如下：

```
var res = formula(2.0, 3, 1.5, 5);
```

显然，2.0、3、1.5 和 5 是实参，变量 res 用于存储函数 formula()返回的值。调用函数的执行过程如下。

（1）按照赋值表达式自右向左的执行顺序，先执行代码“formula(2.0, 3, 1.5, 5)”。

（2）浏览器将根据形参列表的定义，在内存中建立 4 个临时变量 x、y、m 和 n，即 4 个形参分别用于存储传入的实参。

（3）分别把 2.0、3、1.5 和 5 这 4 个实参赋给变量 x、m、y 和 n。

（4）经过函数内部代码处理后得到结果并返回结果。

注意，一旦函数内的代码执行完毕，函数头部定义的形参也将从内存中消失。

调用无参函数不需要添加实际参数，例如代码“alert();”将弹出没有信息的警告对话框。

同理，求两个数中最大值的函数的定义如下：

```
function  max (x,  y ) {
…
}
```

求两个数的最大值的代码如下：

```
var m = max (b, c);
```

调用函数求 3 个数中的最大值的代码如下：

```
max ( a,  max (b, c) );
```

以上示例代码中，先求出了 b 和 c 的最大值作为临时结果，再和 a 进行比较，即可求出 a、b、c 这 3 个数中的最大值。

3. 函数内部处理

函数调用就是由主调函数调用被调用函数（又称被调函数）的过程，调用被调函数的示例代码如下：

```
function  host() {               //主调函数
 …                               //此处省略一些语句
  var x = service();             //调用函数 service ()
 …                               //此处省略一些语句
}
function  service () {           //被调函数
    …                            //被调函数的实现代码，省略
}
```

示例代码中，函数 host()是主调函数，函数 service ()则是被调函数。

函数 service ()被调用之后，执行内部处理代码，返回给主调函数的值被称作函数的返回值。如调用正弦函数返回正弦值，调用最大值函数返回两个数中的最大值等。被调函数可以通过 return 语句返回值给主调函数，return 语句的语法如下：

```
return 表达式 ;
```

以上示例代码将计算表达式的值，并通过 return 将值返回给主调函数。一旦执行 return 语句，被调函数执行结束，并返回至主调函数。

如果 return 后不接表达式，那么被调函数不会返回任何值。

函数中允许有多个 return 语句，但函数每次被调用时只能有一个 return 语句被执行，即函数最多只能有一个返回值。

调用函数的示例代码如下：

```
function  host() {//主调函数
  …//此处省略一些语句
  var x = service();// 语句①：调用函数 service ()
  …//此处省略一些语句
}
function  service () {//被调函数
  if(condition1) return -1;
  if(condition2) return 0;// 语句②：假设执行了该 return 语句
  var res = 0;
  …//被调函数的部分实现代码，省略
  return ++res;
}
```

以上示例代码中，函数 host()是主调函数，函数 service ()则是被调函数，在 host()函数中的语句①调用了 service()函数。

执行 service()函数内的代码到语句②时，假设满足该条件，函数会通过 return 语句返回 0，那么被调函数 service()将执行完毕，浏览器将重新调用主调函数 host()中的语句①，用返回值 0 替换掉代码“service()”。这样一来，函数 host()中语句①的执行效果等同于代码“var x = 0;”，浏览器会按照顺序

流程继续执行主调函数 host()中的剩余代码。

一旦被调函数通过 return 语句返回了值，或者被调函数执行完毕，浏览器将自动回收为被调函数分配的内存空间。

4. 调用函数的方式

在 JavaScript 中，可以通过以下几种方式调用函数。

（1）函数表达式：函数作为表达式中的一项出现在表达式中，以函数返回值的方式参与表达式的运算。这种方式要求函数有返回值。例如“z=max(x,y)”是一个赋值表达式，表示把 max()函数的返回值赋给变量 z。

（2）函数语句：函数调用语句加上分号即构成函数语句，例如“alert("abc");”。

（3）函数实参：函数作为另一个函数调用的实际参数。这种方式是把函数的返回值作为实参进行传送，因此要求该函数必须有返回值。

如“max(max(*x*,*y*),　max(*m*, *n*));”，表示把 max()函数的返回值同时作为函数的实参来使用，从而实现了求变量 x、y、m 和 n 这 4 个值中的最大值。

5. 变量的生命周期

在函数内定义的变量称作局部变量，局部变量只在函数内部可见。

形参、在函数中定义的变量及在“{}”中定义的变量具有特殊的生命周期。原则上是先找到变量所处的左、右大括号（“{”和“}”），该变量在其定义语句后，以及所处的结束大括号之前的范围内有效。下面的 showLifeTime()函数演示了局部变量的生命周期：

```
function  showLifeTime(condition) {          //变量 condition 在本函数内可见
  if(condition) {                            //condition 属于形参
    var x = 5;     //在内存中分配空间存储 x 的值，自此处开始可访问局部变量 x
    if(x > 10) {
      x = x-3;
    }
    x++;
  }  //从此位置开始变量 x 就已经消失了
  x++;            //此行代码出错，因为变量 x 已经不存在了
}                 //自此开始，condition 从内存中消失
```

因为变量 x 定义在 if 语句中，所以变量 x 在 if 语句中有效。在编写代码的过程中，务必养成代码缩进的习惯，这样不仅有助于查找变量的生命周期，而且方便发现代码中局部变量生命周期引起的错误。

6. 通过函数实现代码复用

按照迭代的方法，完成将百分制成绩转换成五分制成绩的函数。

首先，定义函数框架如下：

```
function  convert( x) {
}
```

将函数取名为 convert，该函数负责把输入的实参（整数类型的百分制成绩）转换为一个字符并返回。

函数返回值的约束如下：A 表示优秀，B 表示良好，C 表示中等，D 表示及格，E 表示不及格，X 表示非法值。

接下来加入函数的实现代码，通过 if-else if 语句完成转换成绩的功能：

```
function  convert( x)  {
  var res = 'X';
  if(x < 0 || x > 100) {
    res = 'X';
  } else if(x < 60) {
    res = 'E';
  } else if(x < 70) {
```

```
        res = 'D';
    } else if(x < 80) {
        res = 'C';
    } else if(x < 90) {
        res = 'B';
    } else {
        res = 'A';
    }
    return res;
}
```

新加入的函数实现代码中声明了局部变量 res，它用于存储计算结果。实现代码运用“7.4.2 条件流程”部分提到的数轴方法，对各种情形做了处理，把转换得到的五分制成绩存储于局部变量 res 中，最后通过 return 语句返回该变量的值。局部变量 res 在 convert()函数执行完毕后被浏览器回收，为其分配的内存空间也将被释放。

接着，通过 script 标记把函数代码嵌入网页中，加入函数调用代码后的代码框架如下：

```
<head>
<script>
function  convert( x)  {
    ...//此处省略 convert()函数的具体实现代码
}
document.write( convert(100) );document.write("<br>");//在网页上输出并换行
document.write( convert(90) );document.write("<br>");
document.write( convert(80) );document.write("<br>");
document.write( convert(70) );document.write("<br>");
document.write( convert(60) );document.write("<br>");
document.write( convert(50) );document.write("<br>");
</script>
</head>
```

完整示例代码请参考本书源代码文件 7-12.html。示例代码在 IE 浏览器中的运行效果如图 7-15 所示。

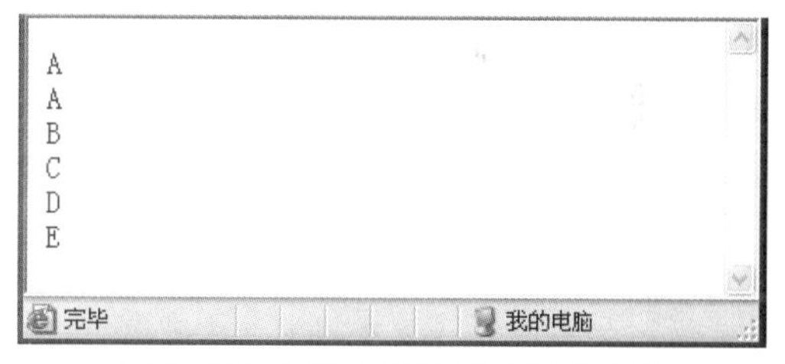

图 7-15　函数示例代码的运行效果

至此，通过函数完成了将百分制成绩转换为五分制成绩的目标。显然，函数的优点如下。

（1）使程序的层次结构清晰：程序变得更简短且清晰，便于编写、阅读、调试。

（2）增加了代码的复用度：防止程序中出现大量重复的代码，增强了代码的重用性。

（3）增强了程序的可维护性：如果业务需求发生了变化（如把百分制成绩转换为五分制成绩调整为把百分制成绩转换为一百五十分制成绩），只需要修改被调函数内的少量代码即可快速做出调整以满足用户要求，而不用考虑更改主调函数中的调用代码。

（4）提高了编程效率：可以提高程序开发的效率，缩短项目的开发周期。

示例代码中使用了函数 document.write()，该函数用于在当前网页的 body 标记内追加实参的值，即把参数值显示于浏览器的内容区域中。该函数的实参可以是字符串，也可以是数值、布尔值和对象数据类型。

7.4.4　迭代学习方法

许多人学习编程时，习惯在看书的同时编写代码，导致学习效果不理想。如果读者想提高学习效率，在学习程序设计时务必学会脱离书本，推荐使用迭代的方法练习编写代码。

首先，确保程序框架能成功运行，代码如下：

```
<!DOCTYPE html>
<html lang="zh">
<head>
  <meta charset="UTF-8">
  <title>html5 module</title>
  <style></style>
  <script type="text/JavaScript">
     ...//此处添加 JavaScript 代码
  </script>
</head>
<body></body>
</html>
```

此处，示例代码使用了 HTML5 网页的模板文件，并加入了 script 标记。

测试成功后，就可以在 script 标记中加入如下函数的定义和调用代码：

```
<script type="text/JavaScript">
    function printMax() {
    }
    printMax();
</script>
```

这是第一次迭代，完成了 printMax()函数的定义和调用。如果浏览器没有报错，则表示第一次迭代成功。

接下来进行第二次迭代，在函数内加入如下变量定义和输出语句：

```
<script type="text/JavaScript">
    function printMax() {
        var x=6, y=9;
        var max = x>y?x:y;
        document.println("最大值是"+max);
    }
    printMax();
</script>
```

该网页在浏览器中会输出最大值 9。至此，代码迭代完成。

编程需要迭代，学习也需要迭代，把学习任务分解，及时测试学习效果。人生规划也需要迭代，五年规划、十年规划，分阶段对规划进行测试、修正，才能未来可期。

7.4.5 JavaScript 调试技巧

在编写代码的过程中，常常会遇到以下情形。

（1）不确定有没有执行程序中的某行代码。

（2）程序没有报错，不知道错误出在哪一行。

这两种情形下需要分别使用以下技巧进行调试。

（1）通过 alert()函数进行提示。

（2）通过开发人员工具进行单步调试。

微课：JavaScript 调试技巧

鉴于这个过程较复杂，请扫描微课二维码观看视频，了解具体操作细节。

使用 alert()函数会弹出对话框，如果流程复杂，网页可能需要多次弹出对话框，调试过程中操作会变得非常烦琐，“8.6.4 使用终端显示日志信息”部分会给出解决方案。

7.4.6 常用的全局函数

JavaScript 类库中定义了许多函数，供开发人员在 JavaScript 代码中直接调用，这些函数被称作全局函数。常用的全局函数如下。

（1）isNaN(x)：用于检查其参数 x 是不是数值；如果参数是数值，则返回 false，否则返回 true。

（2）parseFloat(string)：可用于解析字符串 string，并返回解析后的浮点数。

参数 string 的开头和结尾允许存在空格，该函数只返回参数 string 中的第一个数值；如果参数 string 的第一个字符不能被转换为数值，那么 parseFloat()函数会返回 NaN。示例代码如下：

```
parseFloat("100") ;//返回 100
parseFloat("100.00") ;//返回 100
parseFloat("100.33") ;//返回 100.33
parseFloat("124  345 678") ;//返回 124
parseFloat("   60 ") ;//返回 60，忽略空格
parseFloat("40 years") ;//返回 40
parseFloat("He was 40") ;//返回 NaN
```

（3）parseInt(string, radix)：用于解析一个字符串并返回一个整数。

使用该函数时，必须加入解析的字符串 string 作为参数；参数 radix 可选，表示要解析的数值的进制，该值的取值范围为 2～36。

如果参数 radix 省略或使用值 0，则数值将以十进制为基础来解析。如果参数 radix 小于 2 或者大于 36，则 parseInt()将返回 NaN。

如果参数 string 以 0x 开头，parseInt()会把 string 的其余部分解析为十六进制的整数。如果参数 string 以 0 开头，parseInt()会把其后的字符解析为八进制的整数。如果 string 以 1～9 开头，parseInt() 将把它解析为十进制的整数。

```
parseInt("10") ;//默认使用十进制，返回 10
parseInt("19",10) ;//十进制，返回 19
parseInt("11",2) ;//二进制，返回 3
parseInt("17",8) ;//八进制，返回 15
parseInt("1f",16) ;//十六进制，返回 31
parseInt("010") ;//八进制，返回 8
parseInt("He was 40") ;//返回 NaN
```

7.4.7 循环流程

循环语句用于重复执行一段代码，直到满足终止条件才会跳出循环。JavaScript 提供了 while 循环语句、do-while 循环语句和 for 循环语句共 3 种循环语句。

1. for 循环语句

作为最常用的循环语句之一，for 循环语句的流程图如图 7-16 所示。

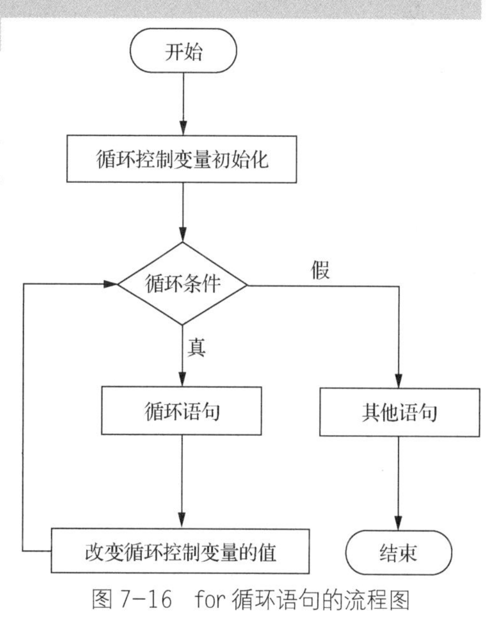

图 7-16 for 循环语句的流程图

在图 7-16 中，for 循环语句的执行过程如下。

初始化循环控制变量后，判断是否满足循环条件：如果满足循环条件将执行循环语句，接着改变循环控制变量的值；一旦不能满足循环条件，程序将跳转到其他语句，即终止循环流程。

在 JavaScript 中，for 循环语句的语法如下：

```
for(初值表达式; 布尔表达式; 循环过程表达式) {
      循环体程序语句区块
}
```

for 循环语句与图 7-16 所示流程图的对应关系如下。

（1）“初值表达式”和流程图中的“循环控制变量初始化”部分对应。

（2）“布尔表达式”和流程图中的“循环条件”部分对应。

（3）“循环体程序语句区块”和流程图中的“循环语句”部分对应。

（4）“循环过程表达式”和流程图中的“改变循环控制变量的值”部分对应。

如何编程实现通过 for 循环语句求解 1 + 2 + 3 + … + 100 呢？该问题如何转换为 for 循环语句？下面将通过迭代方法对问题进行分解迭代。

需要把整个求累加和过程分解为表 7-8 所示的内容，以发现可重复的语句。

表 7-8 求累加和过程分解表

var sum=0;（用于存储累加和）	
循环控制变量 i	循环语句
i=1	sum = sum + 1;
i=2	sum = sum + 2;
i=3	sum = sum + 3;
⋮	⋮
i=100	sum = sum + 100;

表 7-8 中的语句还不能变成可重复的代码，仍然需要调整。

首先，循环计数器 i 的值初始为 1，每次加 1。

其次，存储计算结果的变量 sum 初始为 0。

当循环计数器 i 的值变成 100 之后，循环结束，也就是说循环条件为“i<=100”。

调整表 7-8 后得到新表 7-9。

表 7-9 求累加和过程可重复性代码归纳表

var i=1, sum=0; 循环条件：i<=100		
循环控制变量 i	循环语句	改变循环控制变量的值
i=1	sum = sum + i;	i++
i=2	sum = sum + i;	i++
i=3	sum = sum + i;	i++
⋮	⋮	⋮
i=100	sum = sum + i;	i++

读者可能会发现，这就是高中学习过的数学归纳法。通过归纳找到了可以重复执行的代码，才能把求和过程转换为 for 循环语句。

参照 for 循环语句的语法完成示例代码，如下：

```
<script>
var sum=0;
for(var i=1; i<=100; i++) {
   sum += i;
}
alert(sum);
</script>
```

完整示例代码请参考本书源代码文件 7-13.html。在浏览器中运行示例代码会弹出对话框，显示结果为 5050。

通常，临时累加和的初始值为 0；如果需要求连续乘积，则临时存储乘积的变量初始值为 1。

for 循环语句特别适用于已知循环次数的重复操作。

在 for 循环语句中，循环计数器（循环控制变量）是其“灵魂”。读者可以在 for 循环语句中声明并初始化计数器，也可以在 for 循环语句前定义并初始化计数器；往往计数器与控制循环结束的条件息息相关；每次循环语句执行完毕之后，一定要改变计数器的值，否则会出现死循环。

2. 函数递归

递归就是函数在运行的过程中调用自己。例如求 n 的阶乘（$n!$）。

$n! = n\times(n-1)!$（当 $n>2$ 时），而 $1! = 1$。

为了求 $n!$，首先定义函数框架如下：

```
function factorial(n) {
}
```

然后按照公式的定义，加入函数代码如下：

```
function factorial(n) {
  if(n < 1)
    return -1;
  if(n = = 1)
    return 1;
  else
    return n * factorial(n-1);
}
```

最后，把函数代码加入 script 标记内，并添加调用代码，代码框架如下：

```
<script>
function factorial(n) {
  //省略函数实现代码
}
alert( factorial(5) );
</script>
```

完整示例代码请参考本书源代码文件 7-13.html。在浏览器中运行示例代码会弹出对话框，显示结果为 120。

函数递归执行效率低，如果有其他替代方案，尽量不要使用递归。

3. while 循环语句

随机生成 5 个 0～1000 的奇数，能否使用 for 循环语句实现呢？

显然，生成的随机数可能是偶数，也可能是奇数，自然循环次数未知，使用 for 循环语句实现起来有些难度。为此，下面介绍另一种循环语句——while 循环语句。

while 循环语句的流程图如图 7-17 所示。

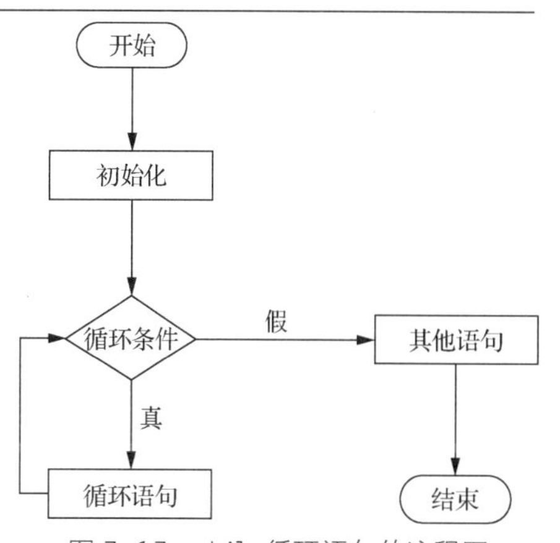

图 7-17 while 循环语句的流程图

从图 7-17 可以看到，当满足循环条件时，将反复执行循环语句，一旦不能满足循环条件，就会跳转执行其他语句，while 循环语句也随之结束。

while 循环语句的语法如下：

```
while(布尔表达式){
```

```
    循环体语句块
}
```

只有当循环体语句块只由一条语句组成时，while 循环语句的左右大括号才能省略。

在 while 循环语句的语法中，“布尔表达式”对应图 7-17 中的“循环条件”部分，“循环体语句块”则对应图 7-17 中的“循环语句”部分。

接下来，将使用 while 循环语句随机生成 5 个 0～1000 的奇数。

首先，需要了解如何生成一个 0～1000 的随机数，JavaScript 提供了 random()函数：

```
Math.random();
```

以上代码将返回 0～1 的随机浮点数。该数值乘以 1000 后将得到 0～1000 的随机浮点数。

其次，JavaScript 提供了 round()函数，用于对一个浮点数四舍五入：

```
Math.round(x);
```

round()函数对实参 x 进行四舍五入，并返回一个整数值。

通过代码“Math.round(Math.random() * 1000)”可得到一个 0～1000 的随机整数。

每生成一个随机整数，需要判断该随机整数是否为奇数；同时使用计数器统计目前已经生成随机奇数的个数。while 循环语句的控制条件为“随机奇数个数小于 5”（如果计数器为 5，就已经生成了 5 个随机奇数，循环结束）。示例代码框架如下：

```
<script>
var count = 0;        // 随机奇数个数计数器
while(count < 5) {    //随机奇数个数小于 5 时的循环操作
   var r = Math.round( Math.random() * 1000 );  //生成一个随机整数
   if(r%2 == 1) {     //当前循环生成的随机数为奇数
      count ++;
      document.write("第" + count + "个随机数: " + r);
      document.write("<br>");
   }
}
</script>
```

完整示例代码请参考本书源代码文件 7-15.html。示例代码的运行效果如图 7-18 所示。

while 循环语句有一个关键技术点：控制循环的结束时机。通常在循环内部加入循环控制标记，适时控制循环控制标记变为 false，以结束循环流程。示例代码中设置了一个计数器，通过计数器记录已经生成的随机奇数的个数，当计数器为 5 时，循环标记变为 false，循环结束。

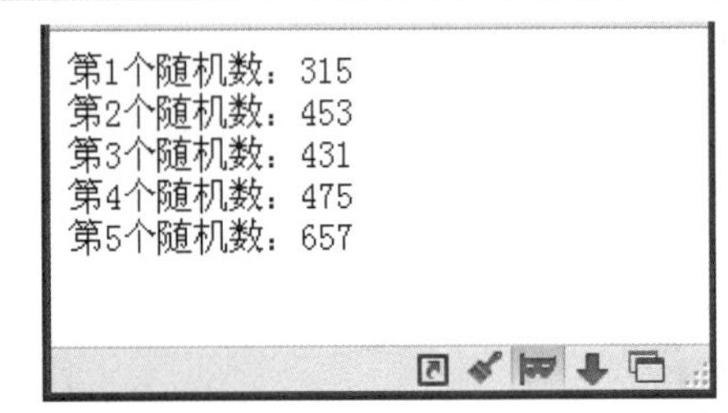

第1个随机数：315
第2个随机数：453
第3个随机数：431
第4个随机数：475
第5个随机数：657

图 7-18　while 循环语句示例代码的运行效果

while 循环语句适用于循环次数未知的情形。

4. do-while 循环语句

与 while 循环语句类似，JavaScript 提供了 do-while 循环语句，其语法如下：

```
do{
   循环体语句区块
} while(布尔表达式)
```

do-while 循环语句先执行一次循环体语句区块，然后判断布尔表达式的值，以决定是否继续执行循环代码。

若布尔表达式的值为 false，则跳出 do-while 循环语句。若布尔表达式的值为 true，则再次执行循环体语句区块，如此反复，直到布尔表达式的值为 false，跳出 do-while 循环语句。

使用 do-while 循环语句实现随机产生 5 个 0～1000 的奇数，代码如下：

```
<script>
var count = 0;        // 随机奇数个数计数器
do {   //随机奇数个数小于5时的循环操作
   var r = Math.round( Math.random() * 1000 );  //产生一个随机整数
   if(r%2 == 1) {    //当前循环产生的随机数为奇数
      count ++;
      document.write("第" + count + "个随机数：" + r);
      document.write("<br>");
   }
} while(count < 5)
</script>
```

完整示例代码请参考本书源代码文件 7-16.html。示例代码在 Firefox 浏览器中的运行效果如图 7-19 所示。

```
第1个随机数：875
第2个随机数：87
第3个随机数：929
第4个随机数：547
第5个随机数：611
```

图 7-19　do-while 循环语句示例代码的运行效果

对比 while 循环语句，do-while 循环语句的要点与 while 循环语句非常相似，都是要控制循环条件。但是两种循环语句存在一个根本区别：while 循环语句执行次数可能是 0，而 do-while 循环语句至少执行一次。

5. 循环结构对比分析

一般情况下，JavaScript 提供的 3 种循环语句是可以相互替换的。对于那些准确知道执行次数的循环，使用 for 循环语句编写的程序最简洁、最清晰。如果将求自然数 1～10 的累加和问题分别用 3 种循环语句写出，对比就能发现使用 for 循环语句实现最简洁。

然而，对于那些只知道某些语句要反复执行多次（至少执行一次），但不知道确切的执行次数的问题，使用 do-while 循环语句编写的程序更清晰；对于那种某些语句可能要反复执行多次，也可能一次都不执行的问题，当然优先使用 while 循环语句。

6. 循环嵌套

循环嵌套是指在循环体内嵌套循环语句的情形。JavaScript 提供的 3 种循环结构可以自身嵌套，也可以相互嵌套。

循环嵌套时应该注意的是，无论哪种嵌套关系都必须保证每一个循环结构的完整性，不能出现交叉，正确的嵌套关系如下：

```
for(…;…;…){
      … //代码缩进一层
      while(…){
         …  //代码缩进两层
      }
      … //代码缩进一层
}//正确的循环嵌套
```

下面计算 1 的阶乘到 20 的阶乘的和（1! + 2! + 3! + ⋯ + 20!）。显然，需要通过循环嵌套才可以求出结果。接下来，分两步来迭代完成这个任务。

从外层来看，需要求 20 个数的累加和，外层循环代码如下：

```
var sum = 0;
for(var i=1; i<=20; i++) {
   sum += i!;//i!表示i的阶乘
}
alert(sum);
```

显然，i 的阶乘，即“**i!**”是语义表示，JavaScript 并不能识别，这需要通过循环或者函数来实现。

在此只给出循环方案，请读者自行完成函数代码。

由于求的是 i 的阶乘，也就是要循环 i 次，因此需要把计数器定义为另外一个变量 j，代码如下：

```
var factorial = 1;
for(var j=1; j<=i; j++) {
  factorial *= j;
}
```

用以上代码替换“i!”后，代码如下：

```
<script>
var sum = 0;
for(var i=1; i<=10; i++) {
  var factorial = 1;
  for(var j=1; j<=i; j++)
    factorial *= j;
  sum += factorial;
}
alert(sum);
</script>
```

完整示例代码请参考本书源代码文件 7-17.html。在浏览器中运行示例代码会弹出对话框，显示运算结果为 4037913。

7. break 和 continue

执行循环时，既可以忽略本次循环的部分代码并跳到下次循环，也可以直接终止所有的循环，使用的关键字分别是 continue 和 break。

break 可以离开当前 switch、for、while、do-while 语句的程序块（即紧跟在 switch、for、while、do-while 后大括号内的代码），并前进至程序块的下一条语句，在 switch 语句中主要用来中断下一个 case 语句的比较，在 for、while 与 do while 循环语句中主要用于中断目前循环的执行。

continue 的作用与 break 类似，不同的是 break 会结束程序块的执行，而 continue 只会结束本次循环中 continue 之后程序块的语句，并跳回本循环程序块的开头部分继续执行下一个循环，而不是离开本循环。

continue 的示例代码如下：

```
for(var i=1; i<=10; i++) {
  if(i % 2 == 0)
    continue;
  document.writeln(i);
  document.writeln(" ");
}
```

如果没有 if 语句，示例代码将输出阿拉伯数字 1～10，但是当计数器 i 为偶数时，将执行 continue 语句，无法执行输出语句，因此示例代码将输出“1　3　5　7　9　”。完整示例代码请参考本书源代码文件 7-18.html。

把 continue 换为 break，调整后的代码如下：

```
for(var i=1; i<=10; i++) {
  if(i % 2 == 0)
    break;
  document.writeln(i);
}
```

如果没有 if 语句，示例代码将输出阿拉伯数字 1～10。当计数器初始值为 1 时，不满足偶数条件不会执行 if 语句，浏览器会直接执行输出语句；当计数器变为 2 后，满足 if 条件，因此会执行 break 语句而跳出整个 for 循环语句，示例代码将只输出“1”。完整示例代码请参考本书源代码文件 7-19.html。

7.5 实训案例

本节将通过两个实训案例介绍编写 JavaScript 函数的步骤和方法。

7.5.1 显示基本数据类型

JavaScript 共有 6 种数据类型：null、undefined、number、string、boolean 和 object。本案例通过 JavaScript 输出 null、undefined、number、string、boolean 这 5 种数据类型及变量的值。

（1）新建网页，加入“4.1.5 在网页模板文件中添加 CSS”部分介绍的模板文件源代码。

（2）修改 title 标记内的页面标题名称。

（3）在 head 标记内嵌套 script 标记，接着在 script 标记内加入如下代码：

```
<script type="text/JavaScript">
function showType(v) {
    document.writeln("类型:" + typeof(v));
    document.writeln(", 值:" + v);
    document.writeln("<br>");
}
showType(1);
showType(true);
showType('abc');
showType(null);
showType(undefined);
</script>
```

（4）保存修改后的源代码，在浏览器中测试网页效果，如图 7-20 所示。

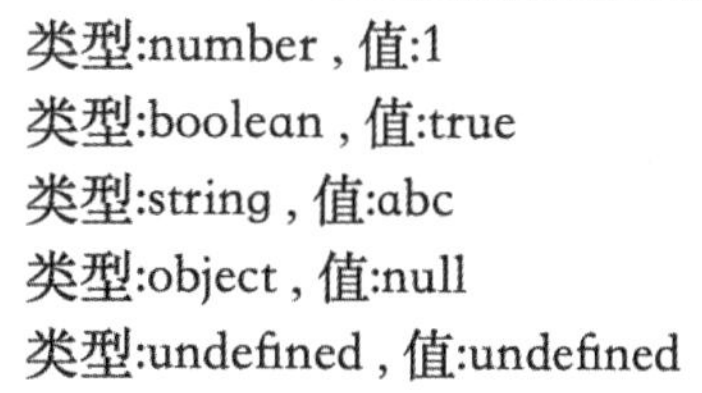

类型:number , 值:1
类型:boolean , 值:true
类型:string , 值:abc
类型:object , 值:null
类型:undefined , 值:undefined

图 7-20 显示基本数据类型案例的运行效果

至于 object 数据类型，将在下一章进行讲解。

7.5.2 显示斐波那契数列

编写函数，输出斐波那契数列的前 *n* 个值。

（1）新建网页，加入“4.1.5 在网页模板文件中添加 CSS”部分介绍的模板文件源代码。

（2）修改 title 标记内的页面标题名称。

（3）在 head 标记内嵌套 script 标记，接着在 script 标记内加入如下代码：

```
<script type="text/JavaScript">
function fibonacci(num) {
    if(num < 1 ) {
        alert(输入参数最小为 1);
        return;
    }
    var p=1, n=1; v = 1;
    show(1, 1);
    show(2, 1);
    for(var i=3; i<=num; i++) {
        p = n;
        n = v;
        v = p+n;
        show(i, v);
    }
}
```

```
function show(i, v) {
    document.writeln("第" + i + "个元素值为:" + v);
    document.writeln("<br>");
}
fibonacci(10);
</script>
```

（4）保存修改后的源代码，在浏览器中测试网页效果，如图 7-21 所示。

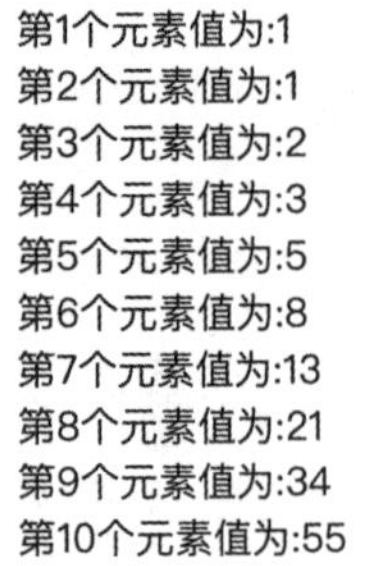

第1个元素值为:1
第2个元素值为:1
第3个元素值为:2
第4个元素值为:3
第5个元素值为:5
第6个元素值为:8
第7个元素值为:13
第8个元素值为:21
第9个元素值为:34
第10个元素值为:55

图 7-21　显示斐波那契数列案例的运行效果

通过以上两个案例，读者可以了解编写 JavaScript 函数和调用函数的详细步骤，确保顺利完成本章上机实验。

思考与练习

一、单项选择题

1. 以下选项中，用于定义 JavaScript 变量的关键字是______。
   A. int　B. boolean　C. var　D. String
2. JavaScript 代码可以定义在______。
   A. script 标记里　B. CSS 文件里　C. style 标记里　D. 没有限制
3. JavaScript 数据类型不包括______。
   A. number　B. undefined　C. null　D. file
4. 常量 0X12 表示的十进制数是______。
   A. 12　B. 18　C. 120　D. 0
5. 以下选项中，不是合法标识符的是______。
   A. x　B. 0x　C. biaoShiFu　D. _x
6. 以下选项中，不属于 JavaScript 关键字的是______。
   A. new　B. id　C. var　D. true
7. 适合固定循环次数的流程控制语句是________。
   A. if　B. for　C. while　D. switch
8. 适合不确定循环次数的流程控制语句是________。
   A. if　B. for　C. while　D. switch
9. 以下关于函数的说法中，不正确的是________。
   A. 使程序的层次结构清晰　B. 提高代码执行效率
   C. 提高代码复用度　D. 增强代码的可维护性

二、填空题

1. 向 HTML 网页中添加 JavaScript 代码需要使用________标记。
2. 八进制数 0123 转换为十进制数的结果是________。
3. 布尔类型常量只有两个：________和________，分别代表逻辑真和假。
4. JavaScript 中，用于定义函数的关键字是________。
5. switch 语句中，如果没有________，则在执行完第一个符合条件的 case 后的语句后，不论是否匹配后续情形，都会继续执行其余 case 后的语句。
6. 函数中，通过关键字________返回表达式的值。
7. 全局函数________用于检查其参数 x 是不是数值。如果参数是数值，则返回 false，否则返回 true。
8. 通常，临时累加和的初始值为______；如果需要求连续乘积，则临时存储乘积的变量初始值为______。
9. ________只会结束本次循环中该关键字之后程序块的语句，并跳回本循环程序块的开头部分继续执行下一个循环，而不是离开本循环。

三、判断题

1. 网页中的 JavaScript 代码需要在服务器端解释执行，才能不出错。(　　)
2. 整数类型变量之间赋值使用值传递方式。(　　)
3. 初学者使用 JavaScript 编写代码时，不需要迭代，也能保证编写代码的效率。(　　)
4. 为了便于后期阅读、维护代码，编写代码时可以把长表达式分解为多个表达式。(　　)
5. 采用驼峰式命名规则来命名有助于增强代码的可读性。(　　)
6. JavaScript 中使用 function 来定义函数。(　　)
7. 不使用函数，照样可以提高程序开发的效率，缩短项目的开发周期。(　　)
8. 使用开发人员工具进行单步调试，有助于发现程序中的 bug。(　　)
9. 函数递归执行效率低，如果有其他替代方案，尽量不要使用递归。(　　)
10. 代码中应该尽量避免出现死循环。(　　)
11. for 循环语句适用于循环次数未知的情形。(　　)
12. while 循环语句适用于循环次数未知的情形。(　　)
13. do-while 循环语句执行次数可能是 0。(　　)
14. 循环语句可以嵌套。(　　)

四、简答题

1. 变量与内存有什么关系？
2. 执行 JavaScript 代码时，客户端浏览器、内存和硬盘分别起什么作用？
3. 流程语句的作用是什么？分别用在什么场合？
4. 以求两个数的最大值为例，如何定义函数？如何调用函数？
5. 试着分析 alert()函数的形参类型和返回值类型。
6. 使用迭代的方法设计 JavaScript 程序有什么好处？

上机实验

1. 编写一个 JavaScript 程序，在网页中提示“第一个 JavaScript 程序”。

提示：使用 alert()或者 document.writeln()进行提示，请比较两种方法的区别。

2. 分别用 if 语句和 switch 语句完成将总分为 150 分的成绩转换为五分制成绩，比较两种语句的区别。

3. 用年、月、日 3 个数值类型变量存储日期信息，如何用 if 语句比较两个日期哪个在前？

提示：可以自定义比较日期函数。

4. 定义求两个数最大值的函数，在网页中进行调用以求出 4 个整数的最大值。

提示：假设函数为 max(a, b)，则表达式“max(max(x,y), max(m, n))”可以求出 x、y、m 和 n 中的最大值。

5. 定义函数，计算 1 +3 +5 +7 +9 + … +111。

提示：通过 for 循环语句完成。

6. 生成 100 个随机数，统计奇数和偶数的个数。

提示：通过 for 循环语句完成。

7. 生成 10 个能被 3 整除的数。

提示：通过 while 循环语句完成。

8. 定义函数，计算 1! +3! +5! +7! +9! + 11!。

提示：通过 for 循环语句中嵌套 for 循环语句完成。

9. 通过浏览器调试题 2 中定义的求两个数最大值的函数，查看形参和实参的赋值过程，查看局部变量的生命周期。

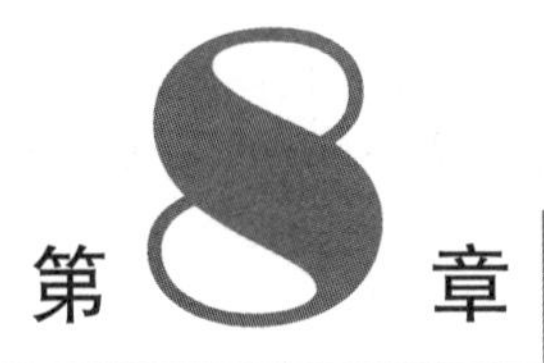

第8章 基于对象的 JavaScript 编程

学习目标

- 理解并掌握对象的概念和应用；
- 熟练掌握 JavaScript 中的常用类，浏览器内置对象的常用属性和方法；
- 理解并掌握常用的事件及事件处理方法；
- 理解并掌握 DOM 编程；
- 了解 JavaScript 框架。

面向对象分析与设计方法目前已经取代传统的面向过程的结构化分析与设计方法，成为现代软件工程领域中的主流方法。20 世纪 90 年代末统一建模语言（Unified Modeling Language，UML）得到广泛应用，基于 UML 的面向对象分析与设计方法在国内外学术界和产业界普遍受到重视，成为软件工程的重要组成要素。

本章将介绍对象的概念和应用、JavaScript 中的常用类、浏览器内置对象、事件及其处理方法、DOM 等内容。

8.1 对象基础

抽象（Abstraction）就是从被研究对象中舍弃个别的、非本质的及与研究主题无关的次要特征，抽取与研究主题有关的内容加以分析，形成对所研究问题正确的、简明扼要的认识。

数据抽象就是把系统中需要处理的数据和施加在这些数据上的操作结合在一起，根据功能、性质、作用等因素抽象成不同的抽象数据类型。每个抽象数据类型既包含数据，也包含针对这些数据的授权操作，并限定数据的值只能由某些操作实现访问和修改。

相对于过程抽象，数据抽象是一种更为严格、更为合理的抽象方法。面向对象分析（Object-Oriented Analysis，OOA）是指在开发系统的过程中，进行系统业务调查以后，按照面向对象的思想来分析问题，使用数据抽象完成系统的分析和设计。

8.1.1 类与对象

在面向对象的方法学中，类是抽象的，对象是具体的。以收音机为例，收音机只能被定义为类，而某台收音机则被看作对象。使用面向对象的技术进行开发时，需要先定义类，有了类才能构建具体的对象。开发人员需要调用类的构造方法构建对象，对应语法如下：

```
var 对象变量名 = new 构造方法名();
```

定义对象，其实就是在内存中开辟一片内存区域，用于存储对象的详细信息。

JavaScript 要求构造方法名与类名完全相同，new 作为 JavaScript 关键字，专门用于调用类的构造方法。构造方法则用于初始化对象信息并把该对象保存在内存中。

JavaScript 中通过 Array 类定义数组。如果需要定义一个数组，可以通过构造方法来完成：

```
var  arr = new Array();
```

通过以上示例代码，就可以在内存中构建一个数组对象。

8.1.2　属性与方法

使用收音机时，必须是具体的收音机对象，而不是抽象的收音机类。按照面向对象的方法，用户关注的是调音和调频等功能及这些功能涉及的特征（音量、频率和开关状态），甚至可以忽略掉收音机的品牌、重量、颜色、形状等无关特征。与函数类似，收音机音量和频率的调整需要通过收音机类的内部代码实现，外部用户不必关心收音机的内部实现细节，这正是运用了面向对象的数据抽象方法学。

面向对象的程序设计就是采用数据抽象方法学来构建程序中的类和对象的。它强调把数据和操作结合为一个不可分的系统单位"对象"，对象的外部只需要知道这个对象能够实现什么功能，而不必知道它是如何实现这些功能的。

按照面向对象的思想，一切事物都是对象。在设计程序时，与研究问题有关的事物就是研究对象。在面向对象的程序设计中，把问题域中与研究主体有关的事物抽象成对象（Object），事物的静态特征（属性）用一组数据来描述，事物的动态特征（方法）则用一组方法来刻画。

如果要模拟收音机，首先需要把这些收音机都抽象为对象。这些收音机对象的状态值包括大小、品牌、型号、当前的开关状态、当前收听的频率、当前的音量，显然这些状态值各不相同。这种在某个时刻有一个确定状态值的特征被称作对象的属性。

每台收音机都有用于调音和调频的按钮，按钮的颜色、大小各不相同，但是按钮的功能都是调整音量或者频率。当用户旋转了调频按钮或者调音按钮之后，收音机内部如何工作用户是看不到的，而且用户根本无须了解其内部机制。这样即使用户不知道电阻、电容等知识，也可以通过调音和调频两个按钮来使用收音机。这种类似于调频、调音等需要用户主动触发的行为就是对象的动态特征，对象的动态特征通常被称作对象的方法。

对象的信息需要存储在内存中，JavaScript通过构造方法分配内存空间以存储新创建的对象。开发人员通过变量名访问该对象封装的信息。有了对象变量，就可以通过域操作符"."来访问对象的属性和方法，具体语法如下：

```
对象标识符.属性名
对象标识符.方法名(实际参数)
```

如果属性名存储在变量中，还可以通过以下方式访问对象的属性：

```
对象标识符[存储属性名的变量]
```

8.2　JavaScript中的常用类

有了对象，开发人员不必关心对象的实现细节，只需要通过属性和方法访问对象即可，从而提高开发效率，减少系统级别的代码编写。JavaScript提供了一系列类库供开发人员使用。

8.2.1　Date类

Date类内部封装了日期和时间信息，通过无参构造方法即可创建日期类型的对象，代码如下：

```
var now = new Date();
```

Date类定义了多个方法，用于获取或者设置时间和日期信息。其中，获取对象内部封装的年、月、日、小时、分钟、秒、毫秒信息，对应的方法分别为getYear()、getMonth()、getDate()、getHours()、getMinutes()、getSeconds()、getMilliseconds()；Date类的getTime()方法用于获取从格林尼治标准时间1970年1月1日至今的毫秒数。

如果需要修改对象内部封装的年、月、日、小时、分钟、秒、毫秒信息，可使用对应的方法setYear()、setMonth()、setDate()、setHours()、setMinutes()、setSeconds()、setMilliseconds()，所有的set方法都需要一个整数类型实参，用于修改时间或者日期信息。

此外，Date 类定义了 toLocaleString()方法，用于把 Date 对象转换为字符串。以下示例代码将输出当前日期和时间：

```
var now = new Date();//定义当前时间和日期对象
alert( now.toLocaleString() );//输出当前时间和日期信息
alert( now.getMonth() ); //输出当前月份
```

开发人员使用的是 Date 对象，Date 类库的设计人员用本初子午线对应时区 1970 年 1 月 1 日 0 时 0 分到现在经历的毫秒数（有的编程语言会存储微秒数）。这就是面向对象的好处，无须知道对象内部如何实现，就可以使用该对象。

8.2.2 Array 类

数组是编程语言中最常用的数据结构之一。在程序设计中，为了处理起来方便，把具有相同类型的若干数据按有序的形式组织起来，这些按序排列的同类数据元素的集合称为数组。一个数组包含多个数组元素，这些数组元素可以是基本数据类型，也可以是对象类型。

如果某数组内的元素不是数组，则该数组属于一维数组。数组也是对象，在 JavaScript 中通过 Array 类定义数组，可以非常方便地定义、访问数组。

1. 定义数组

数组有两种定义方法。

（1）定义数组时通过中括号进行初始化，示例代码如下：

```
var arr = ["first", "second", "third"];
```

以上代码定义了数组变量 arr，并初始化为 3 个字符串。

（2）使用构造方法定义数组，示例代码如下：

```
var a = new Array();//定义一个没有包含元素的数组
var b = new Array(8); //定义一个可以存放 8 个元素的数组
var c = new Array("first", "second", "third");//定义数组，并初始化为 3 个字符串
```

对于成员方法，如果方法名相同，但形参列表中参数的个数、参数的数据类型和参数的顺序不同，这被称作成员方法的重载（Override）。重载的方法主要通过形参列表中参数的个数、参数的数据类型和参数的顺序等方面的不同来区分。显然，上述示例代码重载了 Array 类的构造方法。

2. 数组属性

Array 类只有一个属性 length，表示数组能存放的元素个数，而不是数组中实际存放元素的个数。

3. 访问数组元素

将数组初始化后，就可通过数组名与下标来访问数组中的元素。一维数组元素的引用格式如下：

```
数组名[数组下标]
```

其中，数组名即用于定义数组的变量名，数组下标是指元素在数组中的位置。数组内第一个元素的下标为 0，假设数组容量为 N，则最后一个元素的下标为 N-1。下标可以是整数类型常量，也可以是整数类型变量表达式。使用数组名加下标访问元素时，如果下标超出范围，系统会返回“undefined”，即内存中不存在的值；其他编程语言会报错甚至退出程序，而 JavaScript 不会有错误提示。

以下示例代码将定义数组并使用 for 循环语句遍历数组：

```
<script>
var arr = ["abc", "123", "ert", "a1"];
for(var i=0; i<arr.length; i++) {//循环次数已知
   document.write(arr[i]);  //显示元素的值
   document.write("<br>"); //显示<br>，即换行
}
</script>
```

示例代码中，在定义数组时直接通过中括号对数组内的元素进行初始化。对数组内的元素进行遍历时，循环次数就是数组的容量。因此选择 for 循环语句进行遍历，数组内的元素个数通过数组对象的 length 属性获取，数组内的元素通过数组名和下标进行访问。

完整示例代码请参考本书源代码文件 8-1.html。示例代码在 Firefox 浏览器中的运行效果如图 8-1 所示。

图 8-1　遍历数组示例代码的运行效果

4. for-in 循环语句

for-in 循环语句用于对数组进行遍历或者对对象的属性进行循环操作，其语法如下：

```
for (变量 in 对象) {
    …//执行遍历操作的代码
}
```

for-in 循环语句中的代码每执行一次，就会对数组的元素或者对象的属性逐一操作一次。遍历对象时，逐一访问到的属性名称被暂存在变量中，而遍历数组时，逐个访问到的数组元素的下标也被暂存在变量中。

以下示例代码将使用 for-in 循环语句逐个遍历数组中的元素：

```
<script>
var arr =  new Array();
for(var i=1;i<=16;i++) {
    arr[i-1] = 2*i;
}
for(var i in arr) {
  document.write(arr[i]);
  document.write(",  ");
  if (i%4 == 3) {
    document.write("<br>");
  }
} </script>
```

示例代码中，首先定义了一个空的数组，通过 for 循环语句初始化了 16 个偶数元素；接着，使用 for-in 循环语句逐个遍历数组元素，当前元素的下标被存放在 for-in 循环语句内的变量 i 中，通过 document.write()函数向页面的 body 标记部分输出每个数组元素的值，同时控制每输出 4 个元素后另起一行继续输出。

完整示例代码请参考本书源代码文件 8-2.html。示例代码在 Firefox 浏览器中的运行效果如图 8-2 所示。

2, 4, 6, 8,
10, 12, 14, 16,
18, 20, 22, 24,
26, 28, 30, 32,

图 8-2　遍历数组示例代码的运行效果

8.2.3　String 类

字符串是 JavaScript 中的一种基本数据类型，对应的类名为 String。在 JavaScript 中，只需要定义一个字符串类型的变量，即可调用该字符串对象的属性和方法。

1. 属性

通过 length 属性可以获取字符串对象中的字符个数。

2. 方法

String 类定义了大量操作字符串的方法。但是，JavaScript 的字符串是不变的，即 String 类定义的方法都不能直接改变源字符串变量的内容。常用的方法如下。

（1）anchor()：创建“3.2.2 书签”部分介绍的书签。

例如，"本页面第一部分".anchor("part1")将返回字符串值"<a name="part1">本页面第一部分</a>"。

（2）bold()：使用粗体显示字符串。如"abc".bold()将返回字符串值"<b>abc</b>"。

（3）charAt()：返回在指定位置的字符。它的用法为“stringObject.charAt(index)参数”，调用 charAt()方法时，调用代码中必须给出 index 参数值。

参数 index 指定字符在字符串中的下标。字符串中第一个字符的下标是 0。如果参数 index 小于 0 或者大于 stringObject.length-1，该方法将返回一个空字符串。

（4）concat()：连接字符串，该方法需要通过实参确定连接在源字符串末尾的字符串。如"abc". concat ("123")将返回字符串值"abc123"。

（5）indexOf()：检索字符串。它的用法如下：

```
stringObject.indexOf(searchvalue, fromindex);
```

其中，stringObject 是字符串对象；searchvalue 是必需的参数，用于指定需要检索的字符串；而 fromindex 属于可选的整数参数，用于指定字符串中开始检索的位置，它的合法取值是 0 到 stringObject.length-1，如果省略该参数，则将从字符串的首字符开始检索。

indexOf()方法将从头到尾地检索源字符串对象是否含有子串 searchvalue。开始检索的位置在字符串的 fromindex 处或字符串的开头（没有指定 fromindex 参数时）。如果找到一个 searchvalue，则返回 searchvalue 第一次出现的位置。

（6）italics()：使用斜体显示字符串。如"abc".italics()将返回字符串值"<i>abc</i>"。

（7）lastIndexOf()：从后向前搜索字符串。它的用法如下：

```
stringObject. lastIndexOf (searchvalue, fromindex);
```

其中，searchvalue 是必需的参数，用于指定需要检索的字符串；而 fromindex 属于可选的整数参数，用于指定字符串中开始检索的位置，它的合法取值是 0 到 stringObject.length-1，如果省略该参数，则将从字符串的最后一个字符处开始检索。

lastIndexOf()方法将从尾到头地检索源字符串对象是否含有子串 searchvalue。开始检索的位置在字符串的 fromindex 处或字符串的结尾（没有指定 fromindex 参数时）。如果找到一个 searchvalue，则返回 searchvalue 第一次出现的位置。

（8）link()：将字符串显示为链接。如"新浪新闻".link("http://news.sina.com.cn")将返回字符串值"<a href="http://news.sina.com.cn">新浪新闻</a>"。

（9）substr()：从起始下标提取字符串中指定数目的字符。它的用法为“stringObject substr(start, length)”。

其中，start 是必需的参数，用于指定抽取子串的起始下标，该参数必须是数值，如果是负数，那么该参数声明的是从字符串的尾部开始算起的位置，也就是说，-1 指字符串中最后一个字符，-2 指倒数第二个字符，以此类推。

而 length 属于可选的整数参数，用于指定子串中的字符数，如果省略了 length 参数，那么返回从 stringObject 的指定起始位置 start 到结尾的子串。如果指定了 length 参数，那么返回从 stringObject 的指定起始位置 start 开始的 length 个字符的子串。

例如，"Hello world!".substr(3)将返回字符串值"lo world! "，"Hello world!".substr(3,7)将返回字符串值"lo worl"。

（10）substring()：提取字符串中两个指定的下标之间的字符。它的用法如下：

```
stringObject.substring(start,stop);
```

其中，start 是必需的参数，用于指定抽取的子串的起始下标，start 的值必须是非负整数；stop 属于可选的整数参数，而且必须是非负的整数，stop 的值比要提取的子串的最后一个字符在 stringObject 中的位置多 1，如果省略该参数，那么返回的子串会一直到字符串的结尾。

substring()将返回一个新的字符串，该字符串包含源字符串的一个子串，其内容是从 start 处到 stop-1 处的所有字符，其长度为 stop 减 start。如果 start 与 end 相等，那么该方法返回的就是一个空串（长度为 0 的字符串）。如果 start 比 end 大，那么该方法在提取子串之前会先交换这两个参数。

（11）toLowerCase()：把字符串转换为小写形式。

（12）toUpperCase()：把字符串转换为大写形式。

3. String 与其他类型相互转换

在 JavaScript 中，使用 var 定义的变量都可以通过 toString()方法转换为字符串类型，示例代码如下：

```
var x = 5;
var s = x.toString();
```

“7.4.6 常用的全局函数”部分讲解的 parseInt()和 parseFloat()可以把字符串转换为整数和浮点数。

如果需要转换字符串值'true'和'false'为布尔类型，需要使用如下代码：

```
var f = (sValue.toLowerCase() == 'true');
```

以上代码会把字符串转换为布尔值，且只有变量 sValue 的值为'true'时，变量 f 才能为 true。

8.2.4　Math 类

Math 类没有构造方法，无法直接构建 Math 对象。要访问 Math 类的属性和方法，直接使用类名 Math 加上方法名或者属性名即可。

Math 类的属性都是常量，常用的属性如下。

（1）E：常量 e，自然对数的底数（约等于 2.718）。

（2）PI：返回圆周率 π（约等于 3.1415926）。

Math 类的方法和具体的对象无关，严格来讲只能算作函数，常用的函数如下。

（1）abs(x)：返回参数 x 的绝对值。

（2）acos(x)：返回参数 x 的反余弦值。

（3）asin(x)：返回参数 x 的反正弦值。

（4）atan(x)：以介于-PI/2 与 PI/2 弧度的数值来返回参数 x 的反正切值。

（5）atan2(y,x)：返回从 *x* 轴到点(x,y)的角度（介于-PI/2 与 PI/2 弧度）。

（6）ceil(x)：对参数 x 进行向上舍入。如 2.1 和 2.9 向上舍入后结果都是 3。

（7）cos(x)：返回参数 x 的余弦值。

（8）exp(x)：返回 e 的 x 次幂。

（9）floor(x)：对参数 x 进行向下舍入。如 2.1 和 2.9 向下舍入后结果都是 2。

（10）log(x)：返回参数 x 的自然对数（底为 e）。

（11）max(x,y)：返回参数 x 和参数 y 中的最大值。

（12）min(x,y)：返回参数 x 和参数 y 中的最小值。

（13）pow(x,y)：返回参数 x 的 y 次幂。

（14）random()：返回 0～1 的随机数。

（15）round(x)：把参数 x 四舍五入为最接近的整数。

（16）sin(x)：返回参数 x 的正弦值。如 Math.sin(Math.PI/2)将返回整数 1。

（17）sqrt(x)：返回参数 x 的算术平方根。

（18）tan(x)：返回参数 x 的正切值。

Math 类的示例代码如下：

```
<script Language="JavaScript">
document.writeln("Math.pow(5,2)=" + Math.pow(5,2));//显示25
document.writeln("<br>");
document.writeln("Math.sqrt(4)=" +Math.sqrt(4));//显示2
document.writeln("<br>");
document.writeln("Math.sin(Math.PI/2)=" +Math.sin(Math.PI/2));//显示1
document.writeln("<br>");
document.writeln("Math.log(Math.E)=" +Math.log(Math.E)); //显示1
document.writeln("<br>");
</script>
```

示例代码利用 pow()、sqrt()、sin()和 log()函数分别求 5 的平方、4 的算术平方根、π/2 的正弦值和 e 的自然对数。

为了显示计算结果，示例代码使用 document.writeln()方法在 body 标记中对应的正文部分显示内容。使用了 document.writeln()方法的奇数行输出运算式和结果，偶数行完成换行操作。

完整示例代码请参考本书源代码文件 8-3.html。

8.2.5 函数与高等数学

JavaScript 的 Math 类中定义了大量数学函数。如 Math.PI 用于获取 π 的值，Math.sin(α)用于求 α 的正弦值。示例代码如下：

```
Math.sin(Math.PI/2);
```

示例代码可求出 π/2 的正弦值为 1。

如何自己编写代码实现正弦函数呢？答案就是利用高等数学中的知识点“泰勒级数”。JavaScript 类库通过高等数学讲解的算法实现了具体求解过程。

编程语言的版本迭代，就是底层类库的 API 迭代的过程。对用户而言，迭代是透明的，只需要会使用函数即可。优秀的类库也是经过不断迭代后才有稳定的版本。

素养课堂

扫一扫

8.3 浏览器内置对象

浏览器内部初始化了多个浏览器内置对象，供开发人员直接调用，以提高开发效率。JavaScript 为这些内置对象提供了多个内部方法和属性，以减少开发人员的工作量，并提高编程效率。

在浏览器内置对象中，文档对象 document 是最常用的对象之一。

8.3.1 窗口对象 window

window 对象代表一个浏览器窗口或一个框架，每当浏览器解析到 body 标记或 frameset 标记时，浏览器都会创建 window 对象。

window 对象的常用属性如下。

（1）document：对 document 对象的只读引用，详情请参阅“8.3.2 文档对象 document”部分。

（2）navigator：对 navigator 对象的只读引用，详情请参阅“8.3.3 浏览器对象 navigator”部分。

（3）history：对 history 对象的只读引用，详情请参阅“8.3.4 历史对象 history”部分。

（4）location：对 location 对象的只读引用，详情请参阅“8.3.5 位置对象 location”部分。

（5）name：设置或获取窗口的名称。

（6）status：设置或获取窗口状态栏中的文本。

window 对象的常用方法如下。

（1）close()：关闭浏览器窗口。

（2）alert(text)：警告窗口，提示 text 中的字符串信息。

（3）setTimeout(表达式，时间)：在指定的毫秒数后调用函数或计算表达式，该方法将返回定时的句柄，供 clearTimeout()方法取消定时处理。

（4）clearTimeout(timer)：取消之前设定的定时操作，该方法的实参是 setTimeout()方法返回的定时句柄。

（5）back()：实现浏览器窗口后退。

（6）forward()：实现浏览器窗口前进。

（7）home()：实现浏览器显示首页。

在客户端 JavaScript 中，window 对象是全局对象，window 对象的属性直接通过属性名即可获取，而不必指明是 window 对象的属性。例如，可以只写 document，而不必写 window.document。调用 window 对象的方法直接通过方法名即可，而不必指明是 window 对象的方法。例如，可以只写 alert("abc")，而不必写 window. alert("abc")。

控制浏览器 5 秒后关闭当前网页的示例代码如下：

```
var tm = window.setTimeout('window.close()', 5000 );
```

setTimeout()方法有两个参数：一个是定时执行的表达式，参数类型为字符串；另一个是对应定时时间，单位是毫秒。setTimeout()方法将返回定时处理的句柄。

如果需要取消定时操作，需要调用 clearTimeout()方法，并把 setTimeout()方法的返回值作为实参，以指定具体取消的定时操作。

取消定时操作的示例代码如下：

```
var tm = window.setTimeout('window.close()', 5000 );
window.clearTimeout(tm);
```

通过 clearTimeout()方法即可取消对应的定时操作。

8.3.2 文档对象 document

document 对象代表整个 HTML 文档，可用来访问页面中的所有元素。document 对象是 window 对象的一个属性，可通过 window.document 来访问。由于 window 是全局变量，因此也可直接访问 document 对象。

常用的 document 对象的属性如下。

（1）anchors[]：返回文档中所有书签（命名链接）对象的引用。

（2）forms[]：返回文档中所有表单（form 标记）对象的引用。

（3）links[]：返回文档中所有链接（添加 href 属性的 a 标记和客户端图像映射标记 area）对象的引用。如 document.links.length 可用于获得本页面所有链接的总数目。

（4）cookie：设置或返回与当前页面有关的所有 cookie。

cookie 是当用户浏览某网站时，网站存储在客户端机器上的一个小文本文件，它记录了用户在该网站的用户 id、密码、浏览过的网页记录、停留的时间等信息。当用户再次登录该网站时，网站通过读取 cookie，获取用户的相关信息，就可以做出相应的动作，如在页面显示欢迎用户的 id，也可让用户不用输入 id 和密码就直接登录网站等。浏览器会根据不同网站的域名，对不同网站的 cookie 加以区分。

（5）domain：返回当前页面的域名。

（6）lastModified：返回当前页面最后修改的日期和时间。

（7）title：返回当前页面的标题。

（8）URL：返回当前页面的 URL。

常用的 document 对象的方法如下。

（1）write()：向文档中写入 HTML 表达式或 JavaScript 代码。

（2）getElementById(id)：返回对拥有指定 id 的第一个对象的引用。

（3）getElementsByName(name)：返回 name 属性值为参数 name 的对象集合。与 document.getElementById()方法相比，document.getElementsByName(name)方法查询的是元素的 name 属性，返回值是一个数组对象。

（4）getElementsByTagName(tag)：返回带有指定标记名 tag 的对象集合。

getElementById()方法属于 JavaScript 常用的方法，用于在网页中按照指定 id 属性值查找对应的标记。

8.3.3 浏览器对象 navigator

navigator 对象是由 JavaScript 运行环境自动创建的，内部封装了有关客户端浏览器的信息。常用的 navigator 对象的属性如下。

（1）appCodeName：返回浏览器的代号。返回值都是“Mozilla”。

（2）appMinorVersion：返回浏览器的版本信息。

（3）appName：返回浏览器的名称。

（4）appVersion：返回浏览器的平台和版本信息。

（5）browserLanguage：返回当前浏览器的语言。

（6）cookieEnabled：返回指定浏览器中是否启用 cookie 的布尔值。

（7）cpuClass：返回浏览器系统的 CPU 等级。

（8）onLine：返回指定系统是否处于脱机模式的布尔值。

（9）platform：返回运行浏览器的操作系统。

（10）systemLanguage：返回操作系统使用的默认语言。

（11）userAgent：返回由客户端发送到服务器的 user-agent 头部的值。

（12）userLanguage：返回操作系统的自然语言设置。

以下示例代码将通过 for-in 循环语句对 navigator 对象的属性进行遍历：

```
<body>
  以下是浏览器信息。<br>
  <script Language="JavaScript">
  for(var attr in navigator) {
    document.write(attr);
    document.write("==");
    document.write(navigator[attr]);
    document.write("<br>");
  }
</script>
</body>
```

示例代码使用 for-in 循环语句对 navigator 对象的所有属性进行遍历。遍历时把每次获取的属性名存储在 for-in 循环语句的 attr 属性中，对应属性值则通过“对象名[属性名]”方式进行访问，并显示在当前网页中。示例代码在 IE 浏览器中的运行效果如图 8-3 所示。

完整示例代码请参考本书源代码文件 8-4.html。

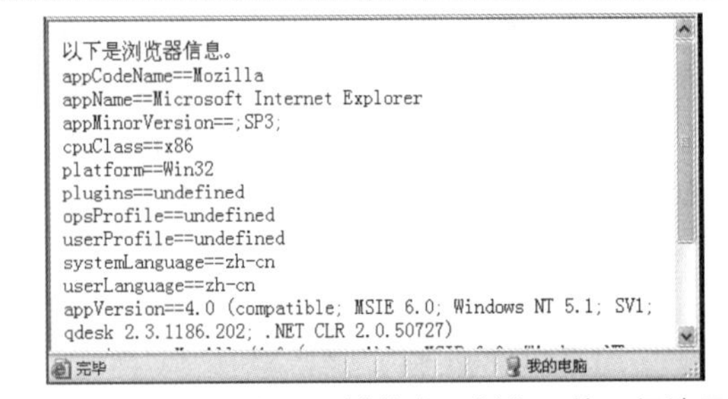

图 8-3 遍历浏览器属性信息示例代码的运行效果

navigator 对象的 platform 属性可以用于判断访问网页的浏览器所在的操作系统类型，还能分辨浏览器是桌面浏览器，还是移动端浏览器。

8.3.4　历史对象 history

history 对象是由 JavaScript 运行环境（浏览器）自动创建的，内部封装了客户端浏览器已访问的 URL，出于对隐私方面的考虑，history 对象不允许脚本访问已经访问过的实际 URL，用户只能调用 back()、forward()和 go()3 个方法进行相关操作。

history 对象的属性只有一个。

length：返回浏览器历史列表中的 URL 数量。

history 对象的可用方法有以下 3 个。

（1）back()：加载 history 列表中的上一个 URL。

（2）forward()：加载 history 列表中的下一个 URL。

（3）go()：加载 history 列表中的某个具体页面。示例代码如下：

```
history.go(-2) //可以载入浏览器访问过的倒数第二个 URL
history.go(0) //可以重新载入当前 URL
```

8.3.5　位置对象 location

location 对象由浏览器自动创建，内部封装了客户端浏览器当前 URL 的有关信息。

location 对象常用的属性只有 href，用来设置或返回完整的 URL。

href 属性的示例代码如下：

```
location.href="http://news.sina.com.cn";
```

示例代码通过给 href 属性赋值，控制当前窗口访问链接“http://news.sina.com.cn”。

location 对象有以下 3 个方法。

（1）assign(url)：加载新的文档。

（2）reload(force)：重新加载当前文档。

如果该方法没有设置 force 参数，或者 force 参数设置为 false，其作用与用户单击浏览器的刷新按钮完全相同：浏览器会使用 HTTP 头 If-Modified-Since 来检测服务器上的文档是否已改变，如果文档已改变，reload()方法会再次下载该文档；如果文档未改变，则该方法将从缓存中加载文档。

如果 force 参数设为 true，那么无论文档的最后修改日期是什么，它都会绕过缓存，从服务器上重新下载该文档。这与用户在单击浏览器的刷新按钮时按住 Shift 键的效果是完全一样的。

（3）replace(newUrl)：用新的文档替换当前文档。replace()方法不会在 history 对象中生成一个新的记录。当使用该方法时，新的 URL 将覆盖 history 对象中的当前 URL 记录。

8.4　事件及其处理方法

当事件发生后，JavaScript 运行环境（浏览器）会调用相应的事件响应单元。

浏览器负责调用事件处理；对开发人员而言，只需要定义事件的处理代码即可。

8.4.1　onload

onload 事件会在页面或图像加载完成后立即发生。支持该事件的 HTML 标记有 body、frame、frameset、iframe、img、link、script。开发人员大多通过 body 标记的 onload 属性对该事件进行捕捉。使用方法如下：

```
<body onload="JavaScript 脚本"></body>
```

body 标记的 onload 属性值通常是调用函数或者方法的表达式。onload 事件的示例代码如下：

```
</head>
<script type="text/JavaScript">
function load() {
```

```
        alert("通过 load()函数捕捉 onload 事件");
    }
    </script>
    </head>
    <body onload="load()">
    </body>
```

示例代码中，通过 body 标记的 onload 属性告知浏览器：当页面加载完毕后，将调用 load()函数，即显示提示信息“通过 load()函数捕捉 onload 事件”。完整示例代码请参考本书源代码文件 8-5.html。示例代码在 Firefox 浏览器中的运行效果如图 8-4 所示。

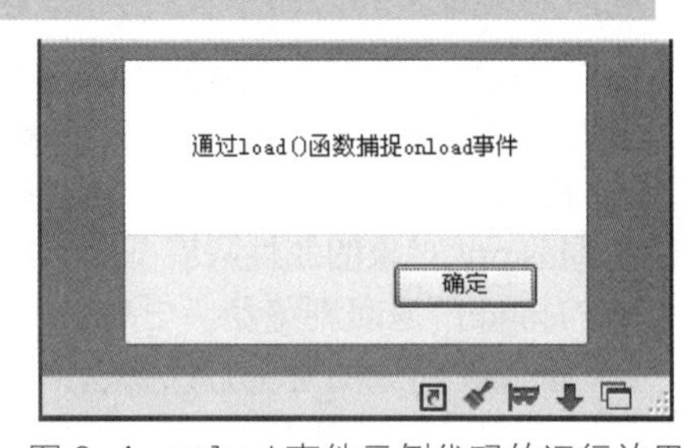

图 8-4 onload 事件示例代码的运行效果

JavaScript 为解释型语言，因此要确保在调用函数或者方法前，浏览器能够加载函数或者方法的源代码，即在调用函数或者方法前先完成函数或者方法的定义。

8.4.2 onunload

onunload 事件在用户退出页面时发生，其使用方法如下：

```
onunload="JavaScript 脚本"
```

支持该事件的 HTML 标记有两个：body 和 frameset。所在页面关闭时显示一个对话框的示例代码如下：

```
<body onunload="alert('触发了 onunload 事件，即将关闭页面')">… </body>
```

通过 body 标记的 onunload 事件，控制页面关闭时通过 alert()显示提示信息。

8.4.3 onmouseover

onmouseover 事件在鼠标指针移动到对象上时发生，其使用方法如下：

```
onmouseover="JavaScript 脚本"
```

支持该事件的 HTML 标记有：a、address、area、b、bdo、big、blockquotebody、button、caption、cite、code、dd、dfn、div、dl、dt、em、fieldset、form、h1～h6、hr、i、img、input、kbd、label、legend、li、map、ol、p、pre、samp、select、small、span、strong、sub、sup、table、tbody、td、textarea、tfoot、th、thead、tr、tt、ul 和 var。

8.4.4 onmouseout

onmouseout 事件在鼠标指针离开对象时发生，其使用方法如下：

```
onmouseout="JavaScript 脚本"
```

支持该事件的 HTML 标记有：a、address、area、b、bdo、big、blockquote、body、button、 caption、cite、code、dd、dfn、div、dl、dt、em、fieldset、form、h1～h6、hr、i、img、input、kbd、label、legend、li、map、ol、p、pre、samp、select、small、span、strong、sub、sup、table、tbody、td、textarea、tfoot、th 和 thead。

8.4.5 onfocus

onfocus 事件在对象获得焦点时发生，其使用方法如下：

```
onfocus="JavaScript 脚本"
```

支持该事件的 HTML 标记有：a、acronym、address、area、b、bdo、big、blockquote、button、caption、cite、dd、del、dfn、div、dl、dt、em、fieldset、form、frame、frameset、h1～h6、hr、i、iframe、img、input、ins、kbd、label、legend、li、object、ol、p、pre、q、samp、select、small、span、strong、sub、sup、table、tbody、td、textarea、tfoot、th、thead、tr、tt、ul 和 var。

onfocus 事件主要应用于 input 和 select 这两个标记。当用户单击文本框、单选按钮、复选框、下拉列表等输入控件时，input 标记或者 select 标记对应的输入控件会获得焦点，此时触发对象的 onfocus 事件。

8.4.6 onblur

onblur 事件在对象失去焦点时发生，其使用方法如下：

```
onblur="JavaScript 脚本"
```

支持该事件的 HTML 标记有：a、acronym、address、area、b、bdo、big、blockquote、button、caption、cite、dd、del、dfn、div、dl、dt、em、fieldset、form、frame、frameset、h1～h6、hr、i、iframe、img、input、ins、kbd、label、legend、li、object、ol、p、pre、q、samp、select、small、span、strong、sub、sup、table、tbody、td、textarea、tfoot、th、thead、tr、tt、ul 和 var。

用户单击对象区域后，对象获得焦点。用户再次单击焦点对象以外的区域，此时获得焦点的对象会触发 onblur 事件，即该对象失去焦点。

8.4.7 onclick

onclick 事件在对象被单击时发生。onclick 事件与 onmousedown 事件不同，onclick 事件是在同一元素上发生了鼠标按下事件之后又发生了鼠标放开事件时才发生的。onclick 事件的使用方法如下：

```
onclick="JavaScript 脚本"
```

支持该事件的 HTML 标记有：a、address、area、b、bdo、big、blockquote、body、button、caption、cite、code、dd、dfn、div、dl、dt、em、fieldset、form、h1～h6、hr、i、img、input、kbd、label、legend、li、map、object、ol、p、pre、samp、select、small、span、strong、sub、sup、table、tbody、td、textarea、tfoot、th、thead、tr、tt、ul 和 var。

最常用的一个事件是按钮的 onclick 事件，用户单击注册、登录等按钮后，通过 JavaScript 代码校验表单内容，校验通过后才向后台发送表单数据。

8.4.8 onselect

onselect 事件在文本框中的文本被选中时发生，其使用方法如下：

```
onselect="JavaScript 脚本"
```

支持该事件的 HTML 标记有：<input type="text">和 textarea 标记。

8.4.9 onchange

onchange 事件在对象的内容改变时发生，其使用方法如下：

```
onchange="JavaScript 脚本"
```

支持该事件的 HTML 标记有：<input type="text">、select 标记和 textarea 标记。

onchange 事件的示例代码如下：

```
<input type="text" id="un" onchange="showValue()"/>
```

当用户单击文本框区域后，文本框获得焦点，浏览器会存储文本框中当前的值；当文本框失去焦点，即用户输入或者修改文本框内容后单击其他区域，此时，浏览器会获取文本框内的输入值，与前一次存储的值做比较，如果发生了变化，则会触发 onchange 事件。

上文提到的触发 onchange 事件的示例代码如下：

```
<script type="text/JavaScript">
function showValue() {
    var txt = document.getElementById("un");
    alert(txt.value);
}
</script>
```

示例代码中，一旦文本框的 onchange 事件被触发，浏览器就会根据标记的 onchange 属性调用 showValue()函数，函数处理过程如下。

（1）document.getElementById()方法根据 id 属性值查找对应文本框对象，并通过 txt 变量保存该文本框对象。

（2）通过 txt 变量访问文本框对象的 value 属性获取文本框的值，再通过 alert()输出。

完整示例代码请参考本书源代码文件 8-6.html。

常用的事件是 onload、onclick 和 onchange 事件。

8.5 操作 DOM

DOM 是 Document Object Model（文档对象模型）的缩写。根据 W3C 规范，DOM 是一种与浏览器、平台、语言无关的接口，使得开发人员可以访问页面的标准组件。DOM 解决了 JavaScript 和 JScript 之间的冲突，给予 Web 设计师和开发人员一个标准的方法，让他们使用同一方法访问站点中的数据、脚本和表现层对象。

DOM 是按照层次结构组织的节点或信息片段的集合。这个层次结构允许开发人员在 DOM 树中导航以寻找特定信息。分析该树状结构通常需要加载整个文档并构造文档的层次结构。由于 DOM 是基于层次关系的，因此 DOM 也被认为是基于树或基于对象的。

DOM 把 HTML 文档呈现为带有元素、属性和文本的树状结构（节点树）。DOM 定义了访问和操作 HTML 文档的标准方法。

DOM 中有以下规定。

（1）整个文档是一个文档节点。

（2）每个 HTML 标记是一个标记节点。

（3）包含在 HTML 元素中的文本是文本节点。

（4）每一个 HTML 属性是一个属性节点。

（5）注释属于注释节点。

DOM 节点之间都有等级关系。HTML 文档中的所有节点组成了一个文档树（或节点树）。HTML 文档中的每个对象、属性、文本等都代表着树中的一个节点。

示例 HTML 文档源代码如下：

```
<!DOCTYPE html>
<html lang="zh">
<head>
   <meta charset="UTF-8">
   <title> DOM 层次图</title>
  </head>
  <body>
    <h1>标题</h1>
    <p id="para">段落内容</p>
  </body>
</html>
```

完整示例代码请参考本书源代码文件 8-7.html。浏览器加载文档并解析后生成 DOM 节点层次关系图，如图 8-5 所示。

对图 8-5 中节点之间关系的说明具体如下。

（1）除 html 节点之外的每个节点都有父节点。如 head 和 body 的父节点是 html 节点，文本节点“段落内容”的父节点是 p 节点。

（2）大部分元素节点都有子节点。例如，head 节点有一个子节点 title。title 节点也有一个子节点，即文本节点“DOM 层次图”。

（3）节点可以拥有后代。后代指某个节点的所有子节点及这些子节点的子节点，以此类推。例如，所有的文本节点都是 html 节点的后代，而第一个文本节点“DOM 层次图”属于 head 节点的后代。

（4）节点可以拥有祖辈。祖辈是某个节点的父节点，或者父节点的父节点，以此类推。例如，所有的文本节点都可把 html 节点作为祖辈。

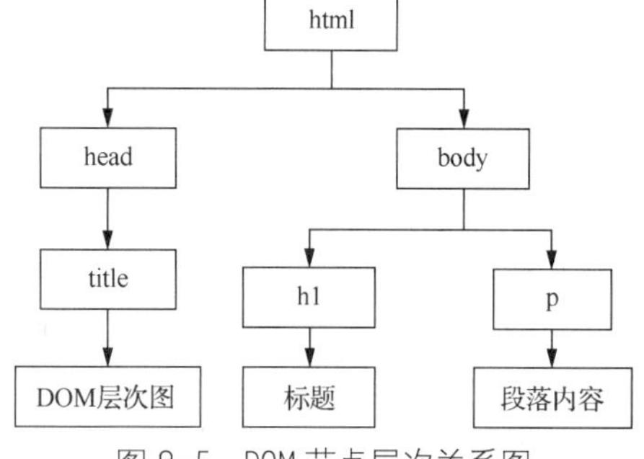

图 8-5 DOM 节点层次关系图

（5）当不同节点有同一个直接父节点时，它们就是兄弟节点。例如，h1 节点和 p 节点是兄弟节点，因为它们的直接父节点均是 body 节点。但是 head 和 h1 不是兄弟节点。

8.5.1 操作 DOM 节点

浏览器加载网页内容，自动分析出 DOM 树后，开发人员可以操作 DOM 节点，如查找、删除、替换、新增 DOM 节点。

1. 查找 DOM 节点

获取 DOM 节点的方法有以下两个。

（1）document.getElementById(id)：根据标记的 id 属性值查找对应的 DOM 对象。

（2）document.getElementsByTagName(tagname)：根据标记名称查找对应的 DOM 对象，由于同一个 HTML 文档中相同标记可以出现多次，因此该方法返回一个 DOM 对象数组。

图 8-5 中对应的网页源代码为本书源代码文件 8-7.html，执行以下代码。

（1）执行“document.getElementById("para")”，将获取图 8-5 中的 DOM 节点 p。

（2）执行“document. getElementsByTagName ("p")”，将获取一个数组，该数组内只有一个元素，即图 8-5 中的 DOM 节点 p。

2. DOM 节点的属性

每个 DOM 节点都是对象，可以通过 previousSibling、nextSibling、firstChild、lastChild 及 parentNode 5 个属性分别访问相应 DOM 节点的上一个兄弟节点、下一个兄弟节点、第一个直接子节点、最后一个直接子节点及直接父节点。而 DOM 节点的 childNodes 属性可以获取该节点所有的直接子节点，即 childNodes 属性返回的是由直接子节点组成的数组。

执行如下 JavaScript 代码：

```
document.getElementById("para").parentNode
```

将获取图 8-5 中的 DOM 节点 body。

执行如下 JavaScript 代码：

```
document.getElementById("para").previousSibling
```

将获取图 8-5 中的 DOM 节点 h1。

每个 DOM 节点包含很多信息，可以通过 DOM 节点的属性获取这些信息。

（1）nodeName：标记节点的 nodeName 是标记名称，属性节点的 nodeName 是属性名称，文本节点的 nodeName 永远是#text，文档节点的 nodeName 永远是#document。

（2）nodeValue：对于文本节点，nodeValue 属性可获取文本值；对于属性节点，nodeValue 属性可获取属性值；但对于文档节点和标记节点，nodeValue 属性是不可用的。

（3）nodeType：可返回节点的类型值。DOM 节点及其类型值的对应关系如表 8-1 所示。

表 8-1 DOM 节点及其类型值

节点类型	节点的类型值
HTML 标记	1
属性	2
文本	3
注释	8
文档	9

执行代码“document.getElementById("para").parentNode”将返回 1，即 DOM 节点 p 是 HTML 标记。

3. 访问 DOM 节点

如果 DOM 节点封装的是 HTML 标记，可以通过以下两个方法对其属性进行访问。

（1）getAttribute("属性名称")：对 DOM 节点根据属性的名称获取对应的属性值，返回值为字符串。

（2）setAttribute ("属性名称", "属性值")：对 DOM 节点根据属性的名称修改属性值。

如果 DOM 节点内部封装的是 HTML 标记，开发人员可以通过 innerHTML 属性直接访问该标记内部嵌套的 HTML 代码。

对于图 8-5 对应的网页，执行以下代码：

```
document.getElementById("para").innerHTML = "<b>新的段落内容</b>";
```

将直接修改段落 p 内的内容，并控制为粗体样式。

4. 增加 DOM 节点

在 DOM 树中可以创建新的 DOM 节点，可通过 JavaScript 代码实现，方法如下。

document.createElement(tagName)：创建新的 HTML 标记节点并返回该节点。

document.createTextNode(text)：创建新的文本节点并返回该节点。

对于新建的 DOM 节点，可以执行以下操作。

（1）将新建节点添加到 DOM 树中。

方法为：源节点.appendChild(node)。

把节点 node 插入 DOM 树的源节点下，成为该节点的最后一个直接子节点。

（2）将新添加的节点插入现有节点之前。

方法为：源节点. insertBefore(newNode, targetNode)。

把新节点 newNode 插入现有节点 targetNode 的前面，两者形成相邻的兄弟关系，targetNode 节点必须是源节点的子节点。

（3）用新添加的节点替换现有节点。

方法为：源节点. replaceChild(newNode, oldNode)。

用新节点 newNode 替换现有节点 oldNode，同时维持源节点 oldNode 的树状关系，即替换后新节点 newNode 将作为源节点的子节点。

5. 删除 DOM 节点

方法为：源节点.removeChild(node)。

从源节点的子节点列表中删除某个节点 node。

了解了操作 DOM 节点的方法，接下来通过几个简单示例演示 DOM 节点的应用场景。

8.5.2 制作实时数字时钟

在了解了 Date 类、定时操作和 DOM 后，就可以编写代码实现实时数字时钟了。

首先，网页标记部分代码如下：

```
<body>
    <div id="clk"></div>
</body>
```

通过 id 属性值和 JavaScript 代码就可以查找到 id 属性值为 clk 的 div 节点。

接下来，加入如下 JavaScript 代码：

```
<script language="JavaScript" type="text/JavaScript">
function show() {
    var now = new Date();
    var clk = document.getElementById("clk");
    clk.innerHTML = now.toLocaleString();
    window.setTimeout("show()", 1000);
} </script>
```

show()函数中，通过 Date 类获取当前时间并将其转换为本地字符串；接着查找到 id 属性值为 clk 的 div 节点；然后通过该 div 节点的 innerHTML 属性显示当前的日期和时间。

为了能够实时刷新，show()函数中通过 window.setTimeout()设置了 1000 毫秒后再次调用 show()函数。每隔一秒就会调用 show()函数一次，从而完成了数字时钟的设计。

现在需要在合适的时机调用 show()函数，可以利用 body 标记的 onload 事件进行加载：

```
<body onload="show()"></body>
```

实时数字时钟的框架代码如下：

```
<script language="JavaScript" type="text/JavaScript">
function show() {
    var now = new Date();
    var clk = document.getElementById("clk");
    clk.innerHTML = now.toLocaleString();
    window.setTimeout("show()", 1000);
}
</script>
<body onload="show()">
<div id="clk">
</div></body>
```

完整示例代码请参考本书源代码文件 8-8.html。示例代码在 Firefox 浏览器中的运行效果如图 8-6 所示。

2022/3/16 10:13:55

图 8-6 实时数字时钟示例代码的运行效果

window.setTimeout()的第二个参数的单位为毫秒，用于控制多少毫秒后调用第一个字符串参数对应的表达式。

8.5.3 实时显示在页面停留的时间

下面将介绍如何计算用户在当前页面停留的时间，并实时显示在页面中。

网页标记部分的代码如下：

```
<body  onload="showTime()">
  <div id="clk"></div>
</body>
```

浏览器打开网页后，通过 body 标记的 onload 事件，控制页面加载完毕时调用 showTime()函数显示当前停留时间。body 标记内嵌套了 id 属性值为 clk 的 div 标记，用于显示在页面停留的时间。

在 JavaScript 代码中定义全局变量 startTime，代码如下：

```
<script>
var startTime = new Date().getTime();
</script>
```

script 标记中定义的变量 startTime 属于全局变量。全局变量 startTime 用于记录初次打开页面的时间，以计算在页面停留的时间。只有重新刷新页面时，才会重新加载网页源代码，此时才会重新初始化全局变量 startTime。

代码中 Date 对象的 getTime()方法可以获取从 1970 年 1 月 1 日 0 时 0 分到现在经历的毫秒数，并把结果保存在全局变量 startTime 中。

body 标记的 onload 事件控制页面加载完毕时，调用 showTime()函数显示当前停留时间，showTime()函数的代码如下：

```
function showTime() {
    var duration = new Date().getTime()-startTime;//停留毫秒数
    var x = Math.round(duration/1000);//取整求解停留秒数
    var str = "停留时间" + x + "秒";
    document.getElementById("clk").innerHTML = str;
    window.setTimeout("showTime()", 1000);
}
```

在 showTime()函数中，首先获取当前时间，减去打开页面的时间，计算结果为在当前页面停留的毫秒数，将该结果除以 1000 再取整后即可求出在页面停留的秒数。

接着，通过 document.getElementById()获取 id 属性值为 clk 的 DOM 节点 div。

然后，通过设置 div 的 innerHTML 属性显示在页面停留的秒数。

最后，通过 window.setTimeout()设置 1000 毫秒后再次调用 showTime()函数。这样一来，每隔一秒就会调用 showTime ()函数一次，从而实时显示用户在当前页面停留的秒数。

示例代码框架如下：

```
<script language="JavaScript" type="text/JavaScript">
var startTime = new Date().getTime();
function showTime() {
    var duration = new Date().getTime()-startTime;//停留毫秒数
    var x = Math.round(duration/1000);//取整求出停留秒数
    var str = "停留时间" + x + "秒";
    document.getElementById("clk").innerHTML = str;
    window.setTimeout("showTime()", 1000);
}
</script>
<body onload="showTime()">
  <div id="clk"></div>
</body>
```

完整示例代码请参考本书源代码文件 8-9.html。示例代码在 IE 浏览器中的运行效果如图 8-7 所示。

图 8-7　实时显示在页面停留的时间示例代码的运行效果

8.5.4　修改 DOM 节点的样式

对于 DOM 节点，可以通过 JavaScript 代码修改 DOM 节点对应标记的样式，方法如下。

（1）通过 className 属性设置 HTML 标记的样式。

使用语法为：DOM 节点.className = "自定义 CSS 类名";。

（2）通过 style 属性直接操作具体 CSS 属性。

使用语法为：DOM 节点.style.属性名称 ="CSS 属性值";。

示例代码如下：

```
var p = document.getElementById("para");//获取 HTML 标记 p 对应的 DOM 节点
p.style.width = "200px";//设置段落标记 p 的宽度
```

```
p.style.border = "solid green 2px";//设置段落标记 p 的边框样式
p.style.className  =  "italicStyle";//通过自定义类 italicStyle 设置段落标记 p 的样式
```

以下示例代码将设置页面中所有段落首行缩进两个汉字：

```
var allP = document.getElementsByTagName("p");
for(var i=0;i<allP.length;i++) {
    allP[i].style.textIndent = "2em";
}
```

示例代码中，通过 document.getElementsByTagName()方法找到网页中所有的 p 标记，通过 for 循环语句按照序号对 p 标记进行遍历，逐个控制 DOM 节点段首缩进 2em，即段首缩进两个汉字。

for 循环语句遍历 p 标记还有一个写法，即使用 for-in 循环语句完成，详细代码如下：

```
var allP = document.getElementsByTagName("p");
for(var p in allP) {
    allP[p].style.textIndent = "2em";
}
```

for-in 循环语句遍历数组时，数组序号会保存在 for-in 循环语句内定义的变量 p 中。

注意：需要浏览器加载完 body 标记内的所有标记后才能通过 JavaScript 的 document.getElementsByTagName()方法查找所有 p 标记，因此以上示例代码有两种写法。

第一种，在 body 结束标记后加入 script 标记，代码如下：

```
<body>...包含多个 p 标记及内容...</body>
<script>...JavaScript 代码...</script>
```

这样可以确保在加载完所有页面内容后再执行 JavaScript 代码。

第二种，把 JavaScript 代码修改为函数，通过 body 标记的 onload 事件进行加载，代码如下：

```
<script>
function indent() {
    ...//控制每个 p 标记段首缩进两个汉字
}
</script>
<body onload="indent()">
    ...
</body>
```

相对来说，通过事件加载代码的方法更加合理，建议采用第二种方法。完整示例代码请参考本书源代码文件 8-10.html。

使用 JavaScript 编写代码尽量使用函数和事件处理，以保证代码的可维护性和可读性。

8.5.5 校验表单

表单供用户输入信息，为了减少与服务器的通信次数，通常在页面通过 JavaScript 代码对表单内用户输入的内容进行校验，校验成功后才会把用户输入的信息发送至服务器端。

1. 文本框校验

表单中的文本框通常供用户输入内容，校验文本框的输入内容需要确定合适的时机，可使用 onchange 事件实现。示例代码的网页标记部分如下：

```
<form action="" method="post">
  输入你的年龄：<input type="text" id="age" onchange="validate()"/>
  <span id="warning"></span>
</form>
```

在网页标记部分，表单内嵌套有两个关键内容：一个是用于输入年龄的文本框；另一个是 id 属性值为 warning 的 span 标记，该部分内容为空，用于出错时提示错误信息（默认不可见）。

JavaScript 代码可以通过 document.getElementById()获取 id 属性值为 age 的 DOM 节点对应的 input 标记，再根据所获取 DOM 节点的 value 属性获取用户输入的年龄。

示例代码也可以使用关键字 this 实现。input 标记代码需要调整为如下形式：

```
输入你的年龄：<input type="text" id="age" onchange="validate(this)"/>
```

this 就是当前对象。this 出现在 input 标记内，浏览器会把该 input 标记处理为 DOM 节点，作为当前对象传递给 validate()函数。

validate()函数的代码如下：

```
function validate(age) {
   var value = age.value;
   var v = parseInt(value);
   var warning = document.getElementById("warning");
   if(v < 1 || v > 120 || isNaN(v))
      warning.innerHTML = "<font color=\'red\'>非法年龄</font>".bold();
   else
      warning.innerHTML = "";
}
```

validate()函数的形参为 age，就是 input 标记对应的 DOM 节点对象。该函数的执行次序如下。

（1）通过形参对应 DOM 节点对象的 value 属性获取当前用户输入的年龄。

（2）通过 parseInt()函数把年龄转换为整数类型。

（3）查找输出错误信息的 span 标记。

（4）通过 if 语句判断年龄是否正确。

如果是非法年龄，将通过 span 标记提示错误信息，结合样式控制出错信息为红色粗体字体；如果年龄在有效范围内，则隐藏错误信息提示。

完整示例代码请参考本书源代码文件 8-11.html。示例代码在 IE 浏览器中的运行效果如图 8-8 所示。

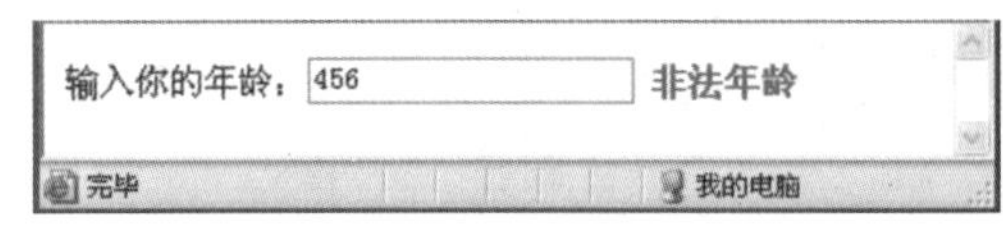

图 8-8　校验年龄示例代码的运行效果

如果不使用 this 关键字，示例代码需要调整为如下形式：

```
<html><head>
<script>
function validate() {
   var value = document.getElementById("age").value;
   var v = parseInt(value);
   var warning = document.getElementById("warning");
   if(v < 1 || v > 120 || isNaN(v))
      warning.innerHTML = "<font color=\'red\'>非法年龄</font>".bold();
   else
      warning.innerHTML = "";
}
</script></head>
<body><form action="" method="post">
   输入你的年龄：<input type="text"  id="age"  onchange="validate()"/>
   <span id="warning"></span>
</form></body></html>
```

调整后的完整示例代码请参考本书源代码文件 8-12.html。与 8-11.html 对应源代码相比，修改后的代码通过输入年龄的文本框的 onchange 事件调用形参为空的 validate()函数，validate()函数根据 id 属性值直接查找文本框对象，以获取用户输入的年龄。

this 出现在标记的属性中，this 就是标记对应的 DOM 节点。

2. 密码框校验

input 标记也可以用来定义密码框，与文本框不同的是，密码框的 type 属性需要设置为 password。开发人员仍然可通过密码框对象的 value 属性获取用户输入的密码。

3. 单选按钮与复选框的校验

校验单选按钮和复选框时，两者的差异如下。

（1）单选按钮：input 标记的 type 属性设置为 radio，则输入控件被定义为单选按钮；相同选项组内的选项的 name 属性值相同、value 属性值不同。如选择性别的示例代码如下：

```
<input type="radio" name="gender" value="male" checked="checked"/>男
<input type="radio" name="gender" value="female"/>女
```

由于两个单选按钮属于同一个选项组，因此两个单选按钮的 name 属性值同为 gender。第一个单选按钮（男）添加了 checked 属性，即默认选中，这样可以确保两个选项中会有一个被选中，因此不需要进行校验。

（2）复选框：需要根据用户的情况进行选择，通常不会进行校验。

在 HTML 文档中，<input type="radio"/>每出现一次，浏览器就会显示一个单选按钮；同样<input type="checkbox"/>每出现一次，浏览器会显示一个复选框。单选按钮和复选框对象都可以通过 checked 属性进行设置或返回其是否被选中。

4. 下拉列表的校验

通过 select 标记定义下拉列表，HTML 表单中，select 标记每出现一次，浏览器就会显示一个下拉列表。下拉列表对象的 selectedIndex 属性可以设置或返回下拉列表被选中选项的索引。如果下拉列表允许多重选择，则仅返回第一个被选中选项的索引。通常开发人员可以通过 selectedIndex 属性对被选中选项进行校验。

5. 提交按钮的校验

如果用户希望向后台传送数据，必须在表单中定义提交按钮。提交按钮的单击事件需要通过所在表单（form 标记）的 onsubmit 属性指定一个事件处理函数。

onsubmit 属性值为表达式，表达式如果返回 fasle，表单数据就不会提交给服务器；如果返回其他值或没有返回值，则会把表单数据发送至服务器端。

开发人员可以利用 onsubmit 事件对表单中的输入信息进行全面验证。form 标记的 onsubmit 事件的正确写法如下：

```
<form action="test.do" method="post" onsubmit="validate();return false;"> </form>
```

onsubmit 属性值是表达式，表达式直接返回 false，即表单数据由 validate()函数校验，校验通过后才会提交表单数据。

下面将通过 form 标记的 onsubmit 事件和输入控件的 onchange 事件，以及函数完成表单的校验。body 标记内的部分代码如下：

```
<body>
<form id="frm" action="t.do" method="get" onsubmit="validate();return false;">
  用户名: <input type="text" id="userName" name="nm" onchange="chkNm()"/>
  <span id="nameErr"></span><br>
  选择性别: <input type="radio" id="gender" name="g" value="male" checked/>男
  <input type="radio" id="gender" name="g" value="female"/>女<br>
  密码: <input type="password" id="pwd" name="pwd" onchange="chkPwd()"/>
  <span id="pwdErr"></span><br>
  确认密码:
```

```
    <input type="password" id="pwd2" name="pwd2" onchange="chkPwd2()"/>
    <span id="pwd2Err"></span><br>
    E-mail: <input type="text" id="email" name="email" onchange="chkEml()"/>
    <span id="emailErr"></span><br>
    <input type="submit" value="提交"/>
  </form>
  </body>
```

以上示例代码中，有以下几个注意事项。

（1）form 标记的 onsubmit 属性值为表达式，该表达式确保只有在验证无误的情形下，validate()才会向服务器发送表单数据；表达式必须直接返回 false，以防止单击提交按钮后立即向服务器发送表单数据。

（2）表单内有 6 个输入控件：用户名、性别、密码、确认密码、E-mail 和提交按钮。其中性别属于单选按钮，且设置了默认选中项，不需要校验；提交按钮不需要校验。

（3）用户名、密码、确认密码和 E-mail 都通过 onchange 事件分别绑定了校验函数：chkNm()、chkPwd()、chkPwd2()和 chkEml()。

（4）用户名、密码、确认密码和 E-mail 这 4 个输入控件后都预留了 span 标记，当这 4 项输入有误时，通过后面的 span 标记提示错误信息。

（5）函数 chkNm()用于校验用户名，其代码如下：

```
function chkNm() {
   var value = document.getElementById("userName").value;
   var err = document.getElementById("nameErr");
   if(value.length < 6 || value.length > 20) {
     err.innerHTML = "<font color=\'red\'>用户名长度必须为 6~20 </font>".bold();
     return true;
   } else
     err.innerHTML = "";
   return false;
}
```

chkNm()函数由用户名输入控件的 onchange 事件触发，函数先获取用户输入的用户名，判断用户名长度是否为 6 到 20 个字符，接着根据 id 属性值 nameErr 找到提示用户名错误信息的 span 标记，若输入用户名的长度出错则提示错误信息，信息无误时清除错误信息。

（6）函数 chkPwd()用于校验密码，其代码如下：

```
function chkPwd() {
   var value = document.getElementById("pwd").value;
   var err = document.getElementById("pwdErr");
   if(value.length < 8 || value.length > 16) {
     err.innerHTML = "<font color=\'red\'>密码长度必须为 8~16 </font>".bold();
     return true;
   } else
     err.innerHTML = "";
   return false;
}
```

chkPwd()函数由密码输入控件的 onchange 事件触发，函数先获取用户输入的密码，判断长度是否为 8 到 16 个字符，接着根据 id 属性值 pwdErr 找到提示密码错误信息的 span 标记，若输入密码的长度出错则提示错误信息，密码无误时清除错误信息。

（7）函数 chkPwd2()用于校验确认密码，其代码如下：

```
function chkPwd2() {
   var pwd2 = document.getElementById("pwd2").value;
   var pwd = document.getElementById("pwd").value;
```

```
    var err = document.getElementById("pwd2Err");
    if(pwd.length == 0 || pwd != pwd2) {
      err.innerHTML = "<font color=\'red\'>密码不匹配</font>".bold();
      return true;
    } else
      err.innerHTML = "";
    return false;
  }
```

chkPwd2()函数由确认密码输入控件的 onchange 事件触发，函数先判断密码和确认密码是否相同，接着根据 id 属性值 pwd2Err 找到提示密码不匹配信息的 span 标记，若两次输入的密码不一致则提示错误信息，两次输入的密码相同时清除错误信息。

（8）函数 chkEml()用于校验 E-mail，其代码如下：

```
  function chkEml() {
    var value = document.getElementById("email").value;
    var err = document.getElementById("emailErr");
    var atIndex = value.indexOf("@");
    var dotIndex = value.lastIndexOf(".");
    if(atIndex == -1 || dotIndex == -1 || atIndex > dotIndex) {
      err.innerHTML = "<font color=\'red\'>E-mail 格式不正确</font>".bold();
      return true;
    } else
      err.innerHTML = "";
    return false;
  }
```

chkEml()函数由 E-mail 输入控件的 onchange 事件触发，函数先获取用户输入的 E-mail，使用了 String 类的 indexOf()和 lastIndexOf()方法，判断输入 E-mail 中是否出现了符号“@”和“.”，并判断最后出现的符号“.”是否出现在符号“@”之后，接着根据 id 属性值 emailErr 找到提示 E-mail 格式不正确信息的 span 标记，若 E-mail 格式错误则提示错误信息，E-mail 格式无误时清除错误信息。

（9）函数 validate()由提交按钮调用，其代码如下：

```
  function validate() {
    var flag = false;
    if(!chkNm() && !chkPwd() && !chkPwd2() && !chkEml())
      document.getElementById("frm").submit();
    return flag;
  }
```

用户单击提交按钮后，浏览器捕捉 form 标记的 onsubmit 事件，调用 validate()函数，检查用户名格式、密码格式、两次输入密码是否相同及 E-mail 格式，只有检查全部通过，才会根据 id 属性值 frm 查找表单，并通过表单对象的 submit()方法提交表单内的输入信息。

完整的代码框架如下：

```
  <head>
  <script type="text/JavaScript">
  function chkNm() {… }
  function chkPwd() {… }
  function chkPwd2() {… }
  function chkEml() {…}
  function validate() {… }
  </script>
  </head>
  <body>
```

```
<form ... >
  ...
</form>
</body>
```

完整示例代码请参考本书源代码文件 8-13.html。示例代码在 IE 浏览器中的运行效果如图 8-9 所示。

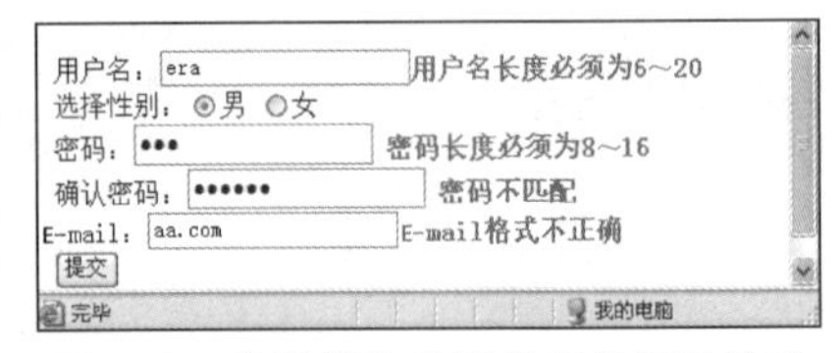

图 8-9 表单校验示例代码的运行效果

限于篇幅，本书没有介绍正则表达式，有兴趣的读者可以查阅相关知识，通过正则表达式校验 E-mail 格式。

8.5.6 设计 RGB 颜色查看器

颜色可以设置为由红色、绿色、蓝色 3 个基色组成的 RGB 值，如何在网页中查看 RGB 值的效果呢？下面将通过 3 个文本框分别输入红色、绿色、蓝色 3 个基色的十六进制值，查看颜色效果。

body 标记内的内容如下：

```
<style>input[type="text"] {width: 30px;}
#rgb{width: 150px;} </style>
<body><div>
红色<input type="text" id="r" maxlength="2" value="00" onchange="validate(this)" />
绿色<input type="text" id="g" maxlength="2" value="00" onchange="validate(this)" />
蓝色<input type="text" id="b" maxlength="2" value="FF" onchange="validate(this)" />
<input type="button" onClick="chgBkColor()" value="查看"/>
</div>
<div id="rgb"> </div>
</body>
```

body 标记内有两个 div 标记。第一个 div 标记内包含 3 个文本框和一个按钮，3 个文本框分别用于输入红色、绿色和蓝色的十六进制值，按钮用于查看当前 RGB 值的颜色效果；第二个 div 标记的 id 属性值为 rgb，用于单击“查看”按钮后显示组合 RGB 值对应的颜色。

用于输入红色、绿色和蓝色十六进制值的文本框，通过 CSS 属性选择器控制宽度为 30 像素，id 属性值分别是 r、g 和 b。input 标记的 maxlength 属性控制 3 个颜色文本框中只能输入两个字符，value 属性设置为默认值。3 个文本框的合法值是十六进制的 00 到 FF，可以通过捕捉 onchange 事件，调用 validate(this)函数分别传入当前失去焦点且修改过内容的文本框。

在 JavaScript 代码中，“查看”按钮的 onclick 事件会调用 chgBkColor()函数，该函数的代码如下：

```
function chgBkColor() {
    var r = document.getElementById("r").value;
    var g = document.getElementById("g").value;
    var b = document.getElementById("b").value;
    var v = "#".concat(r).concat(g).concat(b);
    var dv = document.getElementById("rgb");
    dv.style.backgroundColor = v;
}
```

chgBkColor()函数依次获取用户在 id 属性值 r、g 和 b 对应的 3 个文本框内输入的值，通过字符串的 concat()方法拼接为“#RRGGBB”形式，然后找到 id 属性值为 rgb 的 div 标记，通过 DOM 设置该拼接的 RGB 值为 div 标记的背景色。

用于输入红色、绿色和蓝色十六进制值的 3 个文本框，通过 onchange 事件调用 validate(this)函数对修改过的内容进行校验，validate()函数的代码如下：

```
function validate(txt) {
    var v = txt.value;
```

```
    var v = parseInt(v, 16);
    if (isNaN(v)) {
        alert("颜色的值是十六进制的，取值范围为 00 到 FF");
        return;
    }
    chgBkColor();
}
```

validate()函数用于获取当前输入的颜色值，并按照十六进制进行解析。上述代码通过全局函数 isNaN()进行检查：如果返回 NaN，就是非法的颜色值，显示错误信息后退出函数；如果是合法值，就调用 chgBkColor()函数显示当前 RGB 值的颜色效果。

完整示例代码请参考本书源代码文件 8-14.html。代码框架如下：

```
<html>
<head>
<meta http-equiv="Content-Type" content="text/html; charset=utf-8">
<title>查看 RGB 值的颜色效果</title>
<script language="JavaScript" type="text/JavaScript">…JavaScript 函数…</script>
<style>… CSS 部分…</style>
</head>
<body>… div、input 标记等…
</body></html>
```

文本框的 maxlength 属性用于设置最多可以输入几个字符，value 属性用于设置默认显示值。

8.6 HTTP 异步通信

传统的 Web 开发，无论是从服务器获取信息，还是向服务器发送用户输入信息，都需要使用链接或者 HTML 表单向服务器发送 GET 或 POST 格式的数据。客户端浏览器在收到服务器回送的信息后，加载 HTTP 响应结果，重新渲染结果页面。

由于每次 HTTP 通信，服务器都需要返回一个新的页面，导致传统 Web 应用程序运行缓慢。因此，JavaScript 的 XMLHttpRequest 对象应运而生，它可以直接与服务器进行通信。

网页通过 XMLHttpRequest 对象向服务器进行 HTTP 请求，接收服务器的响应，借助 DOM 完成页面的局部更新，而无须完全重新加载页面。如果网页原型设计得当，使用者甚至不知道 JavaScript 与服务器的通信过程。

8.6.1 XMLHttpRequest 对象

浏览器加载网页代码后，通过 XMLHttpRequest 对象仍然可以从服务器获取信息，并根据需要更新部分页面内容。

从 2005 年起，开发人员就开始使用 XMLHttpRequest 对象来创建交互性极强的网页：在搜索引擎页面中输入查询的关键字时，JavaScript 程序会向服务器发送当前输入的关键字，由服务器返回多个搜索建议项，客户端浏览器显示搜索建议项供用户选取，实现自动提示功能。

XMLHttpRequest 对象已经得到绝大多数浏览器的支持，如 IE 5.0+、Safari 1.2、Mozilla 1.0、Firefox、Opera 8+、Netscape 7 及 Chrome。

1. 获取 XMLHttpRequest 对象

几乎所有浏览器都有内置的 XMLHttpRequest 对象。获取该对象的代码如下：

```
var xhr = new XMLHttpRequest();
```

老版本的 IE（IE 5 和 IE 6）浏览器使用 ActiveX 对象的代码如下：

```
var xhr = new ActiveXObject("Microsoft.XMLHTTP");
```

为了能够兼容大多数浏览器，包括 IE 5 和 IE 6，调整获取 XMLHttpRequest 对象的代码如下：

```
var xhr;
if (window.XMLHttpRequest) {
    xhr = new XMLHttpRequest();
} else {// code forIE6,IE5
   xhr = new ActiveXObject("Microsoft.XMLHTTP");
}
```

2. 设置请求模式

向服务器发送请求前，需要设置 XMLHttpRequest 对象的请求模式。通过该对象的 open()方法即可选择请求模式，open()方法的定义为 open(method,url,async)，3 个参数的介绍如下。

（1）method：请求的类型，字符串类型，可以是 GET，也可以是 POST。

（2）url：字符串类型，服务器端 API 对应的 URL。

（3）async：值为 true 时表示异步，值为 false 时表示同步。

如果是同步请求，只有服务器返回结果后浏览器才会继续执行代码。如果服务器繁忙，代码可能会阻塞。因此，发送 HTTP 请求一般使用异步通信模式。示例代码如下：

```
xhr.open("GET",  "http://打头的 URL 值",  true);
```

3. 设置异步响应代码

异步通信模式下，需要通过 XMLHttpResponse 对象的 onreadystatechange 属性指定接收到服务器应答信息时要执行的函数。示例代码如下：

```
xhr.onreadystatechange=state_Change;
function state_Change() {
     if (xhr.readyState==4) {//返回结果后，readyState 为 4
       if (xhr.status==200) {//返回正确结果时，status 为 200
         alert(xhr.responseText);//获取服务器返回的信息，并输出
       } else {//出错了
         alert("Problem retrieving XML data");
       }
     }
}
```

示例代码中，设置异步响应代码为 statze_Change()函数，一旦服务器返回信息，浏览器会调用 state_Change()函数，执行业务处理。

state_Change()函数用于对 XMLHttpRequest 对象的状态值进行判断，过程如下。

（1）服务器返回结果后，XMLHttpRequest 对象的 readyState 属性值变为 4。

（2）返回正确结果后，XMLHttpRequest 对象的 status 属性值变为 200。

（3）得到正确的返回结果后，浏览器可以通过 XMLHttpRequest 对象的 responseText 属性获取服务器返回的信息，示例中通过 alert()函数输出服务器返回的信息。

读者需要注意编写代码的次序：首先获取 XMLHttpRequest 对象，然后设置异步响应模式及异步响应代码，再向服务器发送请求，代码次序不能颠倒，否则代码将出错。

4. 向服务器发送请求

send()方法用于向服务器发送 GET 请求，如需要使用 POST 请求，则使用 send(string)方法。

GET 请求比 POST 请求更简单、更快，适用于大多数场景。如果需要上传文件、发送大量数据以及对安全要求更高，需要使用 POST 请求。发送 POST 请求的示例代码如下：

```
xhr.open("POST", "reg.do", true);
xhr.setRequestHeader("Content-type", "application/x-www-form-urlencoded");
xhr.send("fname=Michael&lname=Jordan");
```

以上示例代码设置了 POST 请求的内容及格式，并向服务器发送注册信息。

GET 请求的代码比较简单，示例代码如下：

```
xhr.open("GET",url, true);
xhr.send(null);
```

以上示例代码会向 url 参数发送异步 GET 请求。

如果是同步请求，代码会暂停在 send()方法处，等待服务器返回结果。如果服务器因繁忙延时返回结果，代码将阻塞。因此，XMLHttpRequest 对象大多使用异步通信模式。

5. 跨域访问出错

考虑到安全性问题，网页不能调用其他域名网站的后台程序。由于本书不涉及服务器开发，网页都在本地运行，因此在本地网页中访问其他域名下开放的服务器端接口，会显示如下错误：

```
Access toXMLHttpRequestat '跨域服务器接口' from origin 'null' has been blocked by CORS policy:
No 'Access-Control-Allow-Origin' header is present on the requested resource.
```

如果是 Firefox 浏览器，只需要访问如下网址：

“https://addons.mozilla.org/en-US/firefox/addon/cross-domain-cors/”

按照提示安装扩展程序，即可突破跨域访问的限制。不同浏览器有不同的解决方案，读者需要根据自己浏览器的类型自行查找解决方案。

开发过程中如果遇到问题，通常可以在 stackoverflow 官方网站找到解决方案。

8.6.2 JSON 对象

网页、App 和服务器之间进行通信时，通常使用 JSON 格式的数据。

1. JSON 格式

JSON 是 JavaScript Object Notation 的缩写，是一种轻量级的数据交换格式，用于存储和传输数据。通常 JSON 格式用于服务器端与客户端交换数据。JSON 语法规则如下。

（1）数据为“键/值”对，即属性名与属性值，通常属性名与属性值需要加双引号，属性名与属性值之间使用冒号分隔。

（2）“键/值”对之间通过逗号分隔。

（3）对象保存在大括号内。

（4）数组保存在中括号内。

访问网址“http://www.weather.com.cn/data/cityinfo/101010100.html”，可得到 JSON 格式的天气预报数据，如下：

```
{"weatherinfo":{"city":"北京","cityid":"101010100","temp1":"18℃","temp2":"31℃",
"weather":"多云转阴","img1":"n1.gif","img2":"d2.gif","ptime":"18:00"}}
```

下面将学习如何解析和读取 JSON 格式的数据。

2. 解析 JSON 格式的数据

JSON 格式在语法上与 JavaScript 对象的代码是相同的。JavaScript 提供了类库，用于把 JSON 格式的字符串数据转换为 JavaScript 对象。

使用 JavaScript 内置函数 JSON.parse()就可以把 JSON 格式的字符串转换为 JavaScript 对象，示例代码如下：

```
var obj = JSON.parse(text);
```

服务器返回的天气预报数据属于 JSON 格式的字符串，将其转换为 JavaScript 对象的代码如下：

```
var s = '{"weatherinfo":{"city":"北京","cityid":"101010100","temp1":"18℃",
"temp2":"31℃","weather":"多云转阴","img1":"n1.gif","img2":"d2.gif",
```

```
    "ptime":"18:00"}}';
    var o = JSON.parse(s);
```

执行解析处理后，通过开发人员工具调试并查看对象 o 的详细信息，如图 8-10 所示。

通过代码“o.weatherinfo.temp1”就可以获取最低温度，其他属性的获取方式与最低温度相似。

需要注意的是，示例中的 URL 虽然可用，但是服务器 API 已经停止更新，为了编写代码方便，暂时使用该 URL。

```
▼o:
  ▼weatherinfo:
     city: "北京"
     cityid: "101010100"
     img1: "n1.gif"
     img2: "d2.gif"
     ptime: "18:00"
     temp1: "18℃"
     temp2: "31℃"
     weather: "多云转阴"
```

图 8-10 解析后的 JSON 对象格式

8.6.3 获取天气信息

下面将整合异步通信模式和解析 JSON 对象，获取北京的天气预报信息并将其显示在网页中。

body 标记内的代码如下：

```
<body>
城市：<span id="city"></span><br>
最高气温：<span id="hTmp"></span><br>
最低气温：<span id="lTmp"></span><br>
天气情况：<span id="weather"></span>
</body>
```

body 标记内定义了 4 个 span 标记，分别用于显示城市、最高气温、最低气温和天气情况。

因为需要从服务器获取天气信息，所以需要初始化 XMLHttpRequest 对象，代码如下：

```
<script type="text/JavaScript">
var xhr;
function loadXMLDoc(url) {
   xhr=null;
   if (window.xhrRequest){
      xhr=new xhrRequest();
   } else if (window.ActiveXObject) {//IE5, 6
      xhr=new ActiveXObject("Microsoft.xhr");
   }
   if (xhr!=null) {
      xhr.onreadystatechange=state_Change;
      xhr.open("GET",url, true);
      xhr.send(null);
   } else {
      alert("Your browser does not support xhr.");
   }
}</script>
```

示例代码中，XMLHttpRequest 对象 xhr 定义为全局变量。在 loadXMLDoc()函数中，初始化全局变量 xhr 并设置为异步通信模式，通过 GET 请求打开形参 url，设置异步响应函数 state_Change()对来自服务器的 HTTP 响应进行处理。异步响应函数 state_Change()的代码如下：

```
function state_Change() {
     if (xhr.readyState==4) {// 4 = "loaded"
       if (xhr.status==200) {// 200 = OK
        var s = xhr.responseText; //服务器返回的响应信息
        var o = JSON.parse(s);//解析 JSON 格式的字符串为对象变量 o
        document.getElementById("city").innerHTML = o.weatherinfo.city;
        document.getElementById("hTmp").innerHTML = o.weatherinfo.temp2;
        document.getElementById("lTmp").innerHTML = o.weatherinfo.temp1;
        document.getElementById("weather").innerHTML = o.weatherinfo.weather;
       } else {
```

```
            alert("Problem retrieving XML data");
        }
    }
}
```

异步响应函数 state_Change()的处理步骤如下。

（1）接收到服务器的响应信息后，通过 XMLHttpRequest 对象的 responseText 属性即可获取服务器回送的天气预报字符串（JSON 格式），并存储在局部变量 s 中。

（2）通过 JSON 解析类库把天气预报字符串按照 JSON 格式解析为对象变量 o。

（3）根据 id 属性值 city、hTmp、lTmp 和 weather 获取网页中的城市、最高气温、最低气温和天气情况 4 个 span 标记。

（4）通过 DOM 对象的 innerHTML 属性设置 4 个 span 标记内部文字为对象变量 o 的 4 个属性：城市、最高气温、最低气温和天气情况。

loadXMLDoc()函数由 loadWeather()函数调用，代码如下：

```
function loadWeather() {
  var url = 'http://www.weather.com.cn/data/cityinfo/101010100.html';
  loadXMLDoc(url);
}
```

loadWeather()函数中，设置 url 为北京天气预报实时数据的地址，调用 loadXMLDoc()函数打开该地址，解析天气预报信息并显示在页面中。

而 loadWeather()函数通过 body 标记的 onload 事件加载，代码如下：

```
<body onload="loadWeather()"></body>
```

网页加载完毕后，调用 loadWeather()函数，该函数用于指定天气预报的 url，并通过 loadXMLDoc()函数加载 url。得到服务器返回的字符串后将其解析为 JSON 对象，最后通过 DOM 节点实现局部更新，显示城市的天气信息。

示例代码在 Firefox 浏览器中的运行效果如图 8-11 所示。

完整示例代码请参考本书源代码文件 8-15.html。

再次提示，Firefox 浏览器必须安装扩展程序 Cross Domain- CORS 且正确设置后才能查看到效果。

城市：北京
最高气温：31℃
最低气温：18℃
天气情况：多云转阴

图 8-11 获取天气信息示例代码的运行效果

只有测试程序时，才允许跨域访问，否则会给计算机带来极大的安全隐患。

8.6.4 使用终端显示日志信息

在“7.4.5 JavaScript 调试技巧”部分，读者已经学会判断浏览器是否执行了程序中的某行代码，当时使用 alert()函数进行辅助性提示。但是如果流程过于复杂，网页可能会多次弹出对话框，开发人员需要多次关闭对话框才能继续执行程序，调试工作将变得过于烦琐。

为此，浏览器的开发人员工具中封装了终端（英文名为 console）窗口，用于输出供开发人员阅读的日志信息。如果浏览器提供了开发人员工具，就可以在 JavaScript 中直接使用 console 对象。

在程序开发阶段，需要显示调试信息辅助定位错误代码行，同时显示提示、警告、错误等日志信息；程序开发完毕，进入发布阶段，不能让用户看到调试信息，但是仍然需要提示用户警告和错误信息，因此日志需要分级。

日志信息可以分为调试、日志、信息、警告和错误 5 个级别，console 对象的 debug()、log()、info()、warn()和 error() 5 个方法分别用于输出 5 个级别的日志信息。这 5 个方法的形参和用法完全相同，示例代码如下：

```
console.debug('测试调试信息');
```

```
console.log('输出日志信息');
console.error('测试错误信息');
```

这 5 个方法不仅能输出字符串，还能使用 C 语言中 printf()风格的占位符，包括字符“%s”、整数“%d”或“%i”、浮点数“%f”和对象“%o”这 4 种。

```
console.log("%d 年%d 月%d 日", 2011, 3, 26);//输出 2011 年 3 月 26 日
console.warn("圆周率是%f", 3.1415926);//输出圆周率是 3.1415926
console.error('%o', document);
```

要想查看终端中输出的日志信息，只需打开浏览器的开发人员工具，示例代码的运行效果如图 8-12 所示。

```
2011年3月26日                                              8-16.html:8
⚠ ▸圆周率是3.1415926                                       8-16.html:9
⊗ ▸                                                        8-16.html:10
  ▾#document
    ▸location: Location {ancestorOrigins: DOMStringList, href:
    URL: "file:///Users/tiandengshan/Desktop/0-%E7%BD%91%E9%A1
    ▸activeElement: body
```

图 8-12　终端中输出日志信息的效果

如果浏览器没有提供开发人员工具，使用 console 对象等相关代码将出错。为此，需要加入以下代码：

```
if (typeof console === "undefined") {
    console = {};
    console.debug = function () {};
    console.log = function () {};
    console.info = function () {};
    console.warn = function () {};
    console.error = function () {};
}
```

以上代码会确保浏览器在不支持终端功能时创建一个空的 console 对象，且加入 console 对象的 debug()、log()、info()、warn()和 error() 5 个方法的实现代码，以确保浏览器解释代码时不会报错。完整示例代码请参考本书源代码文件 8-16.html，代码中 console 对象的初始化代码请参考本书源代码文件 8-16.js。

使用 console 代替 alert()函数输出日志信息，再结合单步调试方法，程序的 bug 将无处可藏。

8.7 兼容性设计

HTML5 标准出现前，许多浏览器已经迭代数次，必然有许多浏览器的早期版本不能兼容 HTML5。同样，在移动端浏览器出现前，桌面浏览器已经出现了若干个版本，设计网页时如何解决兼容性问题？下面将从 3 个方面进行兼容性设计。

8.7.1 IE 浏览器的条件注释

条件注释是在 HTML 源代码中被 IE 浏览器有条件执行的语句。条件注释最初出现在 IE 5 浏览器中，并且直至 IE 9 浏览器都支持此功能。微软公司已宣布于 IE 10 中以标准模式（如 HTML5）渲染页面，因此 IE 10 及之后的版本，以及 Edge 浏览器不再支持条件注释。

条件注释有以下 5 个属性。

（1）gt：greater than，选择条件版本以上版本，不包含条件版本。

（2）lt：less than，选择条件版本以下版本，不包含条件版本。

（3）gte：greater than or equal，选择条件版本以上版本，包含条件版本。

（4）lte：less than or equal，选择条件版本以下版本，包含条件版本。

（5）!：选择条件版本以外的所有版本，无论高低。

条件注释的常用写法如下：

```
<!--[if IE]>用于 IE <![endif]-->
<!--[if IE 6]>用于 IE 6 <![endif]-->
<!--[if lte IE 8]>用于 IE 8 或更早版本 <![endif]-->
<!--[if lt IE 9]>用于 IE 9 以下版本<![endif]-->
<!--[if !IE]> -->用于非 IE <!-- <![endif]-->
```

条件注释的示例代码如下：

```
<!--[if IE 6]><p>IE 6.</p><![endif]-->
```

示例代码控制只有在 IE 6 浏览器中才会显示包含文字“IE 6.”的段落。

条件注释不仅适用于标记和内容，还能应用于 CSS 和 JavaScript。

```
<!--[if lt IE 9]>
    <script src="my.js"></script>
<![endif]-->
```

以上代码会保证 IE 9 以下版本的浏览器（主要是 IE 6、IE 7、IE 8）在渲染网页时会加载 JavaScript 脚本文件 my.js。

如果想针对 IE 6、IE 7、IE 8 这 3 个版本的浏览器使用单独的样式，示例代码如下：

```
<!--[if lt IE 9]>
    <link rel="stylesheet" type="text/css" href="="ie678.css"></link>
<![endif]-->
```

总之，有了 IE 浏览器的条件注释功能，开发人员可以对工作在非标准模式下的 IE 6、IE 7、IE 8 这 3 个版本的浏览器做出针对性的处理。

8.7.2　低版本 IE 浏览器兼容 HTML5 和 CSS3

IE 6、IE 7、IE 8 这 3 个版本的浏览器工作在兼容模式下，不能支持 HTML5 标记和 CSS3，如语义标记 header、nav、main 和 footer，以及 CSS3 中的“@media”查询都无法在 IE 6、IE 7、IE 8 中正常运行。

如果开发人员在编写代码过程中使用了 HTML5 标记或者使用了“@media”查询制作响应式网页布局，后期使用 IE 6、IE 7、IE 8 运行代码，是不是需要把 HTML5 标记全部替换为 div 标记，然后再调整 HTML5 标记对应的样式呢？

显然这样做工作量非常大，使用两个 JavaScript 类库进行适配无疑是最佳选择。

（1）HTML5 Enabling JavaScript 类库，简称 the shiv，该类库针对 IE 6、IE 7、IE 8 适配 HTML5。

读者需要下载该 JS 文件，并将其保存为 html5.js。

（2）Respond.js 是一个快速、轻量的 polyfill，用于为 IE 6、IE 7、IE 8 及其他不支持 CSS3 中“@media”查询的浏览器提供媒体查询的 min-width 和 max-width 特性，从而实现响应式网页设计。

读者需要下载该 JS 文件，并将其保存为 respond.min.js。

接下来将使用条件注释，确保 IE 6、IE 7、IE 8 支持 HTML5 标记，代码如下：

```
<!--[if lt IE 9]>
<script src="html5.js"></script>
<script src="respond.min.js"></script>
<![endif]-->
```

这样一来，HTML5 标记和“@media”查询就可以在 IE 6、IE 7、IE 8 下正常运行了。

万一用户禁用 IE 6、IE 7、IE 8 的脚本，加入 HTML5 标记的网页或者加入“@media”查询的响应式网页仍然无法运行，此时该怎么解决呢?

此时可以使用 noscript 标记，该标记在以下两种情况下会被识别。

（1）浏览器不支持 JavaScript 脚本。

（2）浏览器支持 JavaScript 脚本但是被用户禁用。

借助此标记引导用户操作，提示用户启用 JavaScript 脚本，代码如下：

```
<!--[if lte IE 8]>
<noscript>
    <div>您的浏览器禁用了脚本，请<a href="">查看这里</a>来启用脚本或者<a href="/?">继续访问</a>
    </div>
</noscript>
<![endif]-->
```

8.7.3 自动切换桌面浏览器布局与移动端浏览器布局

有的网站分别为移动端浏览器和桌面浏览器设计了网页。用户访问网站时，通过 JavaScript 代码判断当前设备的类型，然后跳转至相应的网页：如果不是移动设备，会跳转至桌面浏览器布局；如果是移动设备，则跳转至移动端浏览器布局。

要实现这一方案，需要借助 navigator 对象的 platform 属性，其属性值有：HP-UX、Linux i686、Linux armv7l、Mac68K、MacPPC、MacIntel、SunOS、Win16、Win32、WinCE、iPhone、iPod、iPad、Android、iOS、BlackBerry、Opera。

针对以上属性值，设计 JavaScript 函数，如下：

```
function isMobile() {
  var isMobileDevice = false;
  if (navigator.platform.match("iPhone" || "iPod" || "iPad" || "Andriod" || "iOS")) {
    isMobileDevice = true;
  } else {
    this.Mobile = false;
  }
  return isMobileDevice;
}
```

以上示例代码中，函数 isMobile()用于判断用户设备是不是移动设备，如果是移动设备则返回 true，否则返回 false。

假设桌面浏览器布局首页为 index.html，移动端浏览器布局首页为 m.html。网站设置首页为桌面浏览器布局首页 index.html，在桌面浏览器布局首页 index.html 中加入如下 JavaScript 代码：

```
if(isMobile()) {
  window.location.href = "m.html";
}
```

通过以上代码判断设备类型，为移动设备时，跳转至移动端浏览器布局首页 m.html。

同时，在移动端浏览器布局首页 m.html 中加入“返回至计算机版”的链接。这样一来，访问网站时默认打开桌面浏览器布局首页，如果是移动设备，自动跳转至移动端浏览器布局首页；用户也可以通过链接从移动端浏览器布局首页转换至桌面浏览器布局首页。

无论是响应式布局方案，还是自动切换桌面浏览器布局和移动端浏览器布局方案，开发者都需要权衡目标用户的浏览器版本、开发团队技术水平及后期升级维护等多方面因素，做出合理的选择。

8.8 JavaScript 框架简介

至此，本书已经介绍完主体内容。回顾本书内容，读者会发现自己学习了网页设计的基本方法和类库，但是要想开发出优秀网页还有很长的路要走，一个优秀的开发人员掌握了汽车的驾驶技术，可以轻松到达目的地；而刚刚入门的开发人员只能步行前往目的地，自然非常辛苦。

因此，读者需要从以下 3 个框架入手，掌握后就可以快速完成网页设计。

8.8.1 jQuery 框架

jQuery 框架是一个 JavaScript 函数库，jQuery 极大地简化了 JavaScript 代码。它包含以下功能：HTML 标记选取、HTML 标记操作、CSS 操作、HTML 事件函数、JavaScript 特效和动画、HTML DOM 的遍历和修改、AJAX 及一些帮助类。

jQuery 可以使用 CSS 选择器来选取 HTML 标记，示例代码如下：

```
$("p") //选取 p 标记
$("p.intro") //选取所有 class="intro"的 p 标记
$("p#demo") //选取所有 id="demo"的 p>标记
```

jQuery 还能使用属性选择器来选取页面标记，示例代码如下：

```
$("[href]") //选取所有带有 href 属性的标记
$("[href='#']") //选取所有 href 属性值等于 "#" 的标记
$("[href!='#']") //选取所有 href 属性值不等于 "#" 的标记
$("[href$='.jpg']") //选取所有 href 属性值以 ".jpg" 结尾的标记
```

获取标记对应的 DOM 对象后，就可以直接修改对象样式，示例代码如下：

```
$("p").css("background-color","red");
```

通过以上代码可以把页面中所有 p 标记的背景色更改为红色。此外 jQuery 框架还能与服务器端建立通信连接，并以响应式方法显示通信结果。

总之，有了 jQuery 框架，编写 JavaScript 代码将变得更加简单、方便。

8.8.2 Vue.js 框架

Vue.js 是一套用于构建用户界面的渐进式框架。与其他大型框架不同的是，Vue.js 被设计为可以自底向上逐层应用。Vue.js 的核心库只关注视图层，不仅易于上手，还便于与第三方库或者既有项目整合。另一方面，当与现代化的工具及各种支持类库结合使用时，Vue.js 也完全能够为复杂的单页应用提供驱动。

学习完本书内容后，读者已经掌握了 HTML、CSS 和 JavaScript 的初、中级知识。如果刚开始学习前端开发，可以从 Vue.js 入手。

Vue.js 的网页框架代码如下：

```
<div id="hvue" class="demo">
  {{ message }}
</div>
```

通过以下 JavaScript 代码可以动态绑定 div 标记内部的文字：

```
const HelloVueApp = {
  data() {
    return {
      message: '你好 Vue!'
    }
  }
}
Vue.createApp(HelloVueApp).mount('#hvue')
```

这样一来，id 属性值为 hvue 的 div 标记内部就会加载文字“你好 Vue!”。

总之，Vue.js 通过响应式编程方法，让前端代码的结构变得更加合理。

8.8.3 Node.js 框架

Node.js 就是运行在服务器端的 JavaScript 代码，是一个基于 Chrome JavaScript 运行时建立的一个平台。

Node.js 是一个事件驱动 I/O 服务器端的 JavaScript 环境，基于 Google 的 V8 引擎，V8 引擎执行 JavaScript 代码的速度非常快，性能非常好。

作为开发人员，如果没能掌握 PHP、Python 或 Ruby 等动态编程语言，但是熟悉 JavaScript，此时若想创建自己的服务器端程序，Node.js 是一个非常好的选择。同时，如果想部署一些高性能的服务，也可以使用 Node.js。

限于篇幅，本书不再展开介绍 Node.js 的技术细节。

8.9 实训案例

本节将通过两个实训案例介绍定义 JavaScript 函数并控制事件处理的方法。

8.9.1 提示文档加载完毕

本案例将捕捉 onload 事件，在文档加载完毕时给出提示。

（1）创建网页，加入结构标记，如 html、head、title、meta 和 body 等标记。

（2）在 body 标记中加入正文，代码如下：

```
<body>正文部分内容。</body>
```

（3）在 head 标记中嵌入 script 标记，接着在 script 标记内加入如下 JavaScript 代码：

```
<script type="text/JavaScript">
function showLoadedEvent() {
    window.alert("文档加载完毕。");
}
</script>
```

（4）控制函数的加载时机，修改 body 标记，添加如下代码：

```
<body onload="showLoadedEvent()">
    正文部分内容。
</body>
```

（5）保存修改后的源代码，在浏览器中测试网页效果，如图 8-13 所示。

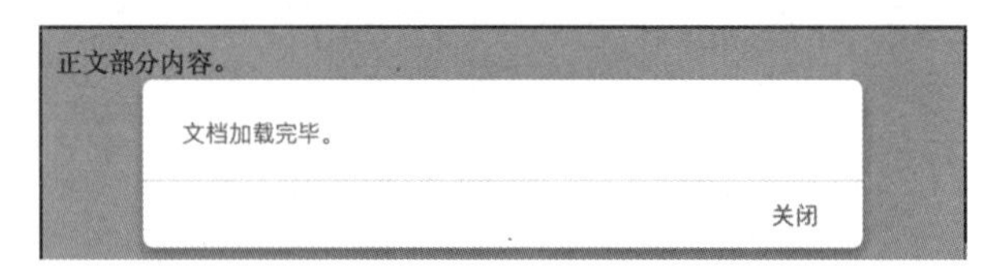

图 8-13 提示文档加载完毕案例代码的运行效果

8.9.2 提示文档加载进程

由于网络传输需要时间，onload 事件的执行时间取决于网速和网页内容。本案例将模拟文档加载进程。

（1）创建网页，加入结构标记，如 html、head、title、meta 和 body 等标记。

（2）在 body 标记中加入如下内容：

```
<body>
    <div id="hint">正在加载文档...</div>
```

```
    以下为正文内容。
</body>
```

（3）在 head 标记中嵌入 script 标记，接着在 script 标记内加入如下代码：

```
<script type="text/JavaScript">
function showLoadedEvent() {//两秒后调用 work()函数
    setTimeout(work, 2000);
}
function work() {//在 body 标记内显示提示信息
    var div = document.getElementById("hint");
    div.innerHTML = "文档加载完毕！";
    setTimeout(clr, 5000);//5 秒后清除加载提示信息
}
function clr() {//清除加载提示信息
    var div = document.getElementById("hint");
    div.innerHTML = "";
}
</script>
```

（4）控制调用 showLoadedEvent()函数的时机，修改 body 标记的开始标记中的代码为如下形式：

```
<body onload="showLoadedEvent()">
```

（5）保存修改后的源代码，在浏览器中测试网页效果。前两秒显示“正在加载文档……”，两秒后显示“文档加载完毕！”，5 秒后清除提示信息。

通过以上两个案例，读者可以掌握定义 JavaScript 函数并控制事件处理的方法。

思考与练习

一、单项选择题

1. 以下对象中，不是浏览器内置对象的是________。

   A. window　　B. document　　C. history　　D. dom

2. 以下方法中，不属于全局对象 window 的是________。

   A. alert()　　B. getElementById()

   C. setTimeout()　　D. close()

3. 以下方法中，不属于 history 对象的是________。

   A. back()　　B. forward()　　C. go()　　D. refresh()

二、填空题

1. JavaScript 中，通过关键字____________来构建对象。
2. JavaScript 提供了____________类，用于访问日期和时间信息。
3. document 对象的________________方法返回对拥有指定 id 的第一个对象的引用。
4. XMLHttpRequest 对象有____________和____________两种通信方式，用于发送 GET 和____________两种 HTTP 请求。
5. 使用 JavaScript 内置函数____________就可以把 JSON 格式的字符串转换为 JavaScript 对象。

三、判断题

1. String 对象执行 substring()方法后，会修改源字符串。(　　)
2. 出于对隐私方面的考虑，history 对象不允许脚本访问已经访问过的实际 URL，用户只能调用 back()、forward()和 go()这 3 个方法进行相关操作。(　　)
3. JavaScript 为解释型语言，要确保在调用函数或者方法前，浏览器能够加载函数或者方法的源代码，即在调用函数或者方法前先完成函数或者方法的定义。(　　)
4. JavaScript 函数可以在调用后再定义其实现代码。(　　)

5. 程序开发完毕，进入发布阶段，不能让用户看到调试信息，必须删除提示用户警告和错误信息的修改代码。(　　)

四、简答题

1. 日志为什么要分级？日志与 alert()函数有什么区别？
2. 异步通信模式有什么好处？结合 DOM 技术实现页面局部更新与完全更新，它们有什么区别？
3. 校验注册表单时，检测用户输入的用户名是否已经被注册，应该使用哪种方法？
4. var 与 let 有什么区别？

上机实验

1. 定义整数数组，按照次序存储斐波那契数列的前 10 个值。

提示：斐波那契数列前两个元素为 1，后面元素的值是前两个元素值的和。

2. 遍历题 1 中斐波那契数列中的 10 个值并显示在网页中。

3. 输出题 1 中斐波那契数列中的 10 个值，要求序号是奇数的值以斜体显示，序号为偶数的值以粗体显示。

提示：将元素从整数转换为字符串，再调用 bold()与 italics()方法得到对应的样式。

4. 求 Math.PI 的正弦值、余弦值、正切值和反正切值。

5. 在页面中加入多个按钮，单击按钮可跳转到对应提示信息的页面。

提示：捕捉按钮的 onclick 事件，通过函数进行事件处理，通过 location.href 完成页面跳转。

6. 提示用户在本页面的停留时间，要求停留时间能够从秒数自动调整为分、小时或者天数。

7. 通过 JavaScript 把页面中所有的 h1 标记设置为居中对齐。

提示：通过 onload 事件实现，根据标记名称查找所有 h1 标记，对查找到的 DOM 节点修改其样式。

8. 创建一个 5 秒后才可用的按钮，按钮会提示几秒后可用。

提示：按钮的 disabled 属性值 true 和 false 分别用于设置该按钮可用和不可用。前 5 秒设置为 false，5 秒后设置为 true。

9. 设计页面，用户输入十进制值后，显示对应的十六进制值。

提示：通过 parseInt()函数解析输入字符串为 number 类型，再通过 toString(16)方法把十进制值转换为十六进制值。

10. 设计网页，显示天津当天的天气预报信息。

提示：参考“8.6.3 获取天气信息”部分的示例代码。所需的 URL 为“http://www.weather.com.cn/data/cityinfo/101030100.html”。

11. 自行查找 jQuery 资料，使用 jQuery 类库显示北京当天的天气预报信息。

12. 使“6.5.3 制作响应式网页”部分的示例代码能在低版本浏览器中完全兼容 HTML5 和 CSS3。

提示：参考“8.7.2 低版本 IE 浏览器兼容 HTML5 和 CSS3”部分的内容。